STATISTICS
통계학 탐구

김성주 저

박영사

머리말

저자는 지난 30여 년 동안 성균관대학교에 재직하면서 학부 과목으로 통계학 개론과 경영통계학을 가르쳐왔으며 이 책은 그동안 작성했던 강의노트를 바탕으로 만들어졌다. 저자에게는 아주 오래 전부터 쉽고 친절한 통계학 입문서를 한 번 쓰고 싶다는 바람이 있었다. 애초부터 쉽지는 않을 것으로 생각했지만 세월이 흐르면서 그것은 과욕이라는 것을 뼈저리게 느꼈다. 또한 시중에는 통계학 입문 서적이 수없이 많이 있는데 거기다 또 한 권을 추가할 필요가 있을까 하는 의구심이 들었고 정년이 코앞에 닥쳤는데 무리한 욕심을 부리는 것 같아서 책을 출판하는 것을 무척 망설여왔다.

그렇지만 주위에 계신 여러 선배 교수님들과 동료 교수님이 격려해 주었고 특히 저자한테 배웠던 수많은 수강생들이 통계는 어려웠지만 강의는 이해할 만 했다는 달콤한 말에 힘을 얻어 감히 출판하게 되었다. 저자의 능력이 부족할지 몰라도 나름대로는 쉽고 친절한 통계학 입문서를 쓰기 위해 부단히 애를 썼다. 아무튼 이 책이 제목처럼 통계학의 본질을 탐구하는 첫걸음이 된다면 더 바랄 나위가 없겠다.

이 책이 출판되기까지 여러분들이 수고해 주셨다. 우선 강의노트를 개정할 때마다 편집 작업을 도와준 정갑도 박사와 정창욱 군, 김효중 군에게 고마움을 전하고 싶다. 특히 원고를 출판사에 넘기기 전에 설명이 매끄럽지 못한 부분을 지적해 주고 교정 작업을 도와준 김은영 조교와 조성은 조교에게 고마운 마음을 전하고 싶다.

박영사에 계신 여러분들께도 고마운 마음을 전하고 싶다. 우선 출판을 격려해 주신 안종만 회장님, 수많은 그림을 멋있게 그려주신 안은영 편집위원님, 그리고 새빨갛게 누더기가 된 수정본을 싫은 내색 안하고 깔끔하게 마무리 해 주신 배근하 대리님께 진심으로 감사드리고 싶다. 이 분들 덕분에 그래도 이만한 통계학 책이 출판된 것 같다.

끝으로 언제나 격려해주고 용기를 불어 넣어준 집사람에게 따뜻한 고마움을 전하고 싶다.

2016년 8월
김성주 識

차 례

Chapter 01

서 론

서 론

요즈음 여러 학문 분야에서 통계학이 널리 이용되고 있으며 데이터를 다루어야 하는 경우에는 어김없이 통계학이 이용되고 있는 것 같다. 그 이유는 아마도 데이터를 분석하여 추리할 수 있도록 해주는 유일한 수단(a discipline of data−based reasoning)이 통계학이기 때문일 것이라고 생각된다. 그러나 아직도 많은 사람들은 통계학이라고 하면 데이터를 수집하고 계산하고 요약하는 것쯤으로 알고 있고 일상생활에서도 거의 대부분은 그런 의미로 사용되는 것 같다.

그런 것도 무리는 아니라고 생각한다. 왜냐하면 우리말의 '統計'라는 단어의 원래 의미가 온통 모아서 계산한다는 뜻이기 때문이다. 또한 영어의 'statistics'도 국가를 뜻하는 라틴어의 'status'에서 왔는데 그 의미는 고대 국가 시대부터 조세와 병역 의무를 지우기 위하여 필요한 인구 및 경제 데이터를 수집하는 것에서 유래했다고 한다. 최근에 인론 매체에서 '통계'라는 단어를 인용한 사례를 조사해보면 다음과 같으며 대부분 데이터를 수집하고 정리한 것을 의미한다.

① 우리의 내일에 대하여 기대를 걸 수 있는 조짐은 어디에서도 찾을 수 없음에도 불구하고 우리는 수출이 줄었다, 실업률이 늘었다 하며 눈에 보이는 경제통계에 만 매달려 있다.

② 정부에서 발표하는 물가통계는 피부 물가지수와 괴리되어 있기 때문에 정부통계를 불신하는 요인으로 작용하고 있다.

③ 통계적으로 보면 시가 총액 증가율은 상장 주식 수 증가율과 종합주가지수 상승률이 그 요인이 되어왔다.

④ 이번에 새로 비경제활동인구로 분류된 부분 등 통계 작성상 다소 오해의 소지를 남기는 대목을 거론하지 않는다면 …

⑤ 정보통신부 통계에 따르면 휴대전화 가입자 수는 …

⑥ 한국프로야구구단주협회가 조사한 통계에 따르면 …

⑦ 대한교육협의회의 통계에 따르면 미국 사립대학의 경우 대학운영비 중에서 …

통계학의 첫 걸음은 모집단과 표본의 관계를 올바로 이해하는 것이라고 생각한다. 따라서 다음과 같은 질의 응답(question and answer)을 생각해 보기로 하자.

1.1 모집단과 표본

Q 모집단이란 무엇인가?

A 모집단은 우리에게 관심의 대상이 되는 것을 모두 모아 놓은 어떤 총체적인 것을 뜻한다. 모집단의 구성 원소는 다음 예에서 보듯이 사람일 수도 있고 동물일 수도 있고 또는 가상적인 것일 수도 있다. 하여튼 모집단이라는 것은 우리가 관심을 갖고 연구의 대상이 되는 것을 모두 모아 놓은 어떤 전체를 뜻한다.

Q 왜 모집단이라는 개념을 정의할 필요가 있는가?

A 연구의 적용범위를 명확히 한정할 필요가 있기 때문에 모집단이라는 정의가 필요하다.

Q 모집단의 예?

A

연구대상	모집단
• 어느 대학 신입생의 수능점수	• 그 대학 신입생 전체

- 3월 말 현재 국내 실업률
- 번개표 형광등의 평균 수명
- 대통령 선거에서 특정 후보의 득표율

- 3월 말 현재 노동 능력이 있는 한국 사람 전체
- 그 회사에서 지금까지 생산한 형광등 전체
- 대한민국 유권자 전체

Q 모집단 전체를 다 조사하는 것이 가능한가?

A 말로는 언제나 가능하지만 현실적으로는 불가능한 경우가 많다. 앞에서 살펴본 모집단의 예에서 첫번째 사례는 모집단 전체를 조사할 수 있을 것이다. 그러나 나머지는 모집단 전체를 다 조사한다는 것은 현실적으로 불가능하다.

Q 모집단 전체를 다 조사한 경우에도 통계학이 존재할 이유가 있을까?

A 모집단 전체를 다 조사했다면 수집된 데이터를 요약 표현하면 될 것이다. 거기에는 더 이상 학문적으로 추구해볼 여지가 남아있지 않을 것이다. 결국 통계학의 존재 이유는 모집단 전체를 모두 다 조사할 수 없기 때문이다.

Q 모집단 전체를 다 조사할 수 없는 경우의 현실적 대안은?

A 모집단의 일부를 추출하여 조사하는 것으로 만족하여야 하고 그 일부가 모집단을 잘 대표하길 기대할 수밖에 없다. 이때 추출된 모집단의 일부를 표본(Sample)이라고 한다.

Q 어떻게 표본을 추출해야 모집단을 잘 대표할 수 있는가?

A 모집단을 구성하는 각 개체가 표본으로 추출될 확률이 모두 같도록 해야 할 것이다. 이렇게 추출된 표본을 확률 표본(Random Sample)이라고 한다.

Q 모수(Parameter)와 통계량(Statistics)은 어떠한 차이가 있는가?

A 모집단 전체에 대하여 계산한 값을 모수라고 하고 표본에 대하여 계산한 값을 통계량이라고 한다. 예를 들어 통계학 수강생 50명을 모집단이라고 하고 그 중 10명을 표본으로 추출한다고 가정해 보자. 우선 용돈의 평균을 알아보자. 수강생 50명이 지난달에 쓴 용돈의 평균은 모수이다. 반면에 표본으로 추출된 10명이 지난달에 쓴 용돈의 평균은 통계량이다. 이번에는 용돈의 분산을 알아보자. 수강생 50명이 지난달에 쓴 용돈의 분산은 모수이다.

반면에 표본으로 추출된 10명이 지난달에 쓴 용돈의 분산은 통계량이다. 이 예에서 보듯이 모수는 하나의 값으로 정해지지만 통계량은 누가 표본으로 추출되느냐에 따라 달라질 수 있다. 이러한 문제에 대하여 제6장 확률표본과 중심극한정리에서 다시 논의하기로 하자.

1.2 통계학이란 무엇을 하는 학문인가?

통계학이란 데이터를 다루는 학문으로서 데이터를 수집하고, 정리하고, 요약하는 것에서 시작한다. 이를 바탕으로 모집단에 대한 추론(inference)을 과학적 방법으로 할 수 있게 해주는 학문이라고 할 수 있다. 여기서 우리는 과학적 방법이라는 말에 주의할 필요가 있다. 통계학에서는 막연한 추측이나 결정을 허용하지 않는다.

예를 들어 설명해 보기로 하자. 통계청에서는 매달 국내 실업률을 발표하고 있다. 이 경우 모집단은 그 달에 노동 가능한 사람들 전체가 될 것이고 그 중에서 취업을 하지 못한 사람들의 비율이 실업률이 될 것이다. 그러나 매달 노동 가능한 사람들 전체를 대상으로 취업여부를 조사한다는 것은 불가능 할 뿐만 아니라 의미가 없을 수도 있다. 왜냐하면 막대한 비용과 시간을 들여서 모집단 전체를 조사한다고 하여도 조사가 끝났을 때에는 이미 실업률은 달라져 있을 것이기 때문이다. 따라서 통계청에서는 모집단 전체를 조사하는 것이 아니라 표본을 추출하여 조사하고 있다. 만약 표본 크기가 2000명인 확률 표본을 조사했다고 가정해 보자. 이 경우 제8장 구간추정에서 설명하고 있는 바와 같이 모집단의 실업률에 대한 95% 신뢰구간은 다음과 같이 표시된다.

$$(\text{표본의 실업률} - 1\%) \leq \text{모집단의 실업률} \leq (\text{표본의 실업률} + 1\%)$$

이 식에 의하면 표본의 실업률이 5%일 경우 모집단의 실업률은 4%에서 6% 사이일 것이 거의 확실하다는 것을 뜻한다. 이 예에서 보듯이 모집단의 1만분의 1에도 못 미치는 표본을 조사해서 모집단의 실업률을 1% 이내의 오차로 추론할 수 있다는 것은 놀라운 사실이 아닐 수 없다.

1.3 이 책의 구성과 요약

　앞에서 표본을 추출하여 실업률을 추론한 예를 살펴보았다. 통계학의 주된 목적은 이와 같은 추론을 하고자 하는 것이다. 추론에 들어가기에 앞서 수집된 데이터를 표현하고 요약하여 데이터의 전반적인 특성을 파악할 필요가 있다. 이러한 과정은 제2장 데이터를 표현하고 요약하는 방법에서 다루고 있다. 제2장은 마치 우리가 아파서 병원에 갔을 때 의사 선생님이 이것저것 물어 보는 문진(問診)과정에 비유할 수 있다.

　제3장부터 제5장까지는 추론을 하기 위한 예비단계로서 확률과 확률분포를 다루고 있다. 추론을 이해하기 위해서는 확률의 기본 개념과 법칙을 잘 알고 있어야 한다. 확률과 확률분포는 제6장부터 시작하는 통계적 추론의 기초가 된다.

　제6장에서는 모집단에 대하여 알고 있을 때 표본의 성질을 알고자 하는 연역적 추론에 대하여 설명하고 있다. 이는 제7장에서 설명하는 귀납적 추론의 바탕이 된다.

　제7장부터 제9장까지는 통계적 추론의 핵심으로서 표본에 대하여 알고 있을 때 모집단의 성질을 알고자 하는 귀납적 추론에 대하여 설명하고 있다. 제7장에서는 모수를 하나의 값으로 추론하는 점추정에 대하여 설명하고 있다. 제8장에서는 모수를 어떤 구간에 속한 값으로 추론하는 구간추정에 대하여 설명하고 있다. 제9장에서는 모수에 대하여 양단간의 결정을 내리는 가설검정에 대하여 설명하고 있다.

　제10장 이후로는 각론으로서 널리 쓰이는 두 가지 통계적 방법에 대하여 다루고 있다. 제10장 일원분산분석에서는 모집단의 개수가 셋 이상인 경우 모평균이 모두 같은지 검정하는 통계적 방법에 대하여 설명하고 있다. 제11장 단순회귀분석에서는 두 변수간의 관계를 바탕으로 한 변수 값이 정해질 때 다른 변수 값을 예측하는 통계적 방법에 대하여 설명하고 있다.

Chapter 02

데이터를 표현하고 요약하는 방법

데이터를 표현하고 요약하는 방법

Q 히스토그램에서 기둥의 면적과 기둥의 높이가 의미하는 것은?

A 히스토그램에서 기둥의 면적은 그 구간의 상대도수를 나타낸다. 그런데

$$기둥의 \ 면적 = 기둥의 \ 폭 \times 기둥의 \ 높이$$

이므로 기둥의 폭이 같다면 기둥의 높이가 높을수록 상대도수는 증가하게 된다. 기둥의 높이를 통계 용어로 밀도(Density)라고 한다. 국어사전이나 영어사전에서 밀도(Density)를 찾아보면 빽빽한 정도를 뜻하며 대표적인 사례가 인구밀도(population density)이다. 통계학에서도 그런 의미로 사용하고 있다.

Q 일변량 데이터에서 대푯값과 산포도만 구해도 데이터의 특성을 파악할 수 있을까?

A 완벽하게 파악하지는 못하더라도 대체적으로 파악할 수 있다. 〈예제 4.6〉의 경우에는 완벽하게 파악할 수 있다.

Q 자유도란 무엇인가?

A 분산이란 제곱합(sum of square)을 자유도로 나눈 것이다. 따라서 자유도는 분산을 구할 때 분모에 나타나는 값이라고 할 수 있다. 더 자세한 내용은 〈예제 7.1〉에서 설명한다.

Q 선형변환 관계가 있는 두 변량은?

A 섭씨온도(C)와 화씨온도(F)는 완전한 선형변환 관계이다. 왜냐하면

$$C = (F-32) \times \frac{5}{9} = -\frac{160}{9} + \frac{5}{9}F \text{ 이기 때문이다.}$$

그런데 근사적인 선형변환 관계는 우리 주위에 수없이 많이 볼 수 있다. 예를 들면 택시를 탔을 때 주행 거리와 택시 요금의 관계 그리고 해외여행을 갈 때 은행에 가져간 한국 돈과 환전한 달러의 관계가 그러하다.

Q 상관계수의 의미는?

A 상관계수는 이변량 데이터에서 계산한 값이다. 그런데 이변량 데이터는 산점도로 표시된다. 따라서 상관계수의 의미는 산점도에서 살펴 볼 수 있다. 상관계수는 산점도의 점들이 어느 정도 직선 주위에 밀집하고 있는지를 나타내는 척도이다. 예를 들어 산점도의 모든 점들이 기울기가 양인 직선 위에 놓여 있으면 상관계수가 1이 되고 기울기가 양인 직선에서 흩어지면 흩어질수록 상관계수는 1보다 작아진다. 마찬가지로 산점도의 모든 점들이 기울기가 음인 직선 위에 놓여 있으면 상관계수가 −1이 되고 기울기가 음인 직선에서 흩어지면 흩어질수록 상관계수는 −1보다 커진다. 끝으로 상관계수가 0이라는 것은 산점도의 점들이 기울기가 양인 직선에서 흩어졌는지 기울기가 음인 직선에서 흩어졌는지 판단할 수 없는 경우이다.

제2장에서는 추론에 들어가기에 앞서 주어진 데이터를 시각적으로 표현해 보고 그리고 산술적으로 요약해서 데이터의 전반적인 특성을 파악해 보고자 한다. 이러한 과정을 기술통계(descriptive statistics)라고도 한다. 우리가 아파서 병원에 가면 의사 선생님이 처음부터 혈액 검사나 CT 촬영을 하는 것이 아니라 왜 왔느냐? 언제부터 아팠느냐? 전에도 이렇게 아팠던 적이 있느냐? 등등을 물어 보는데 이러한 과정을 문진(問診)이라고 한다. 노련한 의사일수록 문진 과정을 중요시하며 이 과정에서 환자의 상태를 대부분 파악한다고 한다. 마찬가지로 유능한 데이터 분석자(data analyst)일수록 데이터를 표현하고 요약하는 과정을 중요시하며 이 과정에서 데이터의 특성을 대부분 파악할 수 있다.

한편 표본(Sample)과 데이터(Data, 자료)라는 용어는 약간 의미가 다르다. 즉, 표본은

모집단을 전제로 한 그 일부를 의미하지만 데이터는 꼭 모집단을 전제로 할 필요는 없을 것이다. 그러나 통계학의 기본개념을 다루는 이 교재에서는 굳이 표본, 데이터, 그리고 자료라는 용어를 구별하지 않고 자유롭게 사용하고자 한다.

각 개체(individual)에 대하여 1개 변량을 관측한 데이터를 일변량 데이터(Univariate Data)라고 하고 각 개체에 대하여 2개 변량을 관측한 데이터를 이변량 데이터(Bivariate Data)라고 한다. 예컨대 수강생들의 키를 조사한 데이터는 일변량 데이터이고 수강생들의 키와 몸무게를 조사한 데이터는 이변량 데이터이다.

일변량 데이터에 대한 시각적 표현은 2.1절에서 그리고 산술적 요약은 2.2절에서 다루고 있다. 이 책에서는 앞으로 일변량 데이터를 언급할 때 문맥에서 그 의미가 분명하면 일변량이라는 수식어를 생략하고 그냥 데이터라고 호칭하고자 한다. 또한 통계학에서는 선형성(線形性, linearity)을 매우 중요시하며 이 책에서 세 번 나타난다. 특히 2.3절의 선형변환은 선형성에 대한 첫 번째 사례로서 셋 중에서 가장 간단한 형태이다. 따라서 2.3절을 잘 이해하면 그 뒤에 나오는 선형성(4.5절과 11.2절)을 이해하는 데 밑거름이 될 것이다. 2.4절에서는 이변량 데이터에 대한 시각적 표현과 산술적 요약을 소개한다. 2.5절에서는 인류 역사상 가장 성공적인 시각적 표현이라고 알려진 Minard 그래프를 소개한다.

2.1 일변량 데이터에 대한 시각적 표현

사람들은 본능적으로 숫자나 표보다는 그림을 보고 더 빨리 이해하는 경향이 있다. 여기서는 데이터를 시각적으로 표현하여 데이터의 특성을 파악할 수 있는 방법에 대하여 살펴보고자 한다. 특히 요즘 컴퓨터 그래픽스가 하루가 다르게 발전하고 있기 때문에 데이터를 시각적으로 표현하는 것은 더욱더 중요시 되는 경향이 있다.

1) 점그림표(Dot Plot)

관측값의 개수 n이 비교적 적은 경우에는 관측값을 수직선 위에 점으로 표시할 수 있는데 이를 점그림표(Dot Plot)라고 한다. 만약 동점인 관측값(tied observation)이 있으면 점 위에 또 점을 찍으면 된다. 예를 들어 〈표 2.1〉은 Business Week(1989. 5. 1)에 발표된 데이터로서 1988년도 미국에서 그룹 회장 25명의 연봉을 천불 단위로 표시한 것이다. 이를 점그림표로 표시하면 〈그림 2.1〉과 같다. 〈표 2.1〉과 〈그림 2.1〉은 똑같은 내용을 담고 있지만 〈그림 2.1〉은 〈표 2.1〉에 비해 그룹 회장들의 연봉이 어느 정도인지에 대하여 분명한 메시지를 전달해 주고 있다.

표 2.1　1988년도 미국에서 그룹 회장 25명의 연봉

(단위: 천불)

Company	Compensation	Company	Compensation
Boeing	846	Delta Airlines	457
Whirlpool	896	Chrysler	1466
Bank of Boston	1200	Coca-Cola	2164
Sherwin-Williams	746	Dupont	1611
Bristol-Myers	824	Motorola	824
General Mills	1310	Marriott	1007
Sara Lee	1367	Honeywell	575
Eastman Kodak	1252	Exxon	1354
Apple Computer	2479	Scott Paper	1238
Bausch & Lomb	927	CBS	1253
K Mart	925	AT&T	1284
Goodyear	1279	Philip Morris	1660
Teledyne	860		

그림 2.1　1988년도 미국에서 그룹 회장 25명의 연봉에 대한 점그림표(단위: 십만불)

2) 막대그림표(Bar Chart)와 원형그림표(Pie Chart)

관측값의 가지 수가 적은 경우에는 관측값에 대한 도수와 상대도수를 표로 정리할 수 있는데 이러한 표를 도수분포표라고 한다. 도수분포표를 시각적으로 표현한 것이 막대그림표 또는 원형그림표이다. 예를 들어 〈표 2.2(a)〉는 1988년도 미국에서 가장 많이 팔린 5종류의 자동차(Chevrolet Cavalier, Ford Escort, Ford Taurus, Honda Accord, Hyundai Excel)를 구입한 50명의 데이터이다. 〈표 2.2(b)〉는 이 데이터를 도수분포표로 정리한

것이다. 여기서 상대도수는 도수를 관측값의 개수 50으로 나눈 값이다. 〈그림 2.2〉는 〈표 2.2(b)〉의 도수분포표를 시각적으로 막대그림표와 원형그림표로 표현한 것이다.

막대그림표에서 막대 높이는 도수를 나타낼 수도 있고 상대도수를 나타낼 수도 있다. 〈그림 2.2〉에서는 막대 높이가 도수를 나타내도록 그린 것이다. 만약 막대 높이가 상대도수를 나타내려면 막대그림표의 형태는 변하지 않고 세로축의 눈금만 바꿔주면 된다.

원형그림표에서는 중심각이 상대도수를 나타내도록 그린 것이다. 예를 들어 Hyundai Excel의 상대도수는 16%이므로 원형그림표에서 Hyundai Excel의 중심각은 360도×0.16 = 57.6도로 표현된다.

막대그림표와 원형그림표는 똑같이 도수분포표의 상대도수를 시각적으로 표현한 것이다. 막대그림표에서는 상대도수를 막대 높이로 나타내고 원형그림표에서는 상대도수를 중심각으로 나타낸다. 시각적으로는 막대그림표가 원형그림표보다 보기에 편리하지만 사람들은 관습적으로 원형그림표를 즐겨 그리는 경향이 있다.

표 2.2(a) 1988년도 미국에서 가장 많이 팔린 5종류 자동차에 대한 데이터($n = 50$)

Honda Accord	Ford Escort	Ford Taurus
Ford Taurus	Chevrolet Cavalier	Honda Accord
Honda Accord	Ford Escort	Ford Taurus
Honda Accord	Hyundai Excel	Hyundai Excel
Ford Escort	Hyundai Excel	Chevrolet Cavalier
Ford Taurus	Ford Escort	Ford Escort
Honda Accord	Chevrolet Cavalier	Chevrolet Cavalier
Ford Escort	Ford Escort	Chevrolet Cavalier
Honda Accord	Honda Accord	Hyundai Excel
Ford Taurus	Chevrolet Cavalier	Ford Escort
Honda Accord	Hyundai Excel	Hyundai Excel
Honda Accord	Ford Escort	Ford Escort
Ford Escort	Honda Accord	Hyundai Excel
Chevrolet Cavalier	Chevrolet Cavalier	Ford Taurus
Hyundai Excel	Ford Escort	Ford Escort
Chevrolet Cavalier	Ford Escort	Honda Accord
Ford Taurus	Ford Taurus	

표 2.2(b) 1988년도 미국에서 가장 많이 팔린 5종류 자동차에 대한 도수분포표

차종	도수	상대도수
Chevrolet Cavalier	9	0.18
Ford Escort	14	0.28
Ford Taurus	8	0.16
Honda Accord	11	0.22
Hyundai Excel	8	0.16
합계	50	1.00

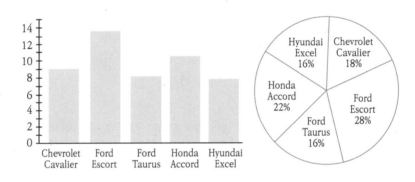

그림 2.2 미국에서 가장 많이 팔린 5종류 자동차에 대한 막대그림표와 원형그림표

3) 히스토그램(Histogram)

관측값의 개수도 많고 가지 수도 많은 경우에는 점그림표에다 수많은 점을 찍거나 도수분포표에서 도수와 상대도수를 일일이 나열하는 것이 매우 번거로울 것이다. 설령 그렇게 했다 하더라도 숲은 보지 못하고 나무만 보는 것과 마찬가지로 데이터의 전체적인 윤곽을 파악하기 어려울 것이다. 이러한 경우에는 여기서 설명하는 히스토그램이나 다음에 설명하는 상자그림표에 의해 데이터의 특성을 효과적으로 표현할 수 있다.

도수분포표는 데이터를 적당한 구간으로 구분하여 각 구간에 속한 도수나 상대도수를 표현한 것이다. 이러한 도수분포표를 시각적으로 표현한 것이 히스토그램이다. 중요한 것은 히스토그램에서 기둥의 면적은 그 구간의 상대도수를 나타낸다는 것이다. 그렇게

하는 이유는 사람들은 본능적으로 기둥의 높이보다는 기둥의 면적에 더 시선이 가기 때문에 기둥의 면적이 가장 중요한 개념인 상대도수를 나타내도록 한 것이다. 따라서 아래와 같이 기둥의 높이는 상대도수를 기둥의 폭으로 나눈 값이다. 그런데 히스토그램에서 기둥의 높이를 통계 용어로 밀도(Density)라고 한다. 기둥의 높이를 밀도라고 부르는 이유는 히스토그램이 제4장에서 소개하는 연속확률변수의 밀도함수(Density Function)의 근본이 되기 때문이다. 국어사전이나 영어사전에서 밀도(density)를 찾아보면 빽빽한 정도를 뜻하며 대표적인 사례가 인구밀도(population density)이다. 통계학에서도 그런 의미로 사용하고 있다. 즉,

기둥의 면적＝기둥의 폭×기둥의 높이 이므로
기둥의 높이＝기둥의 면적/기둥의 폭.

그런데 위의 식에서 기둥의 높이≡밀도, 기둥의 면적≡상대도수 이므로,

밀도＝상대도수/기둥의 폭.

이 책에서 '≡' 기호는 왼쪽과 오른쪽의 의미가 같다는 뜻이다.

즉, 히스토그램에서 밀도란 상대도수를 기둥의 폭으로 나눈 값으로 정의한다. 이렇게 밀도를 정의함으로써 우리는 히스토그램에서 매우 중요한 세 가지 사항을 알 수 있게 되며 이를 다음과 같이 정리하였다. 이 세 가지 사항은 연속확률변수에서 밀도함수의 기본 성질인 식 (4.11)의 근원(根源)이다.

① 밀도는 0보다 크거나 같다.
② 상대도수의 합은 1이므로 히스토그램에서 기둥의 면적의 합은 1이다.
③ 히스토그램에서 임의의 구간에 속한 비율은 그 구간의 면적과 같다.

앞의 세 가지 사항 중 ③에 대하여 살펴보자. 예를 들어 (10, 30) 구간의 상대도수가 0.4라고 가정하면 (10, 30) 구간에 속한 비율은 40%이고 밀도는 0.02이다. 그러면 (10, 20) 구간에 속한 비율은 얼마일까? 만약 관측값들이 그 구간 안에서 고르게 분포한다면 (10, 20) 구간의 폭은 원래 구간의 폭의 절반이므로 (10, 20) 구간에 속한 비율은

원래 구간에 속한 비율의 절반인 0.2라고 할 수 있다. 그런데 0.2는 구간의 폭 10과 밀도 0.02의 곱이므로 (10, 20) 구간에 속한 비율은 그 구간의 면적이라고 할 수 있다. 이를 일반화 하면 임의의 구간에 속한 비율은 그 구간의 면적이라고 할 수 있다.

히스토그램을 그릴 때면 언제나 다음 세 가지 어려움에 부딪히게 된다. 첫째, 첫 번째 구간의 시점과 마지막 구간의 종점을 얼마로 할 것인가? 둘째, 각 구간의 폭은 얼마로 할 것인가? 셋째, 구간의 개수는 얼마로 할 것인가? 이러한 문제에 있어서 명확한 해결책은 존재하지 않으며 아래 가이드라인을 참고하면 좋을 것이다.

첫째, 구간의 시점과 종점은 가능하면 5 또는 10의 배수로 잡는다.

둘째, 구간의 폭은 가능하면 동일하게 하고 $2 \times IQR/n^{1/3}$ 정도로 한다.

여기서 IQR은 사분위간 범위라고 하고 식(2.5)에서 설명하고 있다.

만약 구간의 폭을 다르게 할 경우에는 그 이유를 설명할 수 있어야 한다.

셋째, 구간의 개수는 $10\log_{10}n$ 보다 작게 한다.

또한 히스토그램에서 세분화된 구간을 합쳐서 구간의 폭을 넓히는 것은 쉽지만 역으로 넓은 구간을 세분화하려면 처음부터 다시 해야 한다. 따라서 히스토그램을 그릴 때 처음에는 구간을 세분화해서 그려보고 구간을 합쳐 나가면서 데이터의 전체적인 특성이 나타나도록 하면 좋을 것이다.

〈표 2.3〉은 성인 남자 200명의 키를 7개 구간으로 구분한 도수분포표이며 〈그림 2.3〉은 이를 히스토그램으로 나타낸 것이다. 한편, 도수분포표에서 끝점(end point)에 관한 관례로서 구간의 왼쪽 끝점은 그 구간에 포함하고 오른쪽 끝점은 그 구간에 포함하지 않는다. 예컨대 〈표 2.3〉에서 키가 155인 사람은 첫 번째 구간에 속하지 않고 두 번째 구간에 속하게 된다.

표 2.3　성인 남자 키의 도수분포표($n = 200$)

구간	도수(f)	상대도수	높이
150 − 155	4	0.02	0.004
155 − 160	10	0.05	0.010
160 − 165	46	0.23	0.046
165 − 170	60	0.30	0.060
170 − 175	58	0.29	0.058
175 − 180	18	0.09	0.018
180 − 200	4	0.02	0.001
합계	200	1.00	

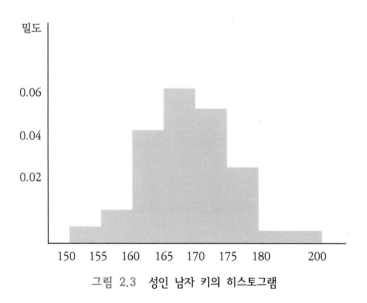

그림 2.3　성인 남자 키의 히스토그램

예제
2.1

다음은 통계학 수강생들의 몸무게를 조사한 도수분포표이다.
1) 히스토그램을 그려라.
2) 몸무게가 47.5~57.5kg인 학생의 비율은 얼마일 것으로 예상되나?

구간:	40–45	45–50	50–55	55–60	60–65	65–85
도수:	5명	15명	30명	25명	20명	5명

풀이

1)

구간	도수	상대도수	밀도
$40-45$	5	0.05	0.01
$45-50$	15	0.15	0.03
$50-55$	30	0.30	0.06
$55-60$	25	0.25	0.05
$60-65$	20	0.20	0.04
$65-85$	5	0.05	0.0025
합계	100	1.00	

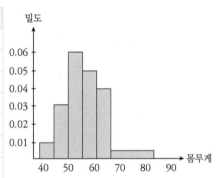

2) 위 히스토그램에서 47.5~57.5kg 구간의 면적을 구하면 $(15/2)\%+30\%+(25/2)\%=50\%$이다.

4) 줄기잎그림표(Stem-Leaf Plot)

줄기잎그림표(Stem – Leaf Plot)는 관측값의 개수가 그리 많지 않고($n < 50$) 관측값을 공통 부분인 줄기(stem)와 개별 부분인 잎(leaf)으로 구분할 수 있는 경우에 그릴 수 있는 그림표이다. 앞에서 설명한 히스토그램을 그리려면 어느 정도 정보의 손실을

감수해야 한다. 즉, 도수분포표를 만들면 관측값들의 개별적인 값은 사라지고 구간의 정보만 남게 된다. 예를 들어 도수분포표를 만들었을 때 (40, 45) 구간에 5명이 속한다면 개별적인 값은 사라지고 오직 구간에 대한 정보만 남게 된다. 이는 마치 겨울에 가로수의 가지치기를 하면 비로소 나무의 골격이 보이는 것과 마찬가지 이치이다. 그러나 줄기잎그림표는 그릴 수만 있다면 정보의 손실 없이 요약할 수 있는 완벽한 그림표이다.

　예를 들어 〈표 2.4〉에 있는 적성검사 점수 중에서 60점대는 69, 68이 있다. 그런데 69의 6이나 68의 6은 똑같은 의미이므로 69와 68을 아래와 같이 표현할 수도 있을 것이다. 이러한 표현은 중학교 때 인수분해에서 배운 적이 있다. 여기서 공통부분인 6을 줄기라고 하고 개별부분인 9와 8을 잎이라고 하는데 그렇게 이름 붙인 이유는 나뭇잎은 줄기를 공유하기 때문이다.

인수분해	나뭇잎	줄기잎그림표
$ab+ac=a(b+c)$		$69,\ 68 \Rightarrow 6 \parallel 9\ 8$

　〈표 2.4〉에 있는 적성검사 점수에서 백 자리와 십 자리를 줄기로 보고 일 자리를 잎으로 구분하면 〈그림 2.4(a)〉가 된다. 그리고 〈그림 2.4(a)〉에 있는 잎을 크기 순서대로 늘어놓으면 〈그림 2.4(b)〉가 되며 이를 줄기잎그림표라고 한다.

표 2.4 적성검사 점수($n = 50$)

112	72	69	97	107
73	92	76	86	73
126	128	118	127	124
82	104	132	134	83
92	108	96	100	92
115	76	91	102	81
95	141	81	80	106
84	119	113	98	75
68	98	115	106	95
100	85	94	106	119

```
 6 | 9  8
 7 | 2  3  6  3  6  5
 8 | 6  2  3  1  1  0  4  5
 9 | 7  2  2  6  2  1  5  8  8  5  4
10 | 7  4  8  0  2  6  6  0  6
11 | 2  8  5  9  3  5  9
12 | 6  8  7  4
13 | 2  4
14 | 1
```

그림 2.4(a) 적성검사 정답의 개수에 대한 줄기잎그림표를 그리는 중간 과정

```
 6 | 8  9
 7 | 2  3  3  5  6  6
 8 | 0  1  1  2  3  4  5  6
 9 | 1  2  2  2  4  5  5  6  7  8  8
10 | 0  0  2  4  6  6  6  7  8
11 | 2  3  5  5  8  9  9
12 | 4  6  7  8
13 | 2  4
14 | 1
```

그림 2.4(b) 적성검사 정답의 개수에 대한 줄기잎그림표

5) 상자그림표(Box Plot)

상자그림표(Box Plot)는 1977년 Tukey에 의해 처음 고안되었다. 상자그림표는 관측값의 개수나 가지 수가 많고 적음에 관계없이 2.2절에서 설명하는 5가지 값(최소값, 하사분위수, 중위수, 상사분위수, 최대값)을 시각적으로 표현한 그림표이다. 상자그림표의 일반적인 형태는 〈그림 2.5(a)〉에 나타나 있다. 즉, 상자그림표에서 상자 안에 있는 직선이 중위수를 나타내고, 상자 양 끝이 각각 하사분위수와 상사분위수를 나타내며, 상자 양 끝에서 나온 두개의 끈이 끝나는 곳이 각각 최소값과 최대값을 나타낸다. 상자그림표는 상자와 칸막이 그리고 두개의 끈으로 데이터의 전체적인 윤곽을 알려 주기 때문에 하나의 데이터를 시각적으로 표현하기에는 너무 단순해 보인다. 그러나 둘 이상의 데이터를 비교할 때는 매우 요긴하게 이용된다.

주식시장에서는 오래 전부터 상자그림표와 매우 유사한 봉도표(Bar Chart)를 이용하여 왔다. 예를 들어 아침 9시에 개장하여 오후 3시 반에 폐장할 때까지 종합주가지수의 변동을 생각해 보자. 주식시장에서는 매 순간 변한 종합주가지수를 다음 4가지 값으로 요약한다. 즉, 아침 9시에 시작한 시가, 오후 3시 반에 끝난 종가, 하루 중 제일 높이 올라간 고가, 그리고 하루 중 제일 밑으로 내려간 저가로 요약한다. 봉도표는 이 4가지 값을 〈그림 2.5(b)〉와 같이 그래프로 나타낸 것이다.

하나의 봉이 하루 동안의 변동을 나타내면 일봉도표라고 하고 한 달 동안의 변동을 나타내면 월봉도표라고 한다. 주식시장에서는 기술적 분석을 할 때 봉도표를 매우 중요

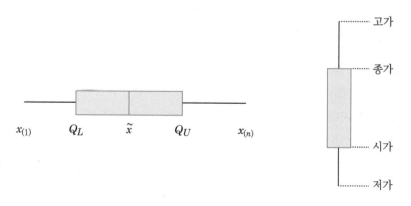

그림 2.5(a) 상자그림표의 일반적인 형태   그림 2.5(b) 주식시장의 봉도표

시하며 단기 추세를 파악하기 위해서는 일봉도표를 이용하고 장기 추세를 파악하기 위해
서는 월봉도표를 이용한다.

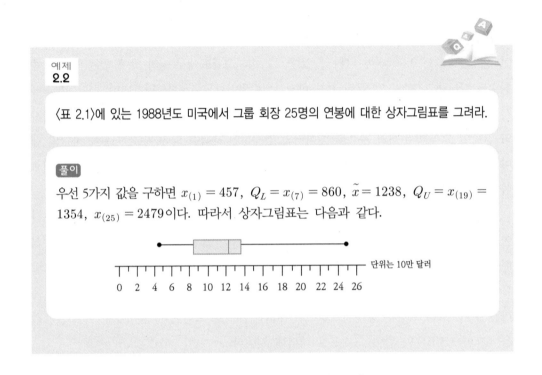

예제
2.2

〈표 2.1〉에 있는 1988년도 미국에서 그룹 회장 25명의 연봉에 대한 상자그림표를 그려라.

[풀이]

우선 5가지 값을 구하면 $x_{(1)} = 457$, $Q_L = x_{(7)} = 860$, $\tilde{x} = 1238$, $Q_U = x_{(19)} = 1354$, $x_{(25)} = 2479$이다. 따라서 상자그림표는 다음과 같다.

이 상자그림표는 매우 특이한 형태를 보여주고 있다. 즉, 사분위수에서 설명한 바와
같이 순서통계량은 사분위수에 의해 4등분된다. 따라서 4등분된 각 구간에는 약 6개의
관측값이 속한다고 할 수 있다. 그런데 이 상자그림표에서 4등분된 구간의 길이는 엄청
난 차이를 보이고 있다. 좀 더 구체적으로 살펴보기로 하자. 우선 상자 안에서 보면 중위
수를 기준으로 왼쪽(하사분위수)에 이르는 거리가 오른쪽(상사분위수)에 이르는 거리에 비
해 훨씬 길다. 그러나 상자 밖에서 보면 왼쪽 끈이 오른쪽 끈보다 훨씬 짧다. 이는 중위
수보다 약간 많이 받는 회장의 연봉은 고만고만하지만 중위수보다 훨씬 많이 받는 회장
의 연봉은 엄청나게 커질 수 있음을 보여주고 있다. 반면에 중위수보다 약간 덜 받는 회
장의 연봉은 훨씬 작을 수 있지만 하한은 그리 작아지지 않는다는 것을 보여주고 있다.

2.2 일변량 데이터에 대한 산술적 요약

데이터를 산술적으로 요약할 때 우리는 데이터의 중심과 중심에서 흩어져 있는 정도에 대하여 주로 관심을 갖게 된다. 데이터의 중심을 대푯값이라 하고 중심에서 퍼져 있는 정도를 산포도(散布度)라고 한다.

학생들에게 데이터를 주고 요약해 보라고 하면 흔히 대푯값만 구하고 끝내는 경우가 많이 있다. 유감스럽게도 대푯값만으로 주어진 데이터를 잘 요약할 수 있는 경우는 거의 없다. 그러나 대푯값이 산포도와 짝을 이루었을 경우에는 매우 강력한 위력을 발휘하며 경우에 따라서는 거의 완벽한 요약도 가능해진다. 따라서 대푯값과 산포도는 아무리 강조해도 지나치지 않은 매우 중요한 개념으로서 바늘 가는데 실 가듯이 대푯값을 생각하면 언제나 그에 따른 산포도를 생각하게 된다.

1) 대푯값

데이터의 중심인 대푯값을 측정하는 방법에는 여러 가지가 있으며 고등학교 과정에서 이미 평균(Mean 또는 Average), 중위수(Median) 그리고 최빈값(Mode)에 대하여 배웠다. 통계학계에서는 이미 1970년대에 60여 종의 대푯값에 대하여 비교연구를 수행한 적이 있다. 이 책에서는 평균, 중위수 그리고 절사평균(切捨平均, Trimmed Mean)을 〈표 2.5〉에 나타난 7개 관측값에 대하여 순서대로 알아보기로 하자.

표 2.5 희망 소비자 가격이 1000원인 라면의 실제 판매 가격($n=7$)

950, 1030, 980, 1950, 1120, 900, 1050

일반적으로 n개 관측값을 $x_1, x_2, \cdots, x_n$이라고 표시한다. 예컨대 〈표 2.5〉에서 첫 번째 관측값 x_1은 950이고 두 번째 관측값 x_2는 1030이며, $\cdots$, 7번째 관측값 x_7은 1050이다.

① 평균(Mean 또는 Average)

평균은 식 (2.1)과 같이 관측값의 합을 관측값의 개수로 나눈 값이며 $\bar{x}$라고 표시하고 x bar라고 읽는다. 예를 들어 〈표 2.5〉에 있는 데이터의 평균은 $\bar{x} = (950 + 1030 + 980 + 1950 + 1120 + 900 + 1050)/7 = 1140$이다.

$$n\text{개 관측값을 } x_1, x_2, \cdots, x_n \text{이라고 하면,}$$

$$\text{평균 } \bar{x} = (x_1 + x_2 + \cdots + x_n)/n = \sum_{i=1}^{n} x_i/n$$

2.1

② 중위수(Median)

중위수를 정의하기 위해서는 먼저 순서통계량(order statistics)에 대해 알아야 한다. 순서통계량이란 관측값을 크기 순서대로 오름차순으로 배열한 것이다. 예를 들어 〈표 2.5〉에 있는 7개 관측값에 대한 순서통계량은 〈표 2.6〉과 같다.

표 2.6 희망 소비자 가격이 1000원인 라면의 실제 판매 가격에 대한 순서통계량

900, 950, 980, 1030, 1050, 1120, 1950

일반적으로 관측값의 개수가 n인 순서통계량을 $x_{(1)}, x_{(2)}, \cdots, x_{(n)}$이라고 표시한다. 여기서 $x_{(1)}$은 가장 작은 관측값을 나타내고, $x_{(2)}$는 두 번째 작은 관측값을 나타내고, 마찬가지로 $x_{(n)}$은 n번째 작은, 즉 가장 큰 관측값을 나타낸다.

중위수는 식 (2.2)에서 정의된 바와 같이 순서통계량 중에서 가장 가운데 위치한 관측값으로서 $\tilde{x}$이라고 표시하고 x curl이라고 읽는다. 관측값의 개수 n이 홀수인 경우($n = 2k+1$), 가장 가운데 위치한 관측값은 $x_{(k+1)}$ 하나이므로 이 값이 중위수이다. n이 짝수인 경우($n = 2k$), 가장 가운데 위치한 관측값은 $x_{(k)}$와 $x_{(k+1)}$ 두개이므로 이 두 값의 평균을 중위수라고 한다. 다른 관점에서 살펴보면 순서통계량은 중위수에 의해 이등분된다. 즉, 순서통계량에서 중위수보다 큰 관측값이 약 반이 있고 중위수보다 작은 관측값이 약 반이 있다.

n개 순서통계량을 $x_{(1)}$, $x_{(2)}$, $\cdots$, $x_{(n)}$이라고 하면,

$$\text{중위수 } \tilde{x} = \begin{cases} x_{(k+1)} & , n = 2k+1\text{인 경우} \\ \dfrac{x_{(k)} + x_{(k+1)}}{2} & , n = 2k\text{인 경우} \end{cases}$$

2.2

예를 들어 〈표 2.6〉에 있는 7개 관측값의 중위수를 구해 보자. 가장 작은 관측값 $x_{(1)}$은 900이고, $\cdots$, 가장 큰 (이 경우 7번째로 작은) 관측값 $x_{(7)}$은 1950이므로 식 (2.2)에 의하면 중위수 $\tilde{x} = x_{(4)} = 1030$이다.

〈그림 2.6〉은 〈표 2.5〉에 있는 7개 값을 점그림표로 표시한 것이다. 〈그림 2.6〉에서 수직선이 무게가 없는 막대기라고 가정하고 각 관측값이 놓인 자리에 동일한 무게의 추를 얹어 놓았다면 이 막대기는 Δ로 표시된 평균 값 1140에서 평형을 이루게 된다. 이러한 의미에서 물리학에서는 평균을 무게의 중심(center of gravity)이라고 한다. 여기서 어느 하나의 추라도 좌우로 이동시키면 평형을 이루는 점 Δ는 그에 따라 이동하게 된다.

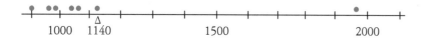

그림 2.6 희망 소비자 가격이 1000원인 라면의 실제 판매가격에 대한 점그림표($n = 7$)

예를 들어 관측값 1950이 왼쪽으로 70만큼 이동하면 관측값의 합이 70만큼 줄기 때문에 평균은 10만큼 줄게 된다. 즉, 평형을 이루는 점 Δ는 왼쪽으로 10만큼 이동하여 새로운 무게의 중심은 1130이 된다. 그러나 중위수는 중위수보다 작은 3개의 관측값을 왼쪽으로 아무리 이동시키거나 중위수보다 큰 3개의 관측값을 오른쪽으로 아무리 이동시켜도 변함없이 1030이 된다.

〈그림 2.6〉에서 맨 오른쪽에 있는 관측값 1950과 같이 다른 관측값과 동떨어져 있는 관측값을 특이값(outlier)이라 하고, 특이값이 존재하더라도 크게 달라지지 않는 통계량을 로버스트(robust)하다고 한다. 이러한 관점에서 살펴보면 평균은 특이값에 민감하게 반응하는 반면에 중위수는 로버스트하다고 할 수 있다.

특이값은 그 자체가 매우 중요한 의미를 가질 수도 있고 경우에 따라서는 인간의 실

수(human error)로 인하여 발생할 수도 있다. 예컨대 특이값 1950원은 어느 악덕업자가
판 실제 가격일 수도 있고 실제로는 950원에 팔았는데 착오로 그렇게 기록되었을 수도
있다. 어느 경우에나 라면의 실제 판매가격에 대한 대푯값에 관심을 갖는다면 우리는 특
이값에 따라 영향을 많이 받는 대푯값을 원하지 않을 것이다. 이럴 경우 중위수는 평균
의 대안이 될 수 있다. 왜냐하면 중위수는 특이값에 가장 영향을 받지 않는 대푯값이기
때문이다.

③ 절사평균(Trimmed Mean)

순서통계량을 이용하여 평균과 중위수를 비교하여 보자. 관측값의 합은 순서통계량
의 합과 언제나 같으므로 평균 $\bar{x}$는 순서통계량 전체의 평균이라고 할 수 있다. 한편 중
위수 $\tilde{x}$은 순서통계량 중에서 가장 가운데 위치한 하나 또는 두 값의 평균으로 이해할 수
있다. 따라서 평균과 중위수의 절충안으로 순서통계량에서 가운데 있는 일부의 평균을
생각할 수 있는데 이를 절사평균(切搪平均, trimmed mean)이라고 한다.

한편, 똑같은 개념이지만 절사평균을 정의할 때 순서통계량에서 가운데 있는 일부의
평균이라고 하는 대신에 순서통계량에서 작은 값과 큰 값 일부를 절사(切搪)한 나머지의
평균으로 정의할 수도 있다. 이 책에서는 후자를 따르고자 한다.

절사평균은 식 (2.3)과 같이 정의된다. 절사평균을 정의하기 위해 [ ]라는 부호를
도입하였는데 [ ]는 그 안에 있는 값의 소수점을 버리고 자연수만 취하는 부호이다. 예
컨대 [3.5] = 3이고 [2.0] = 2이다. 이런 부호를 도입해야 하는 이유는 절사하는 관측값의
개수를 언제나 자연수가 되도록 하기 위함이다.

즉, 한 쪽에서 절사하는 비율을 α라 하고, 절사하는 관측값의 수를 $t = [n\alpha]$라고
하자. 그러면 $100\alpha\%$ 절사평균은 순서통계량에서 작은 관측값 t개와 그리고 같은 개수
의 큰 관측값 t개를 제외한 나머지 $n - 2t$개의 평균이며 $\bar{x}_\alpha$라고 표시한다. 예를 들어 $n =$
20인 경우 25% 절사평균 $\bar{x}_{0.25}$를 생각해 보자. $\alpha = 0.25$이므로 양 쪽에서 각각 $t = 5$
개의 관측값을 절사하고 나머지 10개 관측값의 평균을 구하면 된다. 따라서 0% 절사평
균 $\bar{x}_0$는 평균 $\bar{x}$와 같고 n이 홀수인 경우 50% 절사평균 $\bar{x}_{0.5}$는 중위수 $\tilde{x}$로 해석될 수
있다.

n개 순서통계량을 $x_{(1)}, x_{(2)}, \cdots, x_{(n)}$이라고 하면

$$100\alpha\% \text{ 절사평균 } \overline{x}_\alpha = \sum_{i=t+1}^{n-t} x_{(i)}/(n-2t)$$

2.3

여기서 절사하는 관측값의 수 $t = [n\alpha]$이며 [ ]는 그 안에 있는 값의 소수점을 무시한 자연수이다.

예를 들어 〈표 2.5〉에 있는 7개 관측값에 대한 25% 절사평균 $\overline{x}_{0.25}$를 구해 보자. $t = [n\alpha] = [1.75] = 1$이므로 큰 관측값 1개와 작은 관측값 1개를 절사한 나머지 5개 관측값의 평균으로서 $\overline{x}_{0.25} = 1026$이다.

운동경기에서는 오래 전부터 절사평균을 사용하여 왔다. 예를 들어 체조경기에서는 5명의 심판이 채점을 한다. 만약 어느 한 심판이 개인적인 편견에 의해 특정한 선수에게 매우 낮은 점수를 준다면 그 선수는 아무리 우수하더라도 입상권에서 제외될 것이다. 그래서 체조경기에서는 한두 명 심판의 편견을 배제하기 위해 5명 심판이 준 점수 중에서 가장 높은 점수와 가장 낮은 점수를 제외한 나머지 3개 점수의 합계(평균)로 순위를 정한다. 즉, 체조경기에서 쓰인 대푯값은 바로 20% 절사평균 $\overline{x}_{0.2}$이다.

그러면 대푯값으로서 평균, 중위수 그리고 절사평균 중에서 어느 것이 적절한지 살펴보기로 하자. 체조경기의 경우도 어떤 대푯값으로 평가하는가에 따라 우승자는 달라질 수 있다. 만약 5명 심판이 언제나 공정한 평가를 내린다면 5명 심판이 준 점수의 평균을 대푯값으로 사용하는 것이 적절할 것이다. 그러나 우리는 5명 심판이 언제나 공정히 평가한다는 것을 기대할 수 없기 때문에 절사평균을 이용하는 것과 마찬가지로 특이값의 영향을 배제하기 위해서는 적당한 개수의 관측값을 절사한 절사평균을 이용하는 것이 좋을 것이다.

그러면 관측값을 몇 개 절사할 것인가를 결정해야 하는데, 이는 특이값에 대해 어떠한 보험을 들 것인가를 생각해 보는 것과 마찬가지이다. 운전에 자신이 있는 운전자는 책임보험만 들 것이고 그렇지 못한 운전자는 종합보험에 들지 않겠는가? 절사평균을 구할 때 절사하는 비율, 즉 α값을 결정하는 문제에 대하여 대략 두 가지 학설이 있다. 첫째는 이론을 위주로 하는 학자들의 견해로서 10% 절사평균이 전반적으로 우수하다는 것

이다. 둘째는 데이터 분석을 위주로 하는 학자들의 견해로서 25% 절사평균이 전반적으로 우수하다는 것이다. 특히 25% 절사평균은 순서통계량에서 가운데 있는 50% 관측값의 평균이라는 점에 주목할 필요가 있다.

　일반적으로 대푯값을 구할 때 평균, 중위수 그리고 10%와 25% 절사평균을 구한다. 만약 관측값 중에 특이값이 없다면 4가지 대푯값은 거의 비슷해진다. 이 경우 4가지 대푯값 중에서 어느 것을 대푯값으로 하더라도 큰 무리가 없을 것이다. 그러나 관측값 중에 특이값이 있다면 4가지 대푯값은 크게 차이가 날 수 있다. 이는 특이값 때문에 발생한 것이므로 특이값이 왜 생겼는지 면밀히 검토해 보고 4가지 대푯값 중에서 어느 것을 대푯값으로 할지 결정하여야 할 것이다.

　또 다른 관점에서 한국의 가구 당 연간소득을 생각해 보자. 전형적인 가구 당 연간소득으로는 중위수가 가장 적절한 대푯값이 될 것이다. 왜냐하면 중위수를 기준으로 중위수보다 소득이 많은 가구가 50% 있고, 중위수보다 소득이 적은 가구가 50% 있기 때문이다. 그 뿐만 아니라 중위수는 소수 재벌들의 막대한 소득에 전혀 영향을 받지 않기 때문이다.

　그러나 국세청에서는 평균에 관심이 더 많을 것이다. 왜냐하면 평균을 알면 전체 가구의 연간소득의 합계를 알 수 있고 그것은 세입의 기본이 되기 때문이다. 아무튼 평균은 모든 관측값을 고려하고 그리고 가장 간단히 계산할 수 있기 때문에 대푯값으로는 가장 널리 이용된다.

예제
2.3

아래 데이터는 생후 7일이 지난 생쥐 20마리의 무게(g)를 순서통계량으로 나타낸 것이다. 대푯값으로서 평균, 중위수, 10% 절사평균을 구하여라.

12 17 18 18 18 19 21 22 25 27
27 28 30 32 32 32 35 35 37 45

풀이

1) 평균 $\overline{x}$: 식 (2.1)에 의해 $\overline{x} = (12+17+ \cdots +37+45)/20 = 530/20 = 26.5$
2) 중위수 $\tilde{x}$: 식 (2.2)에 의해 $\tilde{x} = (x_{(10)} + x_{(11)})/2 = 27$
3) 10% 절사평균 $\overline{x}_{0.1}$: 식 (2.3)에 의하면 $t = [n\alpha] = [2] = 2$이므로 작은 값 2개와 큰 값 2개를 절사한 나머지 16개 관측값의 평균을 구하면
$$\overline{x}_{0.1} = (18+18+ \cdots +35+35)/16 = 419/16 = 26.19.$$

2) 산포도

데이터의 특성을 파악할 때 우선 대푯값을 구해서 데이터의 중심을 알아보는 것이 우선이겠지만 그에 못지않게 중요한 것은 관측값이 얼마큼 흩어져 있는지를 알아보는 것이다. 인위적으로 만든 아래 데이터1과 데이터2에 대해 생각해 보기로 하자.

데이터1:　5,　10,　15,　20,　25

데이터2:　13,　14,　15,　16,　17

데이터1과 데이터2는 모두 15를 기준으로 좌우 대칭이므로 평균, 중위수 그리고 절사평균은 모두 15이다. 그러나 〈그림 2.7〉에서 보는 바와 같이 데이터1은 데이터2에 비해 훨씬 더 넓게 흩어져 있음을 알 수 있다.

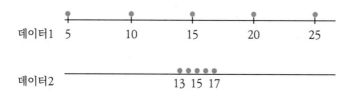

그림 2.7 데이터1과 데이터2에 대한 점그림표

이와 같이 관측값이 얼마큼 흩어져 있는지를 나타내는 측도(測度)를 산포도(散布度)라고 한다. 여러 가지 방법으로 대푯값을 측정할 수 있듯이 산포도도 여러 가지 방법으로 측정할 수 있다. 여기서는 분산(Variance)과 표준편차(Standard Deviation), 사분위간 범위(Inter-Quartiles Range, 줄여서 IQR), 그리고 *MAD*에 대해 알아 보기로 하자.

① 분산과 표준편차(Variance & Standard Deviation)

산포도를 측정하는 첫 번째 방법은 관측값과 평균과의 차이를 생각해 보는 것이며, 이를 편차(Deviation)라고 한다. 〈표 2.7〉의 두 번째 열은 데이터1의 편차를 나타낸다.

표 2.7 데이터1의 편차와 편차제곱

관측값(x)	편차($x-\overline{x}$)	편차제곱$(x-\overline{x})^2$
5	-10	100
10	-5	25
15	0	0
20	5	25
25	10	100
합 계 75	0	250

일반적으로 n개 관측값 $x_1, x_2, \cdots, x_n$이 주어진 경우 아래와 같이 편차의 합은 언제나 0이다.

$$\begin{aligned}\text{편차의 합}&=(x_1-\overline{x})+(x_2-\overline{x})+\cdots+(x_n-\overline{x})\\&=(x_1+x_2+\cdots+x_n)-n\overline{x}\\&=n\overline{x}-n\overline{x}\\&=0\end{aligned}$$

n개 관측값 $x_1, x_2, \cdots, x_n$은 제각기 다른 값을 가질 수 있지만 n개 편차 $(x_1-\overline{x})$, $(x_2-\overline{x})$, $\cdots$, $(x_n-\overline{x})$는 제각기 다른 값을 가질 수 없다. 왜냐하면 편차의 합은 0이 되어야 하므로 n개 편차 중에서 어느 $n-1$개 편차가 주어지면 나머지 한 개의 편차는 자동적으로 결정된다. 예를 들어 〈표 2.7〉에서 처음 4개의 편차가 정해지면 마지막 편차는 자동적으로 결정된다. 왜냐하면 편차의 합은 언제나 0이 되어야 하므로 처음 4개의

편차 합이 −10이면 마지막 편차는 10이 되어야 한다.

그런데 n은 관측값의 수 또는 표본크기(Sample Size)라고 불린다. 마찬가지로 $n-1$에 대해서도 적절한 이름이 필요해 진다. 여기서 기가 막힌 작명(作名, naming)이 등장하는데 $n-1$을 자유도(Degrees of Freedom)라고 작명한 것이다. 그렇게 작명한 이유는 n개 편차 중에서 $n-1$개 편차만 자유롭게 변할 수 있기 때문일 것으로 짐작한다. 저자의 생각으로는 인류가 지금까지 작명한 것 중에서 자유도(Degrees of Freedom)만큼 멋있는 작명이 또 있을지 의심스럽다.

자유도(Degrees of Freedom)는 통계학에서 매우 중요한 개념이며 자주 이용되므로 영어의 degrees of freedom을 줄여서 dof 또는 d.f. 으로 나타낸다. 이 교재에서도 자유도는 여러 번 나타난다. 제8장의 t분포에서 등장하고 제10장 F분포에서도 등장한다. 그리고 제10장과 제11장에서 중요한 역할을 하는 분산분석표에도 빠짐없이 등장한다.

한편, 관측값이 얼마큼 흩어져 있는지를 측정하기 위해서는 n개 편차를 종합해야할 것이다. 그런데 편차는 양수일 수도 있고 음수일 수도 있다. 그리고 편차가 양인 경우나 음인 경우나 평균에서 떨어진 정도는 같기 때문에 편차의 부호를 없애야 할 것이다. 수학에서 부호를 없애는 방법에는 크게 두 가지가 있는데 하나는 절대치를 씌우는 것이고 다른 하나는 제곱을 하는 것이다. 그런데 절대치를 씌우는 것보다는 제곱을 하는 것이 다루기 편리하므로 산포도를 구할 때 편차의 제곱을 고려하게 된다.

산포도의 측도로서 가장 대표적인 분산(Variance)은 식 (2.4)와 같이 편차 제곱의 합을 자유도로 나누어 준 것으로 정의하며 s^2이라고 표시한다. 또한 분산의 양의 제곱근을 표준편차(Standard Deviation)라고 하며 s라고 표시한다. 분산의 식 (2.4)에서 분모가 자유도 $n-1$이 아니라 관측값의 수 n이라면 식 (2.4)는 편차 제곱의 평균이 된다. 즉, 식 (2.4)는 평균적으로 편차 제곱이 얼마인지를 나타낸다. 분산의 식 (2.4)에서 분모가 관측값의 수 n이 아니라 자유도 $n-1$인 것에 대해서는 제 7장에서 다시 설명하고자 한다.

일반적으로 산포도의 측도로서 분산보다는 분산의 양의 제곱근인 표준편차를 많이 이용한다. 그 이유로는 표준편차는 관측값과 단위가 같고, 제8장에서 배우게 될 모평균에 대한 신뢰구간이 평균과 표준편차에 의해 표시되기 때문이다.

n개의 관측값을 $x_1,\ x_2,\ \cdots,\ x_n$이라 하고 평균을 $\overline{x}$라고 하면,

분산 $\displaystyle s^2 = \sum_{i=1}^{n}(x_i-\overline{x})^2/(n-1)$

표준편차 $\displaystyle s = \sqrt{\sum_{i=1}^{n}(x_i-\overline{x})^2/(n-1)}$

2.4

예를 들어 데이터1의 분산을 구해 보자. 〈표 2.7〉에 의하면 $s^2 = 250/4 = 62.5$이고 표준편차 $s = \sqrt{62.5} = 7.9$임을 알 수 있다.

② 사분위간 범위(Inter-Quartiles Range 또는 IQR)

앞에서 중위수에 대해 설명한 바와 같이 순서통계량은 중위수에 의해 2등분된다. 즉, 순서통계량의 1/2은 중위수보다 크고 나머지 1/2은 중위수보다 작다. 이 개념을 확장해서 순서통계량을 4등분하는 세 값(하사분위수 Q_L, 중위수 $\tilde{x}$, 상사분위수 Q_U)을 다음과 같이 정의할 수 있으며 이 셋을 총칭하여 사분위수(Quartiles)라고 한다.

하사분위수 Q_L: 순서통계량의 1/4은 Q_L 보다 작고 $(1-1/4)$은 Q_L 보다 크다.
중위수 $\tilde{x}$: 순서통계량의 1/2은 $\tilde{x}$ 보다 작고 $(1-1/2)$은 $\tilde{x}$ 보다 크다.
상사분위수 Q_U: 순서통계량의 3/4은 Q_U 보다 작고 $(1-3/4)$은 Q_U 보다 크다.

	25%	25%	25%	25%	
$X_{(1)}$		Q_L	$\tilde{x}$	Q_U	$X_{(n)}$

순서통계량

하사분위수 Q_L과 상사분위수 Q_U의 개념은 분명하지만 실제로 구하는 것은 간단하지 않으며 통계학 책마다 구하는 공식이 다르다. 여기서 왜 하사분위수를 구하는 공식이 통계학 책마다 제각각인지 잠깐 생각해 보기로 하자. 하사분위수는 개념적으로 $x_{(n/4)}$이다. 그런데 $n/4$이 자연수가 아닐 경우 몇 번째 순서통계량으로 정의해야 할지 문제가 된다. 이 책에서는 통계학의 기본 개념을 쉽게 설명하는 것이 목적이기 때문에 수없이 많은 하사분위수의 정의 중에서 제일 단순한 것을 택하였다. 하사분위수와 상사분위수의 정의는 식

(2.5)에 나타나 있으며 이 분야에서 권위 있는 저서인 Herbert, H. A.(1980), "Order Statistics"에서 인용하였다.

이제 우리는 산포도의 또 다른 측도로서 사분위간 범위(Inter–Quartiles Range, 줄여서 IQR)를 정의할 수 있다. 사분위간 범위는 식 (2.5)와 같이 상사분위수 Q_U와 하사분위수 Q_L의 차이로 정의한다. 즉, 사분위간 범위는 중위수 $\tilde{x}$을 기준으로 양쪽에 각각 25%의 관측값을 포함하는 구간의 폭이다. 다시 말하면 사분위간 범위는 순서통계량에서 가운데 50%의 관측값을 포함하는 구간의 폭이다.

산포도의 또 다른 측도로서 최대값($x_{(n)}$)과 최소값($x_{(1)}$)의 차이인 범위(Range)도 생각해 볼 수 있으나 이는 특이값에 너무나 민감하게 반응하기 때문에 산포도의 측도로는 거의 이용되지 않는다.

n개 순서통계량을 $x_{(1)}, x_{(2)}, \cdots, x_{(n)}$이라고 하면 하사분위수, 상사분위수, 사분위간 범위 및 범위는 다음과 같이 정의된다.

하사분위수 $Q_L = x_{([\frac{n}{4}]+1)}$
상사분위수 $Q_U = x_{([\frac{3}{4} \cdot n]+1)}$
사분위간 범위 $IQR = Q_U - Q_L$
범위 $R = x_{(n)} - x_{(1)}$

2.5

여기서 [ ]는 그 안에 있는 값의 소수점을 무시한 자연수를 의미한다.

예제
2.4

데이터1과 데이터2에 대하여 사분위간 범위(IQR)와 범위(R)를 구하여라.

데이터1의 경우,

$Q_L = x_{([\frac{5}{4}]+1)} = x_{([1.25]+1)} = x_{(1+1)} = x_{(2)} = 10$이고

$Q_U = x_{([\frac{3}{4} \cdot 5]+1)} = x_{([3.75]+1)} = x_{(3+1)} = x_{(4)} = 20$이므로

사분위간 범위 $IQR = Q_U - Q_L = 10$이고, 범위 $R = x_{(5)} - x_{(1)} = 25 - 5 = 20$
이다.

마찬가지로 데이터2의 경우,

$Q_L = 14$이고 $Q_U = 16$이므로 $IQR = 16 - 14 = 2$이고 $R = 17 - 13 = 4$이다.

③ *MAD*

앞에서 평균은 특이값에 민감하게 반응한다는 것을 알았다. 그런데 분산은 특이값에 민감하게 반응하는 평균을 이용하여 계산하기 때문에 분산도 특이값에 민감하게 반응할 것으로 예상된다. 이러한 관점에서 사분위간 범위는 분산보다는 특이값에 덜 민감하게 반응하는 산포도의 측도가 될 수 있을 것이다. 이제 분산의 또 다른 대안으로서 식 (2.6)에서 정의한 *MAD*에 대하여 알아보기로 하자. 분산과 *MAD*를 영어로 표시하면 다음과 같다.

분산 : mean squared deviations from the mean

MAD : median absolute deviations from the median

즉, 분산은 평균을 이용하여 구한 편차를 제곱한 것의 평균이다. 반면에 *MAD*는 중위수를 기준으로 계산한 편차의 절대값에 대한 중위수이다.

n개 순서통계량을 $x_{(1)}, x_{(2)}, \cdots, x_{(n)}$이라고 하면,

*MAD*는 $\{|x_{(1)} - \tilde{x}|, |x_{(2)} - \tilde{x}|, \cdots, |x_{(n)} - \tilde{x}|\}$의 중위수이다.

2.6

예제
2.5

아래 데이터에 대하여 *MAD*를 구하여라.

4, 10, 1, 15, 8, 3

풀이

우선 순서통계량을 구해보면 1, 3, 4, 8, 10, 15이므로 중위수 $\tilde{x}=(4+8)/\,2=6$이다. 이제 중위수를 기준으로 계산한 편차의 절대값을 구해보면 다음과 같다.

$$|x_{(i)}-\tilde{x}| \; : \; |1-6|, \; |3-6|, \; |4-6|, \; |8-6|, \; |10-6|, \; |15-6|$$

따라서 $MAD=\{5,\,3,\,2,\,2,\,4,\,9\}$의 중위수$=\{2,\,2,\,3,\,4,\,5,\,9\}$의 중위수$=3.5$이다.

예제
2.3 (계속)

아래 데이터는 생후 7일이 지난 생쥐 20마리의 무게(g)를 순서통계량으로 나타낸 것이다. 산포도로서 표준편차, *IQR*, *MAD*를 구하여라.

$$12 \; 17 \; 18 \; 18 \; 18 \; 19 \; 21 \; 22 \; 25 \; 27$$
$$27 \; 28 \; 30 \; 32 \; 32 \; 32 \; 35 \; 35 \; 37 \; 45$$

풀이

1) 표준편차 s: 식 (2.4)에 의해 분산 s^2을 먼저 구하면,

$s^2=\{\,(12-26.5)^2+(17-26.5)^2+\cdots+(37-26.5)^2+(45-26.5)^2\,\}/19=$
    69.95이다. 따라서 $s=\sqrt{69.95}=8.36$.

2) 사분위간 범위 IQR: 식 (2.5)에 의하면 하사분위수 $Q_L = x_{([5]+1)} = x_{(6)} = 19$ 이고 상사분위수 $Q_U = x_{([15]+1)} = x_{(16)} = 32$이다. 따라서 $IQR = Q_U - Q_L = 32 - 19 = 13$이다.

3) MAD: 중위수 $\tilde{x} = 27$이며 중위수를 기준으로 계산한 편차의 절대값은 다음과 같다.

15 10 9 9 9 8 6 5 2 0 0 1 3 5 5 5 8 8 10 18

이 값들에 대한 중위수를 구하기 위해 이를 순서통계량으로 나타내면 다음과 같다.

0 0 1 2 3 5 5 5 5 6 8 8 8 9 9 9 10 10 15 18

식 (2.6)에 의해 위에 있는 순서통계량에서 중위수를 구하면 $MAD = (6+8)/2 = 7$이다.

끝으로 식 (2.1)부터 식 (2.6)은 표본 $(x_1, x_2, \cdots, x_n)$에서 대푯값과 산포도의 정의인데 모집단 $(x_1, x_2, \cdots, x_N)$에 대하여도 n대신 N을 대입하면 마찬가지로 식 (2.1)부터 식 (2.6)을 정의할 수 있다. 여기서 n을 표본 크기(Sample Size)라고 하고 N을 모집단의 크기(Population Size)라고 한다. 모집단에 대하여 식 (2.1)부터 식 (2.6)을 적용할 때 한 가지 주의할 점이 있다. 그것은 모집단에 대하여 분산과 표준편차를 구할 때 식 (2.4)에 의하면 $N-1$로 나누어주어야 하지만 이 때만큼은 N으로 나누어준다는 것이다. 이 점에 대해서는 제7장에서 다시 다루고자 한다.

또한 표본 $(x_1, x_2, \cdots, x_n)$이 주어지지 않고 대신에 표본을 정리한 도수분포표만 주어진 경우에도 식 (2.1)부터 식 (2.6)을 적용하여 대푯값과 산포도의 근사값을 구할 수 있다. 그러기 위해서 도수분포표로부터 표본을 회복시켜야 하는데 가장 간단한 방법은 관측값이 모두 그 구간의 중앙에 있다고 가정하는 것이다.

예컨대 학생들의 키를 조사한 도수분포표에서 165cm이상 170cm미만인 구간에 속한 도수가 23이라면 그 구간의 중앙에 23명이 모두 모여 있었다고 간주하는 것이다. 즉, 키가 167.5cm인 학생이 23명 있었다고 간주하는 것이다. 이렇게 해서 도수분포표로부터 표본을 회복시키고 나면 앞에서 설명한 것과 똑같은 방법으로 식 (2.1)부터 식 (2.6)을 적용하여 대푯값과 산포도를 계산할 수 있다.

예제 2.1 (계속)

다음은 통계학 수강생들의 몸무게를 조사한 도수분포표이다. 통계학 수강생들의 몸무게에 대한 평균, 중위수, 표준편차, 사분위간 범위를 구하여라.

구간: 40-45 45-50 50-55 55-60 60-65 65-85
도수: 5명 15명 30명 25명 20명 5명

풀이

우선 모든 관측값이 각 구간의 중점에 있다고 보고 도수분포표를 만들기 전의 원래 데이터를 회복시키면 다음과 같다.

42.5 ⋯ 42.5 47.5 ⋯ 47.5 52.5 ⋯ 52.5 57.5 ⋯ 57.5 62.5 ⋯ 62.5 75.0 ⋯ 75.0

이제 이 데이터에 대하여 평균, 중위수, 표준편차, 사분위간 범위를 구하면 된다.

1) 평균 $\bar{x}$: 식 (2.1)에 의해 $\bar{x} = (42.5 + \cdots + 42.5 + \cdots + 67.5 + \cdots + 67.5)/100 = 55.625$

2) 중위수 $\tilde{x}$: 식 (2.2)에 의해 $\tilde{x} = (x_{(50)} + x_{(51)})/2 = (52.5 + 57.5)/2 = 55$

3) 표준편차 s: 식 (2.4)에 의해 분산 s^2을 먼저 구하면,
$s^2 = \{(42.5 - 55.625)^2 + \cdots + (75 - 55.625)^2\}/99 = 51.06$이다.
따라서 $s = \sqrt{51.06} = 7.14$.

4) 사분위간 범위 IQR: 식 (2.5)에 의하면 하사분위수 $Q_L = x_{([25]+1)} = x_{(26)} = 52.5$이고 상사분위수 $Q_U = x_{([75]+1)} = x_{(76)} = 62.5$이다. 따라서 $IQR = Q_U - Q_L = 62.5 - 52.5 = 10$이다.

2.3 일변량 데이터의 선형변환

1) 측정기준의 변환

경우에 따라 관측값의 측정기준을 바꾸어 생각할 필요가 있다. 예를 들어 다음과 같은 5개 관측값의 평균을 구해보자.

$$x: \quad 3{,}658{,}000 \quad 3{,}646{,}000 \quad 3{,}651{,}000 \quad 3{,}648{,}000 \quad 3{,}652{,}000$$

물론 5개 값의 합을 구해서 5로 나눈 것이 평균이다. 그러나 이런 경우 우리는 중학교 과정에서 가평균을 3,600,000으로 잡고 관측값과 가평균의 차이에 대해 평균을 구해서 거기다 가평균을 합쳐주는 것이 계산이 편리하다고 배웠다. 이것이 바로 우리가 다루고자 하는 측정기준의 변환이다.

$$x' = x - 3{,}600{,}000: \quad 58{,}000 \quad 46{,}000 \quad 51{,}000 \quad 48{,}000 \quad 52{,}000$$

즉, x'(원래 관측값 x와 가평균의 차이인)은 원래 관측값 x의 측정기준이 변화된 것이다. 왜냐하면 원래 관측값 x는 원점을 기준으로 측정한 것이고 x'은 3,600,000을 기준으로 측정한 것이기 때문이다. 일반적으로 임의의 값 a에 대하여 $x' = x + a$이면 x'은 x의 측정기준의 변환이라고 한다. 이 경우 우리는 원래 변량 x의 평균과 표준편차와 측정기준이 변환된 x'의 평균과 표준편차 사이에 어떠한 관계가 있는지 알고자 하며 이를 식 (2.7)에 요약하였다. 식 (2.7)에 의하면 측정기준이 변하면 평균은 똑같이 변화하지만 표준편차는 변하지 않는다는 사실을 알 수 있다.

임의의 값 a에 대하여 $x' = x + a$로 측정기준을 바꾸면,

x'의 평균 $\overline{x'} = \overline{x} + a$,

x'의 표준편차 $s_{x'} = s_x$

2.7

2) 측정단위의 변환

경우에 따라 관측값의 측정단위를 바꾸어 생각할 필요가 있다. 예를 들어 다음과 같은 5개 관측값의 평균을 구해보자.

$$x:\ 3,658,000 \quad 3,646,000 \quad 3,651,000 \quad 3,648,000 \quad 3,652,000$$

이 경우 천 단위로 바꾸어서 평균을 구해서 거기다 천 배 해주는 것이 계산이 편리할 것이다. 이것이 바로 우리가 다루고자 하는 측정단위의 변환이다.

$$x^* = x/1,000:\ 3,658 \quad 3,646 \quad 3,651 \quad 3,648 \quad 3,652$$

즉, x^*는 원래 관측값 x의 측정단위가 변환된 것이다. 일반적으로 임의의 값 b에 대하여 $x^* = bx$이면 x^*는 x의 측정단위의 변환이라고 한다. 이 경우 우리는 원래 변량 x의 평균과 표준편차와 측정단위가 변환된 x^*의 평균과 표준편차 사이에 어떠한 관계가 있는지 알고자 하며 이를 식 (2.8)에 요약하였다. 식 (2.8)에 의하면 측정단위가 변하면 평균은 똑같이 변화한다. 그러나 측정단위의 변환에서 b가 음수일 경우 표준편차는 음이 될 수 없기 때문에 $|b|$배 된다는 사실을 알 수 있다.

> 임의의 값 b에 대해 $x^* = bx$로 측정단위를 바꾸면,
> x^*의 평균 $\overline{x^*} = b\overline{x}$,
> x^*의 표준편차 $s_{x^*} = |b|s_x$

`2.8`

3) 선형변환

경우에 따라 관측값의 측정기준과 측정단위를 동시에 바꾸어 생각할 필요가 있으며 이를 선형변환이라고 한다. 예를 들어 다음과 같은 5개 관측값의 평균을 구해보자.

$$x:\ 3,658,000 \quad 3,646,000 \quad 3,651,000 \quad 3,648,000 \quad 3,652,000$$

이 경우 측정기준의 변환에서 설명한 바와 같이 가평균을 3,600,000으로 잡고 관측값과 가평균의 차이에 대해 평균을 구해서 거기다 가평균을 합쳐주는 것이 계산이 편리할 것이다. 그런데 관측값과 가평균의 차이에 대해 평균을 구할 때 천 단위로 바꾸어 측정단위를 변환시키면 더 편리할 것이다. 이와 같이 측정기준과 측정단위를 동시에 변환시키는 것을 선형변환이라고 한다.

$$y = (x - 3,600,000)/1,000: \quad 58 \quad 46 \quad 51 \quad 48 \quad 52$$

즉, y는 원래 관측값 x의 선형변환이라고 한다. 일반적으로 임의의 값 a와 b에 대하여 $y = a + bx$이면 y는 x의 선형변환이라고 한다. 이 경우 우리는 원래 변량 x의 평균과 표준편차와 선형변환된 y의 평균과 표준편차 사이에 어떠한 관계가 있는지 알고자 하며 이를 식 (2.9)에 요약하였다. 식 (2.9)에 의하면 선형변환 되면 평균은 똑같이 변화한다. 그러나 표준편차는 측정기준의 변환에는 영향을 받지 않으며 표준편차는 음이 될 수 없기 때문에 $|b|$배 된다는 사실을 알 수 있다.

> 임의의 값 a와 b에 대하여 $y = a + bx$로 선형변환되면
>
> y의 평균 $\overline{y} = a + b\overline{x}$,
>
> y의 표준편차 $s_y = |b|s_x$

2.9

**예제
2.6**

다음과 같은 5개 관측값의 평균은 3,651,000이고 표준편차는 4582.58이다.

　　　3,658,000　　3,646,000　　3,651,000　　3,648,000　　3,652,000

1) $x' = x - 3,600,000$일 때 x'의 평균과 표준편차를 구하여 식 (2.7)을 확인하여라.
2) $x^* = x/1,000$일 때 x^*의 평균과 표준편차를 구하여 식 (2.8)을 확인하여라.
3) $y = (x - 3,600,000)/1,000$일 때 y의 평균과 표준편차를 구하여 식 (2.9)를 확인하여라.

풀이

1) 평균은 51,000이고 표준편차는 4582.58이다.

2) 평균은 3,651이고 표준편차는 4.58258이다.

3) 평균은 51이고 표준편차는 4.58258이다.

2.4　이변량 데이터를 표현하고 요약하는 방법

　2.1절과 2.2절에서 일변량 데이터에 대한 시각적 표현과 산술적 요약을 설명하였다. 여기서는 이변량 데이터에 대한 시각적 표현과 산술적 요약에 대해 설명하고자 한다.

　〈표 2.8〉은 5대 가전회사에서 생산한 에어컨의 가격(x)과 품질(y)을 조사한 이변량 데이터이다. 이 표에서 각 제품에 대하여 가격(x)과 품질(y)을 조사하여 이변량 데이터를 수집한 주된 이유는 가격(x)과 품질(y)의 관계에 대하여 알고 싶기 때문일 것이다. 즉, 비싼 것이 품질도 좋은지 아니면 싼 게 비지떡인지 알고 싶기 때문일 것이다. 만약 그렇지 않다면 군이 이변량 데이터를 수집하지 않고 가격(x)에 대한 일변량 데이터와 품질(y)에 대한 일변량 데이터를 수집하는 것이 훨씬 편리했을 것이다.

표 2.8　에어컨의 가격(x)과 품질(y)

제조 회사	가격(x)	품질(y)
S	1962000	95
T	1667500	92
U	1519100	88
V	1607700	82
W	1637400	79

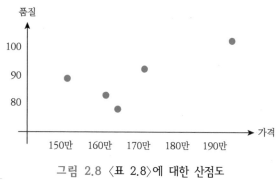

그림 2.8　〈표 2.8〉에 대한 산점도

1) 이변량 데이터의 표현

일변량 데이터를 시각적으로 표현하려면 점그림표, 막대그림표, 히스토그램, 줄기잎그림표, 그리고 상자그림표 등은 그릴 수 있었다. 그러나 이변량 데이터에서는 막대그림표, 히스토그램, 줄기잎그림표, 그리고 상자그림표 등은 그릴 수 없고 오직 점그림표를 확장한 산점도(Scatter Plot)만 그릴 수 있다. 점그림표가 한 변량을 축으로 잡아 관측값을 수직선 위에 점으로 나타냈듯이 산점도는 두 변량 각각을 축으로 잡아 관측값을 이차원 평면 위에 점으로 나타낸 그림표이다. 〈그림 2.8〉은 〈표 2.8〉을 산점도로 표현한 것이다.

2) 이변량 데이터의 요약

일변량 데이터를 산술적으로 요약한다면 대푯값(평균, 중위수, 절사평균)과 산포도(표준편차, 사분위간 범위, MAD)를 구할 수 있었다. 앞서 6가지 통계량 중에서 평균과 표준편차를 제외한 나머지 4가지 통계량은 순서통계량을 이용하여 구할 수 있었다. 그런데 이변량 데이터에서는 모든 사람이 동의할 수 있는 순서통계량을 정의할 수 없기 때문에 중위수, 절사평균, 사분위간 범위, MAD 등은 정의할 수 없다. 따라서 이변량 데이터에 대한 산술적 요약은 각 변량에 대해 평균과 표준편차를 구하는 것으로 만족해야 한다. 그러나 여기서 간과해서 안 될 것은 이변량 데이터를 수집한 주된 이유는 두 변량의 관계를 알아보는 것이며 이를 위하여 식 (2.10)에 정의된 상관계수(Correlation Coefficient)를 구한다.

① 상관계수의 정의

이변량 데이터의 상관계수는 식 (2.10)과 같이 정의하며 부호로 r이라고 표시한다.

$$n개 개체에 대하여 두 변수를 관측한 값을$$
$$(x_1, y_1), (x_2, y_2), \cdots, (x_n, y_n)라고 하면,$$

$$상관계수 \ r = \frac{\sum_{i=1}^{n}(x_i - \overline{x})(y_i - \overline{y})}{\sqrt{\sum_{i=1}^{n}(x_i - \overline{x})^2}\sqrt{\sum_{i=1}^{n}(y_i - \overline{y})^2}}$$

2.10

예제 2.7

아래 이변량 데이터에 대하여 상관계수를 구하여라.

x	y
1	5
3	9
4	7
5	1
7	13

풀이

아래 표에 의해 계산하면 상관계수는 $r = 16/(\sqrt{20}\sqrt{80}) = 0.4$이다.

x_i	y_i	$x_i - \bar{x}$	$y_i - \bar{y}$	$(x_i - \bar{x})(y_i - \bar{y})$	$(x_i - \bar{x})^2$	$(y_i - \bar{y})^2$
1	5	-3	-2	6	9	4
3	9	-1	2	-2	1	4
4	7	0	0	0	0	0
5	1	1	-6	-6	1	36
7	13	3	6	18	9	36
합계 20	35	0	0	16	20	80

$\bar{x} = 4 \quad \bar{y} = 7$

② 상관계수의 의미

상관계수의 의미를 식 (2.11)에 요약하였다. 식 (2.11)에 있는 3가지 사항은 수학적으로 증명할 수 있으나 여기서는 그 의미만 간략히 설명하고자 한다.

① $-1 \leqq r \leqq 1$
② 두 변수 x와 y 사이에 $y = a + bx$이고 $b > 0$이면 $r = 1$이다.　　**2.11**
③ 두 변수 x와 y 사이에 $y = a + bx$이고 $b < 0$이면 $r = -1$이다.

상관계수는 이변량 데이터에서 계산한 값이다. 그런데 이변량 데이터는 산점도로 표시된다. 따라서 상관계수의 의미는 산점도에서 살펴 볼 수 있다. 상관계수는 산점도의 점들이 어느 정도 직선 주위에 밀집하고 있는지를 나타내는 척도이다.

예를 들어 식 (2.11)의 ②는 산점도의 모든 점들이 기울기가 양인 직선 위에 놓여 있으면 상관계수는 1이 된다는 뜻이다. 이런 경우를 완전 양의 상관이라고 한다. 산점도의 점들이 기울기가 양인 직선에서 흩어지면 흩어질수록 상관계수는 1보다 작아지게 될 것이다. 마찬가지로 식 (2.11)의 ③은 산점도의 모든 점들이 기울기가 음인 직선 위에 놓여 있으면 상관계수가 -1이 된다는 뜻이다. 이런 경우를 완전 음의 상관이라고 한다. 산점도의 점들이 기울기가 음인 직선에서 흩어지면 흩어질수록 상관계수는 -1보다 커진다. 끝으로 상관계수가 0이라는 것은 산점도의 점들이 기울기가 양인 직선에서 흩어졌는지 기울기가 음인 직선에서 흩어졌는지 판단할 수 없는 경우이다.

다시 말하면 상관계수의 부호에 의해 산점도의 점들이 기울기가 양인 직선 주위에 흩어져 있는지 기울기가 음인 직선 주위에 흩어져 있는지를 판별하게 된다. 그리고 상관계수의 절대값에 의해 어느 정도 직선 주위에 밀집하고 있는지를 판별하게 된다. 상관계수의 절대값이 1에 가까울수록 더욱더 직선 주위에 밀집하게 되며 궁극적으로 1이 되었을 때는 산점도의 모든 점은 직선 위에 놓이게 된다.

〈그림 2.9〉는 상관계수가 양인 경우 산점도를 보여주고 있고 〈그림 2.10〉은 상관계수가 음인 경우 산점도를 보여주고 있다. 〈그림 2.9〉에서 상관계수가 증가할수록 산점도의 점들이 기울기가 양인 직선 주위에 밀집하는 것을 알 수 있다. 마찬가지로 〈그림 2.10〉에서 상관계수가 감소할수록 산점도의 점들이 기울기가 음인 직선 주위에 밀집하는 것을 알 수 있다.

매우 주관적인 표현이지만, 저자의 생각으로는 상관계수가 0.8보다 크면 x가 증가할 때 y는 증가하는 경향이 매우 강하다고 표현하고 싶다. 만약 상관계수가 0.6과 0.8 사이의 값이면 x가 증가할 때 y는 증가하는 경향이 강하다고 표현하고 싶다.

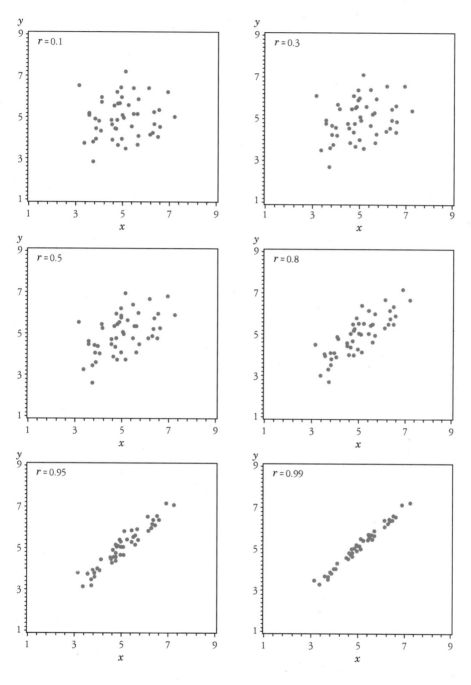

그림 2.9 상관계수가 양수인 경우 산점도($n = 50$)

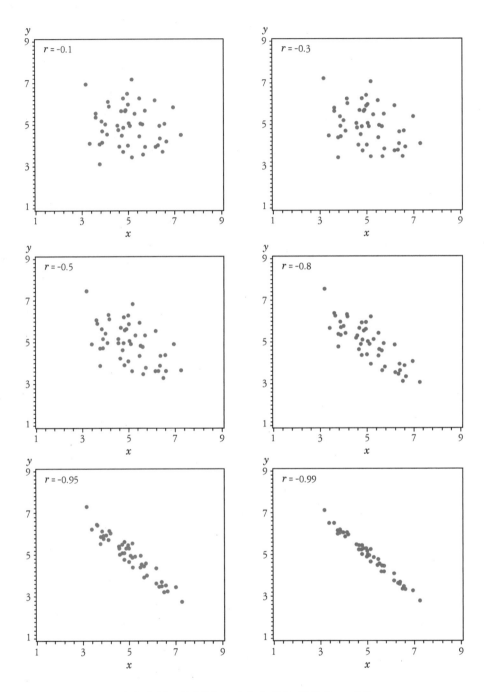

그림 2.10 상관계수가 음수인 경우 산점도($n = 50$)

③ 순위상관계수

식 (2.10)에서 정의된 상관계수는 평균을 이용하기 때문에 특이값에 매우 민감하게 반응할 것으로 예상된다. 따라서 상관계수의 대안으로서 순위상관계수(rank correlation coefficient)를 생각할 수 있다. 순위상관계수는 Spearman에 의해 개발되었기 때문에 Spearman 상관계수라고도 하며 그 이름의 첫 자를 따서 r_s 라고 표시한다. 참고로 식 (2.10)에서 정의된 상관계수는 Pearson에 의해 개발되었으며 Pearson 상관계수라고도 한다. 그러나 Pearson 상관계수는 워낙 유명하기 때문에 상관계수라고 하면 보통 Pearson이 개발한 식 (2.10)을 의미한다.

순위(rank)는 일변량 데이터에서 순서통계량의 순서를 의미한다. 예를 들어 학생들의 성적을 조사한 일변량 데이터의 순위는 다음과 같다. 여기서 주의할 점은 일상생활에서 1순위는 제일 좋은 것 또는 제일 큰 것을 의미하지만 통계학에서 1순위는 오름차순으로 배열된 순서통계량에서 첫째 자리이므로 제일 나쁜 것 또는 제일 작은 것을 의미한다.

성적	78점	98점	65점	87점	47점	82점	56점
순위	4	7	3	6	1	5	2

즉, Spearman이 개발한 순위상관계수는 각각의 변수를 순위로 변환한 다음에 식 (2.10)에 의해 상관계수를 구하는 것이다.

예제
2.8

〈표 2.8〉에 있는 에어컨의 가격(x)과 품질(y)에 대하여 순위상관계수를 구하여라.

[풀이]

주어진 이변량 데이터를 순위로 변환하면 오른쪽과 같고 이 순위 데이터에 대하여
식 (2.10)을 이용하여 상관계수를 구하면 $r_s = 6/(\sqrt{10}\,\sqrt{10}) = 0.6$이다.

제조회사	가격(x)	품질(y)	제조회사	가격(x)	품질(y)
S	1962000	95	S	5	5
T	1667500	92	T	4	4
U	1519100	88	U	1	3
V	1607700	82	V	2	2
W	1637400	79	W	3	1

	x_i	y_i	$x_i - \overline{x}$	$y_i - \overline{y}$	$(x_i - \overline{x})(y_i - \overline{y})$	$(x_i - \overline{x})^2$	$(y_i - \overline{y})^2$
	5	5	2	2	4	4	4
	4	4	1	1	1	1	1
	1	3	-2	0	0	4	0
	2	2	-1	-1	1	1	1
	3	1	0	-2	0	0	4
합계	15	15	0	0	6	10	10

$$\overline{x} = 3 \quad \overline{y} = 3$$

에어컨의 가격과 품질을 조사한 이 데이터에서 순위상관계수 $r_s = 0.6$이므로 에어컨의 가격이 비쌀수록 품질은 높아지는 경향이 있다고 할 수 있다. 참고로 식 (2.10)을 이용하여 구한 상관계수 $r = 0.61$이며 이 경우 상관계수와 순위상관계수 간의 차이는 거의 없다고 할 수 있다

결국 두 변량 x와 y에 대한 이변량 데이터를 산술적으로 요약한다면, x의 평균($\overline{x}$), x의 표준편차(S_x), y의 평균($\overline{y}$), y의 표준편차(S_y), 그리고 x와 y의 상관계수(r

또는 r_s)를 구한다. 이를 5가지 요약(five number summary)이라고 하고 식 (2.12)에 요약하였다.

이변량 데이터 $(x_1, y_1)(x_2, y_2) \cdots (x_n, y_n)$에 대한 5가지 요약:

① x의 평균 $\overline{x} = \dfrac{1}{n}(x_1 + x_2 + \cdots + x_n)$

② x의 표준편차 $s_x = \sqrt{\sum_{i=1}^{n}(x_i - \overline{x})^2/(n-1)}$

③ y의 평균 $\overline{y} = \dfrac{1}{n}(y_1 + y_2 + \cdots + y_n)$

④ y의 표준편차 $s_y = \sqrt{\sum_{i=1}^{n}(y_i - \overline{y})^2/(n-1)}$

⑤ x와 y의 상관계수 $r = \dfrac{\sum_{i=1}^{n}(x_i - \overline{x})(y_i - \overline{y})}{\sqrt{\sum_{i=1}^{n}(x_i - \overline{x})^2}\sqrt{\sum_{i=1}^{n}(y_i - \overline{y})^2}}$

2.12

예제
2.9

〈표 2.9〉는 간호사 50명을 대상으로 작업 만족도(x)와 봉급 만족도(y)를 조사한 이변량 데이터이다. 이 데이터를 산술적으로 요약해 보아라.

풀이
이 데이터에 대한 5가지 요약을 구하면 다음과 같다.

$$\overline{x} = 79.80, \quad s_x = 8.29, \quad \overline{y} = 54.46, \quad s_y = 14.75, \quad r = 0.26$$

우선 평균에 대해 살펴보면 작업 만족도(x)의 평균이 봉급 만족도(y)의 평균에 비해 훨씬 크게 나타났다. 이는 간호사들은 자신이 하는 일에 대해서는 대체로 만족하고 있으나 봉급에 대해서는 만족하지 못하는 것으로 보인다. 반면에 표준편차에 대해 살펴보면, 봉급 만족도(y)의 표준편차는 작업 만족도(x)의 표준편차에 비해 월등히 크게 나타났으며 이는 간호사들의 봉급이 병원에 따라 많은 차이를 보이는 것으로 보여 진다. 상관계수 $r = 0.26$은 예상보다 작은 값이다.

표 2.9 간호사들의 작업 만족도와 봉급 만족도($n = 50$)

작업(x)	봉급(y)	작업(x)	봉급(y)
71	49	72	76
84	53	71	25
84	74	69	47
87	66	90	56
72	59	84	28
72	37	86	37
72	57	70	38
63	48	86	72
84	60	87	51
90	62	77	90
73	56	71	36
94	60	75	53
84	42	74	59
85	56	76	51
88	55	95	66
74	70	89	66
71	45	85	57
88	49	65	42
90	27	82	37
85	89	82	60
79	59	89	80
72	60	74	47
88	36	82	49
77	60	90	76
64	43	78	52

2.5   성공적인 시각적 표현 사례: Minard 그래프

〈그림 2.11〉을 Minard 그래프라고 하는데 인류 역사상 가장 성공적인 시각적 표현이라고 알려져 있다. 프랑스의 토목기사인 Charles Minard(1781－1870)는 Napoleon의 러시아 원정(1812년~1813년)에서 침공 과정과 퇴각 과정을 하나의 그래프에 아주 잘 나타내었다. Minard 그래프는 윗부분과 아랫 부분으로 구성되어 있다.

Minard 그래프의 윗부분은 유럽 지도 위에 침공 루트(회색)와 퇴각 루트(검정색)를 나타내고 있다. 또한 밴드의 폭은 그 지점에서 병력의 수를 나타낸다. Napoleon은 러시아 원정을 위해 자신의 병력을 폴란드 근방에 있는 Niemen 강에 집결시켰는데 병력의 수는 422,000명이었다. Napoleon은 Moscow를 향해 진군하면서 보급 부대와 병참 부대를 후방에 배치시키고 본대를 이끌고 천신만고 끝에 Moscow에 입성했을 때는 병력은 이미 반의 반으로 줄어든 100,000명이었다. Moscow에 입성하기만 하면 승리의 나팔을 불 줄 알았는데 Moscow는 이미 불바다로 변해서 쥐새끼 한 마리도 구경하기 어려웠다고 한다. 그 후론 참담한 퇴각 과정을 겪게 되는데 후방에 배치했던 보급 부대와 병참 부대가 본대에 합류했는데도 불과 10,000명을 데리고 Niemen 강을 건넜다고 한다.

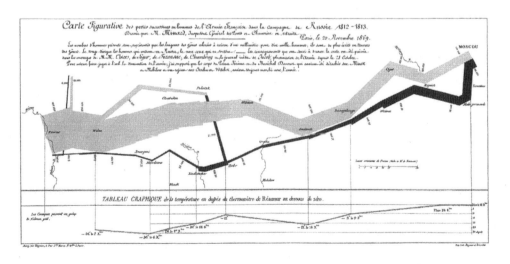

그림 2.11 Napoleon의 러시아 원정(1812년~1813년)을 묘사한 Minard 그래프

Minard 그래프의 아랫부분은 퇴각할 때 그 지점의 날짜와 기온을 나타낸다. 그 때 유럽에는 기록적인 한파가 몰아쳐서 많은 병사들은 추위와 배고픔 때문에 죽었다고 한다. 특히 1813년 12월 3일 Minsk 근방을 지날 때는 기온이 영하 30도였다고 한다. Minard 그래프는 하나의 그래프로 이 모든 것을 설명해 주기 때문에 인류 역사상 가장 성공적인 시각적 표현이라고 알려져 있다.

KNOW 알고 넘어 갑시다

"백문이 불여일견(百聞이 不如一見)"이라는 우리 속담이 있다. 백 번 듣는 것이 한 번 보는 것만 못하다는 뜻이다. 이와 유사한 속담이 서양에도 있고 중국에도 있다. "A picture is worth a thousand words."라는 서양 속담이나, "畵意能達萬言"이라는 중국 속담이나 모두 일맥상통하는 것 같다. 그림 하나를 보여 주는 것이 백 마디, 천 마디, 만 마디 말 만큼 가치가 있다는 뜻이다. 즉, 그림 하나의 가치를 우리는 백 배로 쳤고, 서양에서는 천 배로 쳤고, 중국에서는 만 배로 쳤음을 알 수 있다. 그러고 보면 우리가 그중 솔직한 것 같다.

EXERCISE 연습문제

01 아래 사항이 사실인지 거짓인지 구별하여라. 만약 사실이면 "True"라고 적어라. 만약 거짓이면 "False"라고 적고 그 이유를 간략히 설명하여라.

1) 관측값의 합에 대하여 관심을 갖는 경우 평균이 가장 적당한 대푯값이다.
2) 관측값의 수와 중위수를 알면 관측값의 합을 알 수 있다.
3) 25% 절사평균은 어느 하나의 관측값을 임의로 변동시켜도 변하지 않는다.
4) 절사평균은 절사하는 비율에 따라 평균 또는 중위수로 이해될 수 있다.
5) 사분위간 범위는 표준편차보다 특이값에 더 많은 영향을 받는다.
6) 히스토그램에서 기둥의 높이는 그 구간의 상대도수를 나타낸다.
7) 히스토그램에서 기둥의 면적의 합은 언제나 1이다.
8) 평균과 중위수가 같으면 관측값은 반드시 대칭을 이룬다.
9) 상자그림표에서 두 끈의 길이가 같으면 관측값은 중위수에 대하여 대칭을 이룬다.
10) 관측값이 중위수에 대하여 대칭이면 상자그림표에서 두 끈의 길이는 반드시 같다.
11) 히스토그램에서 데이터의 중위수와 사분위간 범위를 정확히 구할 수 있다.

12) 상자그림표에서 데이터의 중위수와 사분위간 범위를 정확히 구할 수 있다.

13) 줄기잎그림표에서 데이터의 중위수와 사분위간 범위를 정확히 구할 수 있다.

02 아래 문항의 괄호를 채워라.

1) 18대 국회의원 299명이 공직자 재산등록을 할 때 신고한 재산의 평균은 145억이라고 한다. 그런데 정몽준 의원의 재산은 3조 6천억이라고 한다. 정몽준 의원을 뺀 나머지 298명의 평균 재산은 대략 (　　　)억 원일 것이다.

2) 중위수는 (　　　) 경기에 비유될 수 있고 사분위수는 (　　　) 경기에 비유될 수 있다.

3) 0% 절사평균은 (　　)이라고 할 수 있고 50% 절사평균은 (　　)에 수렴한다고 할 수 있다.

4) 25% 절사평균이란 순서통계량에서 (　　　　　　　　)의 평균이다.

5) 순서통계량의 관점에서 3가지 대푯값 평균, 중위수, 절사평균을 비교해 보면 이들은 모두 (　　　)인데 다만 어느 부분의 (　　　)인지가 다를 뿐이다.

6) 도수분포표에서 상대도수의 합은 (　　)이고 히스토그램에서 모든 기둥의 면적의 합은 (　　)이다.

7) 히스토그램에서 기둥의 면적은 (　　　)을/를 나타내고 기둥의 높이는 (　　　　)을/를 나타낸다.

8) 상자그림표는 아래 5가지 값을 표현한다.

(　　　　), (　　　　　), (　　　　　), (　　　　　), (　　　　　)

9) 이변량데이터의 five number summary는 아래 5개 값이다.

(　　　　), (　　　　　), (　　　　　), (　　　　　), (　　　　　)

10) 이 교재에서 다루는 선형변환의 Versions은 (　　)개이다.

11) 선형변환이란 (　　　　)과 (　　　　　)을/를 동시에 변환시키는 것이다.

12) 상관계수의 범위는 (　　) 보다 크거나 같고 (　　) 보다 작거나 같다.

03 아래 도수분포표에 대한 히스토그램과 상자그림표를 그려라.

성적	0 – 50	50 – 70	70 – 80	80 – 90	90 – 100
학생수	25명	50명	75명	75명	25명

04 제2장에서 설명한 대푯값과 산포도 말고 새로운 대푯값과 산포도를 각각 한 가지씩 제안하여라. 새로운 대안이 기존에 것에 비해 어떤 특징이 있는지 간략히 기술하여라.

05 가구당 소득을 조사한 데이터 x_1, x_2, $\cdots$, x_n에서 빈부 격차를 나타낼 수 있는 척도를 제시해 보아라.

06 어느 과목의 시험 성적에 대하여 인원수는 모르지만 비율이 다음과 같다고 한다. 이 경우 평균과 분산을 구할 수 있겠는가? 만약 구할 수 있다면 그 값은?

$$20점(40\%),\ 15점(30\%),\ 10점(20\%),\ 5점(10\%)$$

07 $n = 20$인 이변량 데이터의 five number summary가 아래와 같다.

$$\bar{x}= 50,\quad \bar{y}= 70,\quad s_x = 10,\quad s_y = 5,\quad r = -0.8$$

1) $x - y$평면에 눈금을 매기고 이 이변량데이터의 산점도를 예상해서 그려보아라.
2) 자신이 그린 것이 왜 타당한지를 기술하여라.

08 선형변환에 대하여 아래 물음에 답하여라.

1) 우리 주위에서 선형변환 관계에 가깝다고 할 수 있는 두 변수를 적어라.
2) 1)의 두 변수가 왜 선형변환 관계에 가깝다고 생각하는지 그 이유를 적어라.
3) 만약 1)의 두 변수에 대하여 10번 관측하였다고 가정하고 산점도를 그려 보아라.
4) 3)에서 그린 산점도의 상관계수를 계산하지 말고 예상해 보아라.
5) 3)에서 그린 산점도의 상관계수를 실제로 계산해서 구해 보아라.

09 슈퍼마켓에서 비닐 포장된 딸기 100무더기를 추출하여 무게를 측정해보니 다음과 같다.

딸기 무게(g)	380	390	400	410
도수	44	20	32	4

1) 비닐 포장된 딸기 무게의 평균과 표준편차를 구하라.
2) 400g 한 근에 800원일 때 비닐 포장된 딸기 가격을 무게의 선형변환으로 표시하여라.
3) 비닐 포장된 딸기 가격의 평균과 표준편차를 구하라.

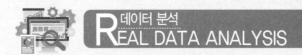

REAL DATA ANALYSIS
데이터 분석

실제로 수집한 아래 데이터에 대하여 적절한 시각적 표현과 산술적 요약을 하여라. 아울러 이러한 과정을 통해 얻은 결론(소감)을 간략히 기술하여라.

01 아래 데이터는 형광등 20개의 수명(단위는 일)을 크기 순서대로 나열한 것이다.

656, 660, 662, 663, 670, 676, 676, 680, 681, 682,
682, 684, 689, 689, 690, 692, 692, 694, 695, 695

02 아래 데이터는 생후 7일이 지난 생쥐 30마리의 무게(g)를 측정한 것이다.

10 12 14 17 18 18 18 19 20 20 21 22 25 26 27
27 28 30 32 32 32 32 35 35 36 37 39 41 45 49

03 아래 표는 Consumer Reports Buying Guide(1992)에서 발췌한 데이터로서 중급품(mid-priced) VCR의 품질을 점수로 표시한 것이다.

Fisher	77
General Electic	81
Hitachi	89
J.C. Penney	78
JVC	79
Magnavox	80
Montgomery Ward	78
Mitsubish	90
Panasonic	77
Phillips	73
Quasar	72
Radio Shack	76
RCA	79
Sanyo	75
Sony	86
Toshiba	79

04 아래 표는 Forbes 41st Annual Report(1989. 1. 9)에서 발췌한 데이터로서 석유관련회사(oil companies)의 순이익률(net profit margin)을 나타낸 것이다.

Exxon	6.8	Phillips Petroleum	4.8
AMOCO	9.8	Quaker State	1.6
Du Pont	6.6	Ashland	2.2
Chevron	7.1	Union Pacific	8.9
Mobi	4.1	Kerr McGee	3.4
Occidental	1.8	Crown Central	6.5
Getty	2.1	Pacific Resources	1.9
Union Texas	9.2	american Petrofina	4.6
Atlantic Richfield	8.9	Coastal Corp	1.5

05 아래 데이터는 Berger et al.(1988) Test and confidence sets for comparing two mean residual life functions, Biometrics, 44, pp. 103–115에서 발췌하였다. 실험용 쥐를 대상으로 음식을 조절하여 먹도록 한 그룹A(Restricted Diet)와 마음대로 먹도록 한 그룹B(Ad libitum diet)의 생존 일수를 조사한 것이다.

그룹A
```
105  193  211  236  302  363  389   390  391  403  530  604  605   630  716
718  727  731  749  769  770  789   804  810  811  833  868  871   875  893
897  901  906  907  919  923  931   940  957  958  961  962  974   979  982
1001 1008 1010 1011 1012 1014 1017  1032 1039 1045 1046 1047 1057  1063 1070
1073 1076 1085 1090 1094 1099 1107  1119 1120 1128 1129 1131 1133  1136 1138
1144 1149 1160 1166 1170 1173 1181  1183 1188 1190 1203 1206 1209  1218 1220
1221 1228 1230 1231 1233 1239 1244  1258 1268 1294 1316 1327 1328  1369 1393 1435
```

그룹B
```
89 104 387 465 479 494 496 514 532 536 545 547 548 582 606 609 619 620 621 630
635 639 648 652 653 654 660 665 667 668 670 675 677 678 678 681 684 688 694 695
697 698 702 704 710 711 712 715 716 717 720 721 730 731 732 733 735 736 738 739
741 743 746 749 751 753 764 765 768 770 773 777 779 780 788 791 794 796 799 801
806 807 815 836 838 850 859 894 963
```

06 아래 표는 U.S News & World Report(1992. 6. 5)에서 발췌한 데이터로서 50개 미국 대학의 연간 생활비(annual cost of room and board)를 조사한 것이다.

College	Annual Cost of Room and Board	College	Annual Cost of Room and Board
Aubum University	3,167	University of Missouri	3,004
University of Alaska, Fairbanks	2,860	Montana State University	3,278
Northern Arizona University	2,800	University of Nebraska	2,800
University of Arkansas	3,150	University of Nevada at Las Vegas	4,850
California State University, Fullerton	3,249	University of New Hampshire	3,600
Colorado State University	3,462	Fairleigh Dickinson	5,166
University of Connecticut	4,522	University ofNew Mexico	3,274
University of Delaware	3,540	Syracuse University	5,860
Georgetown University	5,732	Duke University	4,960
Howard University	4,040	North Dakota State University	2,436
University of Florida	3,790	Ohio State University	3,639
University of Georgia	2,988	University of Oklahoma	3,000
University of Hawaii at Manoa	3,072	Oregon State University	2,950
DePaul University	4,333	University of Pittsburgh	3,514
Indiana University	3,730	Providence College	5,000
Iowa State University	2,850	Clemson University	3,153
University of Kansas	2,684	University of South Dakota	2,302
University of Kentucky	3,734	University of Tennessee	3,166
Tulane University	5,505	University of Texas	3,300
University of Maine	4,241	University of Vermont	4,358
University of Maryland	4,712	University of Virginia	3,312
Amherst College	4,400	University of Washington	3,684
University of Michigan	3,853	West Virginia University	3,846
University of Minnesota	3,400	University of Wisconsin	3,721
University of Mississippi	3,004	University of Wyoming	3,262

07 아래 표는 〈표 2.9〉에 있는 간호사들의 작업 만족도와 봉급 만족도를 병원유형별(Private, VA, University)로 구분한 것이다.

병원 유형별 간호사의 작업 만족도와 봉급 만족도

Private Hospitals		VA Hospitals		University Hospitals	
Work	Pay	Work	Pay	Work	Pay
72	57	71	49	84	53
90	62	84	74	87	66
84	42	72	37	72	59
85	56	63	48	88	55
71	45	84	60	74	70
88	49	73	56	85	89
72	60	94	60	79	59
88	36	90	27	69	47
77	60	72	76	90	56
64	43	86	37	77	90
71	25	86	72	71	36
84	28	95	66	75	53
70	38	65	42	76	51
87	51	82	37	89	80
74	59	82	60		
89	66	90	76		
85	57	78	52		
74	47				
82	49				

Chapter 03

확률의 의미와 계산

확률의 의미와 계산

Q 동전을 100번 던지면 앞면은 꼭 50번 나타나는가?

A 그렇지 않다. 동전을 100번 던지는 경우 앞면이 나타날 횟수는 0부터 100까지 모두 가능하다. 즉, 100번 모두 뒷면이 나타날 수도 있으며 그 경우 앞면이 나타날 횟수는 0이 될 것이다. 반면에 100번 모두 앞면이 나타날 수도 있는데 그 경우 앞면이 나타날 횟수는 100이 될 것이다. 또 다른 반례(反例)로서 만약 동전을 100번 던지는 경우, 앞면이 꼭 50번 나타난다면 동전을 2번 던지는 경우 앞면이 꼭 1번 나타나야 하는데 그렇지 않다는 것은 쉽게 짐작할 수 있다. 그러면 동전을 100번 던지는 경우, 앞면이 나타날 횟수 50번은 어떠한 의미를 갖는 걸까? 이러한 의문은 제4장의 첫 번째 Q/A에서 다루고 있다.

Q 확률에 관한 기본법칙(소위 공식)을 왜 배워야 하는가?

A 밭을 갈고 씨를 뿌리고 추수하는 어느 농부를 생각해 보자. 비록 힘은 들겠지만 그는 맨손으로도 그 일을 할 수 있을 것이다. 그러나 맨손으로 하는 것보다는 밭을 갈 때는 쟁기를 쓰고 씨를 뿌릴 때는 망태기를 쓰고 추수할 때는 낫을 쓰면 훨씬 더 쉽게 일을 할 수 있을 것이다. 따지고 보면 확률에 관한 여러 기본 법칙은 농부가 사용하는 여러 연장과 마찬가지인 것이다. 확률에 관한 기본 법칙을 모르고도 확률에 관한 문제를 해결할 수 있을 것이다. 그러나 그렇게 해결하는 것보다는 농부가 적절한 연장을 사용하는 것과 마찬가지로 필요에 따라 적절한 확률 법칙을 구사함으로써 확률에 관한 문제를 보다 쉽게 해결할 수 있을 것이

다. '공식을 왜 배워야 하는가'라는 문제는 확률에 국한되는 것은 아닐 것이다. 하여튼 공식은 필요하기 때문에 생긴 것이고 많이 알면 알수록 더 유연하게 문제를 해결할 수 있게 된다.

Q 두 사건 A와 B가 서로 배반(Mutually Exclusive)이라는 것과 통계적 독립(Statistically Independent)이라는 것에는 어떤 관계가 있는가?

A 서로 배반이라는 것과 통계적 독립이라는 것은 아무런 관련이 없는 별개의 개념이다. 3.2절에서 구체적으로 설명하고 있다.

Q 통계적 독립이라고 할 때 독립의 의미와 일상 생활에서 독립이라는 의미가 같은가?

A 많은 차이가 있다. 통계적 독립은 식 (3.16)을 만족할 때이고 일상 생활에서 독립은 의존하거나 간섭받지 않을 때이다.

Q 베이즈 정리(Bayes Theorem)가 확률에서 매우 중요한 결과라고 하는데 그 이유는?

A 베이즈 정리에 의하면 사전확률을 사후확률로 수정할 수 있다. 즉, 확률이 변할 수 있다는 것이 획기적이며 3.3절에서 구체적으로 설명하고 있다.

Q 확률을 동전이나 주사위 던지기 말고 좀더 현실적인 예를 갖고 설명할 수 없는가?

A 물론 가능하다. 그러나 아무리 간단한 현실적인 문제라고 하더라도 동전이나 주사위 던지기와 같이 깔끔하게 설명할 수 있는 경우는 극히 드물다. 따라서 대부분의 교재가 동전이나 주사위 던지기의 예를 들면서 이를 잘 응용하면 간단한 현실적인 문제를 해결할 수 있다고 설명하고 있다. 동전 던지기만 하더라도 그것을 응용하기에 따라서는 경제 분야에서 취업과 실업의 문제, 경영 분야에서 파느냐 못 파느냐의 문제, 의학 분야에서 사느냐 죽느냐의 문제에 다양하게 이용할 수 있다.

제3장에서는 확률의 의미와 확률을 구하는 방법을 설명한다. 예컨대 어떤 사건이 발생할 확률이 30%라고 하자. 3.1절에서는 이 30%가 무슨 뜻인지 설명한다. 즉, 확률을 해석하는 방법으로 상대도수적 해석, 고전적 해석, 공리적 해석, 주관적 해석을 소개한다. 일반적으로 어떤 사건이 발생할 확률을 구하는 방법은 크게 2가지가 있다. 첫째는 확률

법칙을 이용하여 구하는 것이고, 둘째는 확률나무를 그려서 구하는 것이다. 3.2절에서는 확률법칙을 이용하는 것에 대하여 설명하고 3.3절에서는 확률나무를 그려서 구하는 것에 대하여 설명한다.

3.1 확률의 의미

일상생활에서 은연중에 확률이라는 용어를 사용할 때가 많이 있다. 예컨대 내일 비가 올 확률, 지금 사귀고 있는 사람과 결혼할 확률, 주식에 투자한 원금을 회복할 확률 등등 이루 헤아릴 수 없이 많다. 그러나 학문적으로 확률을 정의하기는 매우 어렵다. 그 이유는 확률이라는 개념은 너무나 기본적인 것이기 때문에 마치 수학에서 선(line)을 정의할 수 없는 것과 마찬가지이다. 여기서는 확률이라는 개념을 어떻게 해석할 것인지에 대해 상대도수적 해석, 고전적 해석, 공리적 해석, 주관적 해석을 소개하고자 한다.

1) 상대도수적 해석

동전 던지는 시행을 계속할 경우 앞면이 나타난 상대도수가 어떻게 변화하는지 살펴보기로 하자. 동전을 던진 횟수를 n으로 표시하고 그 중 앞면이 나타난 횟수를 f라고 표시하자. 그러면 앞면이 나타난 상대도수는 f/n가 될 것이다. 이 때, 던진 횟수 n을 가로 축에 표시하고 앞면이 나타난 상대도수 f/n를 세로 축에 표시한 산점도를 그려보기로 하자. 그러면 앞면이 나타난 상대도수 f/n가 던진 횟수 n에 따라 어떻게 변화하는지 알 수 있을 것이다. 예컨대 처음 10번 동전을 던진 결과가 "$TTTHTHTHTH$"라고 한다면 시행 횟수(n)와 앞면이 나타난 상대도수(f/n)에 대하여 〈표 3.1〉을 얻을 수 있다.

표 3.1 $n=10$인 경우 시행 횟수(n)에 따른 앞면이 나타난 상대도수(f/n)

시행 횟수(n)	1	2	3	4	5	6	7	8	9	10
상대도수(f/n)	0	0	0	1/4	1/5	2/6	2/7	3/8	3/9	4/10

〈그림 3.1〉은 컴퓨터를 이용하여 〈표 3.1〉에 나타난 $n=10$일 때 결과를 $n=1000$

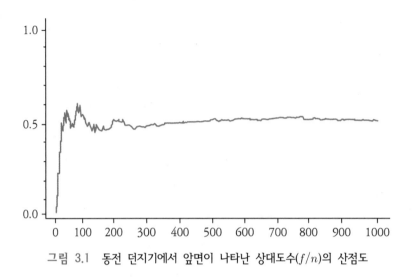

그림 3.1 동전 던지기에서 앞면이 나타난 상대도수(f/n)의 산점도

일 때로 확장하여 산점도로 표시한 것이다. 〈그림 3.1〉에 의하면 시행 횟수 $n < 50$이면 앞면이 나타난 상대도수(f/n)의 변동이 크지만, $n > 50$이면 f/n 변동이 작아지는 것을 알 수 있다. 그리고 $n > 250$이면 f/n는 1/2에 매우 가까운 안정적인 값이 되는 것을 알 수 있다.

    이와 같이 동전 던지기에서 던진 횟수 n이 증가할수록 앞면이 나타날 상대도수는 1/2에 가까운 값이 된다. 이러한 현상을 통계학에서는 시행 횟수 n이 증가함에 따라 앞면이 나타날 상대도수는 1/2에 수렴(converge)한다고 하고 그 극한값인 1/2을 앞면이 나타날 확률(Probability)이라고 한다. 다시 말하면 시행 횟수가 유한인 경우, 어떤 사건이 발생할 상대도수는 일상생활에서 비율이라고 한다. 한편 시행 횟수가 무한인 경우, 어떤 사건이 발생할 상대도수를 통계학에서는 확률이라고 한다. 즉, 확률이란 상대도수의 극한값이다. 예컨대 동전 던지기에서 앞면이 나타날 상대도수는 1/2에 수렴할 것으로 예상되기 때문에 앞면이 나타날 확률은 1/2이라고 한다. 이러한 확률 개념을 확장해서 어떤 사건(event)이 발생할 상대도수의 극한값을 그 사건이 발생할 확률이라 한다. 이를 부호로 표시하면 다음과 같다.

> n번 시행 중 어떤 사건이 f번 발생하면
> 그 사건의 확률은 $\lim\limits_{n \to \infty} (f/n)$라고 한다.

3.1

예제 3.1

(1) 주사위를 실제로 10번 던져서 나타난 눈을 도수분포표로 나타내고 이에 대한 시각적 표현으로서 상대도수 막대그림표를 그려보아라.

(2) 주사위를 실제로 50번 던져서 나타난 눈을 도수분포표로 나타내고 이에 대한 시각적 표현으로서 상대도수 막대그림표를 그려보아라.

(3) 주사위를 무한정 던진다고 가정할 경우의 도수분포표와 상대도수 막대그림표를 상상해 보아라.

풀이

주사위를 실제로 10번 던져서 나타난 눈을 〈표 3.2〉에 도수분포표로 나타냈으며 이를 〈그림 3.2〉에 상대도수 막대그림표로 나타내었다. 마찬가지로 주사위를 50번 던진 결과는 그 오른쪽에 나타나 있다. 〈그림 3.2〉에서 보는 바와 같이 시행 횟수 $n = 10$인 경우 상대도수의 변동이 심하지만 n이 증가함에 따라 상대도수의 변동은 둔화됨을 알 수 있다. 만약 무한정 주사위를 던진다고 가정하면, 즉 $n = \infty$이면, 각각의 눈이 나타날 상대도수는 모두 1/6이 될 것으로 예상된다. 즉, 주사위를 던지는 시행에서 무한정 던진다고 가정하면 각각의 눈이 나타날 상대도수는 모두 1/6이 될 것으로 예상되기 때문에 주사위 던지기에서 각각의 눈이 나타날 확률은 모두 1/6이라고 한다.

표 3.2 주사위를 던지는 시행의 상대도수($n = 10, 50, \infty$)

나타난 눈	상대도수(f/n)		
	$n=10$	$n=50$	$n=\infty$
1	0.10	0.22	1/6
2	0.00	0.12	1/6
3	0.10	0.14	1/6
4	0.20	0.14	1/6
5	0.30	0.14	1/6
6	0.30	0.24	1/6

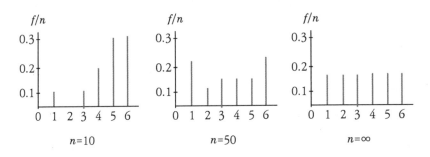

그림 3.2 주사위를 던지는 시행에서 각각의 눈이 나타난 상대도수 막대그림표

동전 던지기와 관련하여 매우 재미있는 일화 한 가지를 소개하고자 한다.[1] 남아프리카 공화국 출신의 수학자 John Kerrich는 제2차 세계대전이 발발했을 때 마침 덴마크의 수도 코펜하겐을 방문하고 있었다. 그가 업무를 마치고 영국으로 돌아가기 이틀 전에 독일군이 덴마크를 점령하는 바람에 그는 전쟁이 끝날 때까지 Jutland 포로 수용소에 갇혀있게 되었다. 무료한 시간을 보내던 그는 실제로 동전을 10,000번 던진 결과를 감방 벽에 기록해 두었는데 그 결과는 〈표 3.3〉에 나타나 있으며 이를 〈그림 3.3〉에 산점도로 나타내었다. 〈그림 3.3〉에 의하면 시행 횟수가 200번 미만일 때는 앞면이 나타난 상대도수의 변동이 심하지만 시행 횟수가 900번을 넘어가면서 앞면이 나타난 상대도수는 매우 안정적인 값이 됨을 알 수 있다.

1) Freedman, D., Pisani, R., and Purves, R.(1978), *Statistics*, New York: Norton, pp. 239 – 243.

표 3.3 John Kerrich의 동전 던지기 시행 결과

시행 횟수(n)	앞면이 나타난 횟수(f)	앞면이 나타난 상대도수(f/n)	시행 횟수(n)	앞면이 나타난 횟수(f)	앞면이 나타난 상대도수(f/n)
10	4	0.40000	600	312	0.52000
20	10	0.50000	700	368	0.52571
30	17	0.56667	800	413	0.51625
40	21	0.52500	900	458	0.50889
50	25	0.50000	1000	502	0.50200
60	29	0.48333	2000	1013	0.50650
70	32	0.45714	3000	1510	0.50333
80	35	0.43750	4000	2029	0.50725
90	40	0.44444	5000	2533	0.50660
100	44	0.44000	6000	3009	0.50150
200	98	0.49000	7000	3516	0.50229
300	146	0.48667	8000	4034	0.50425
400	199	0.49750	9000	4538	0.50422
500	255	0.51000	10000	5067	0.50670

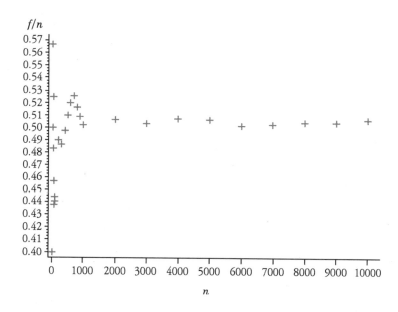

그림 3.3 John Kerrich의 시행에서 상대도수의 산점도

예제 3.2

R. Wolf(1882)가 실제로 주사위를 20,000번 던진 결과가 다음과 같았다. 이 결과에 대한 시각적 표현으로서 각 눈이 나타난 상대도수 막대그림표를 그려라.

눈	1	2	3	4	5	6
도수	3407	3631	3176	2916	3448	3422
상대도수	0.1704	0.1816	0.1588	0.1458	0.1724	0.1711

풀이

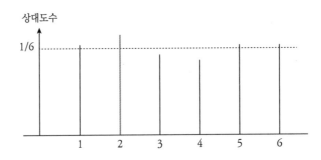

지금까지 확률을 상대도수의 극한값으로 해석하였으며 이렇게 해석하는 것을 상대도수적 해석이라 한다. 확률을 상대도수적으로 해석하는 것이 결코 완벽한 것은 아니다. 왜냐하면 똑같은 시행을 무한 번 반복한다는 것을 현실적으로 받아들이기 어렵기 때문이다. 또한 극한값이라는 것도 단지 어떤 값에 한없이 가까워지는 것을 뜻하므로 얼마큼 가까워졌는지를 알기 위해서는 결국 확률 개념을 도입하게 된다. 따라서 상대도수적 해석의 대안으로서 고전적 해석, 공리적 해석, 그리고 주관적 해석을 차례대로 간단히 소개하고자 한다.

2) 고전적 해석

예를 들어 주사위를 던져서 나타난 눈이 홀수일 확률을 고전적으로 해석해 보자. 각각의 눈이 나타날 '가능성'이 모두 같다고 가정하면 홀수일 사건은 눈이 1 또는 3 또는 5이므로 3/6이라고 해석하는 것이다. 일반적으로 어떤 시행에서 나타날 수 있는 경우의 수가 m가지이고 각각이 발생할 '가능성'이 모두 같다고 하자. 이때 어떤 사건 A가 발생하는 경우의 수가 k라면 사건 A의 확률을 k/m라고 하는 것이 고전적 해석이다.

또 다른 예로서 동전 던지기에서 앞면이 나타날 '가능성'과 뒷면이 나타날 '가능성'이 같다고 가정하면 앞면이 나타날 확률은 1/2이라고 하는 것이 고전적 해석이다.

확률을 고전적으로 해석하는 것은 상대도수적으로 해석하는 것보다 간단하다. 그러나 고전적 해석은 어떤 시행에서 나타날 수 있는 경우의 수 각각이 발생할 '가능성'이 모두 같은 경우에만 적용될 수 있다는 제약이 따른다. 또한 고전적 해석의 논리적 결점은 '가능성'이 모두 같다는 전제조건에서 '가능성'이라는 말은 결국 확률이라는 말과 표리관계이므로 이 같은 논리는 닭이 먼저냐 달걀이 먼저냐를 따지는 것과 마찬가지이다.

이와 같이 고전적 해석도 상대도수적 해석과 마찬가지로 논리적 모순을 내포하고 있다. 이러한 논리적 모순을 벗어날 수 있는 방법으로 공리적 해석을 소개한다.

3) 공리적 해석

앞에서 언급한 상대도수적 해석이나 고전적 해석에서는 확률을 해석하기 위해 확률의 개념을 도입해야만 하는 모순을 내포하고 있음을 살펴보았다. 이러한 모순에서 벗어날 수 있는 한 가지 방안으로서 러시아의 수학자 A. Kolmogorov(1903-1987)는 확률을 다음 세 가지 공리(axioms)를 만족하는 어떤 함수로 간주하자고 제안하였으며 이를 공리적 해석이라 한다. 여기서 요구하는 세 가지 공리를 간략히 소개하면 다음과 같다.[2)]

(1) 임의의 사건 A에 대하여 $0 \leq \Pr(A) \leq 1$

(2) 표본공간 S와 그의 여사건인 $\varnothing$에 대하여 $\Pr(S) = 1$이고, $\Pr(\varnothing) = 0$이다.

(3) 서로 배반사건인 A와 B에 대하여 $\Pr(A \cup B) = \Pr(A) + \Pr(B)$이다.

---

2) 각 공리의 의미는 3.2절에서 설명하고 있으며 특히 식 (3.8)과 식 (3.11)을 참고할 것.

공리적 해석에서는 이와 같은 세 가지 공리를 기초로 하여 중요한 결과를 증명해 나간다. 예컨대 상대도수적 해석의 기본이 되는 식 (3.1)도 대수의 법칙(law of large number)이라고 불리는 정리(theorem)로 나타낼 수 있다. 또한 식 (3.6), (3.7), (3.8)도 이러한 세 가지 공리를 이용하여 증명할 수 있다. 그러나 공리적 해석에 의한 확률은 위의 세 가지 공리를 만족하는 함수일 뿐이므로 확률에 대한 현실적 의미를 부여할 수 없다는 것이 큰 결점이다.

4) 주관적 해석

주관적 해석은 확률을 어떤 시행에 대하여 자신이 알고 있는 지식과 경험에 따라 자기 스스로 판단한 가능성의 척도라고 보는 것이다. 따라서 어떤 신혼부부가 3년 이내에 이혼할 확률이라든지 어떤 전자주가 금년 안에 2배가 될 확률과 같이 반복 시행할 수 없는 경우에도 확률 개념을 확장할 수 있다. 그러나 주관적 해석에서는 하나의 사건에 대해 제각기 다른 확률을 가질 수 있기 때문에 객관성이 결여된다는 것이 큰 결점이다.

이와 같이 확률을 어떻게 해석할 것인가에 관하여 여러 견해가 있으며 각기 나름대로의 장점과 단점을 갖고 있다. 통계학의 기본개념을 다루는 이 책에서는 특별한 언급이 없는 한 확률 해석에 관한 네 가지 견해 중에서 상대도수적 해석을 따르고자 한다. 그 이유는 상대도수적 해석이 비교적 이해하기 쉽고 제일 널리 이용되기 때문이다.

3.2 확률법칙을 이용한 확률계산

1) 경우의 수

① 서로 다른 n개 중에서 r개를 택하여 배열하는 경우의 수 $P_{n,r}$

서로 다른 n개 중에서 r개를 택하여 일렬로 배열하는 경우의 수를 $P_{n,r}$이라고 표시한다. 이제 이 값을 구해보자. 첫째 자리에 올 수 있는 경우의 수는 n가지이며 그 각각에 대하여 둘째 자리에 올 수 있는 경우의 수는 $n-1$가지이며 같은 이치로 r번째 자리에 올 수 있는 경우의 수는 $n-r+1$가지이므로 $P_{n,r}$은 다음과 같이 정의된다.

> 서로 다른 n개 중에서 r개를 택하여 배열하는 경우의 수
>
> $$P_{n,\,r} = n(n-1)(n-2)\cdots(n-r+1)$$

3.2

특히 식 (3.2)에서 $r = n$인 경우, 즉 서로 다른 n개 모두를 일렬로 배열하는 경우의 수 $P_{n,\,n}$를 $n!$이라고 표시하고 n 팩토리얼(factorial)이라고 읽는다.

$$P_{n,\,n} = n(n-1)\cdots 1 = n!$$

한편 서로 다른 n개 중에서 중복을 허락하여 r개를 택하여 일렬로 배열하는 경우의 수를 $\Pi_{n,\,r}$이라고 표시한다. 이제 이 값을 구해보자. 첫째 자리에 올 수 있는 경우의 수는 n가지이며 그 각각에 대하여 둘째 자리에 올 수 있는 경우의 수 역시 n가지이며 같은 이치로 r번째 자리에 올 수 있는 경우의 수 역시 n가지이므로 $\Pi_{n,\,r}$은 다음과 같이 정의된다.

> 서로 다른 n개 중에서 중복을 허락하여 r개를 택하여 배열하는 경우의 수
>
> $$\Pi_{n,\,r} = n^{r}$$

3.3

예제 3.3

회원이 20명인 어떤 동아리에서 회장, 부회장 및 총무를 선출하는 경우의 수를 구하여라.

풀이

회원 20명 중 같은 사람은 있을 수 없으므로 이 중 첫 번째 뽑힌 사람을 회장으로 두 번째 뽑힌 사람을 부회장으로 세 번째 뽑힌 사람을 총무로 지정한다면 식

(3.2)에 의해

$$P_{20,\,3} = 20 \times 19 \times 18 = 6,840$$

예제
3.4

책 10권을 책꽂이에 꽂는 경우의 수를 구하여라.

풀이

$$P_{10,\,10} = 10! = 3,628,800$$

예제
3.5

컴퓨터 메모리의 기본단위인 바이트(byte)는 8비트(bits)로 구성되어 있으며 1비트는 0 또는 1을 나타낸다. 1바이트로 나타낼 수 있는 부호의 수를 구하여라.

풀이

식 (3.3)에서 $n = 2$이고 $r = 8$인 경우이므로 $\Pi_{2,8} = 2^8 = 256$가지이다.

② 서로 다른 n개 중에서 r개를 택하는 경우의 수 $\binom{n}{r}$

서로 다른 n개 중에서 r개를 택하는 경우의 수를 $\binom{n}{r}$이라고 표시한다. 이제 이 값을 서로 다른 n개 중에서 r개를 택하여 일렬로 배열하는 경우의 수인 $P_{n,\,r}$과 비교해보자. 〈예제 3.3〉에서 회원이 20명인 어떤 동아리에서 회장, 부회장 및 총무를 선출하는 경우의 수는 $P_{20,\,3}$이었다. 그러나 그 동아리에서 직책을 구별하지 않고 그냥 대표자 3명을 선출한다면 그 경우의 수는 $\binom{20}{3}$이다. 예컨대 1번, 5번, 17번이 대표자로 선출되었다고 가정해보자. 이 한 가지 경우에 대해서 회장, 부회장, 총무의 직책을 부여할 수 있는 경우의 수는 6가지이다. 왜냐하면 3명을 일렬로 배열해서 맨 앞이 회장, 두 번째가 부회장 마지막이 총무가 된다고 하면 3명을 일렬로 배열하는 경우의 수는 $3! = 6$가지이기 때문이다. 따라서 $\binom{20}{3} \times 3! = P_{20,3}$이다. 일반적으로 $\binom{n}{r} \times r! = P_{n,\,r}$이므로 $\binom{n}{r}$은 아래 식 (3.4)와 같이 정의된다.

서로 다른 n개 중에서 r개를 택하는 경우의 수

$$\binom{n}{r} = \frac{P_{n,r}}{r!} = \frac{n(n-1)(n-2)\cdots(n-r+1)}{r!}$$

3.4

관례적으로 $0! = 1$, $P_{n,\,0} = 1$, $\binom{n}{0} = 1$이라고 정의한다.

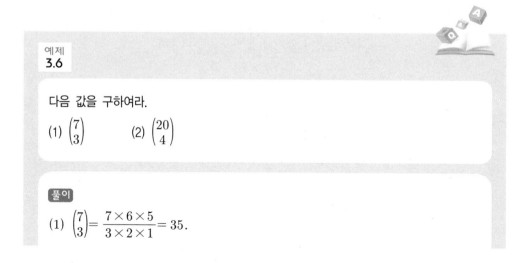

예제
3.6

다음 값을 구하여라.

(1) $\binom{7}{3}$ (2) $\binom{20}{4}$

풀이

(1) $\binom{7}{3} = \dfrac{7 \times 6 \times 5}{3 \times 2 \times 1} = 35.$

(2) $\binom{20}{4} = \dfrac{20 \times 19 \times 18 \times 17}{4 \times 3 \times 2 \times 1} = 4,845$

예제
3.7

문자 a가 r개, 문자 b가 $n-r$개 있을 때 이들을 일렬로 배열하는 경우의 수를 구하여라.

풀이

첫 번째 방법은 n개 문자를 일렬로 배열했을 때 각 자리를 1부터 n까지 자연수와 대응시켜서 그 중 r개 자리를 택하여 문자 a를 넣는다고 하면 이 값은 $\binom{n}{r}$이 며 이를 제4장에서 이항계수라고 한다.

두 번째 방법은 구하고자 하는 경우의 수를 x라고 하자. 또한 r개 문자 a와 $n-r$개 문자 b가 모두 다르다고 가정하면 서로 다른 문자 n개를 일렬로 배열하는 경우의 수는 $n!$이다. 그런데 r개 문자 a가 서로 다를 경우 일렬로 배열하는 경우의 수는 $r!$이고 $n-r$개 문자 b가 서로 다를 경우 일렬로 배열하는 경우의 수는 $(n-r)!$이므로 x는 다음과 같이 표시된다.

$$x \times r! \times (n-r)! = n!,$$

$$x = \frac{n!}{r!(n-r)!} = \frac{P_{n,\,r}}{r!} = \binom{n}{r}$$

2) 표본공간과 사건

어떤 시행에서 발생하는 궁극적인 실현결과를 근원사건(Elementary Event)이라 하며 모든 근원사건의 집합(Set)을 그 시행의 표본공간(Sample Space)이라 하고 보통 S로 표시한다. 예를 들어 동전을 3번 던지는 시행을 생각해 보자. 앞면을 H, 뒷면을 T라고 표시하면 〈그림 3.4〉와 같이 8개의 근원사건이 발생할 수 있다. 따라서 표본공간은 다음과 같다.

$$S = \{HHH,\ HHT,\ HTH,\ HTT,\ THH,\ THT,\ TTH,\ TTT\}.$$

표본공간(sample space) S는 어떤 시행에서 발생할 수 있는 모든 근원사건의 집합이다.

3.5

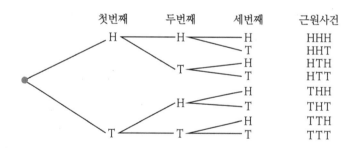

그림 3.4 동전을 3번 던지는 시행의 근원사건

제1장에서 모집단과 표본의 관계를 다룰 때는 모집단이라는 개념에 의해 우리의 관심과 연구 범위가 한정되었는데 제3장에서 확률에 관한 문제에 있어서는 표본공간이라는 개념이 똑같은 역할을 하게 된다. 따라서 확률에 관한 모든 문제는 표본공간의 범위를 벗어나서는 안 된다. 한편 확률을 구하는 문제에서 벤다이어그램을 이용하는 경우가 자주 있다. 그 이유는 확률에서 가장 기본이 되는 표본공간이 집합으로 정의되고, 그리고 집합을 다룰 때 가장 손쉬운 방법은 벤다이어그램을 이용하는 것이기 때문이다.

어떤 시행에서 발생하는 모든 근원사건의 집합을 표본공간이라고 정의했기 때문에 그 시행에서 임의의 사건(event)은 자연스럽게 표본공간의 부분집합이 된다. 예컨대 동전을 세 번 던지는 시행에서 뒷면이 적어도 두 번 나타날 사건을 E라고 하자. 사건 E는 4개의 근원사건 HTT, THT, TTH, TTT으로 구성되며 〈그림 3.5〉에 나타난 바와 같이 표본공간 S의 부분집합이 된다.

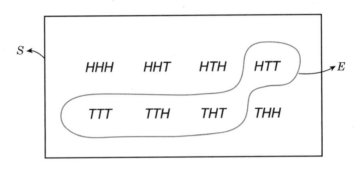

그림 3.5 **표본공간 S와 사건 E의 벤다이어그램**

임의의 사건은 표본공간의 부분집합이다. `3.6`

여기서 부호 표시에 관한 몇 가지 관례를 소개하고자 한다. 집합을 나타낼 때는 영어 대문자를 이용하며 표본공간이나 사건도 집합이므로 이 관례를 따른다. 따라서 사건 A, 사건 B, 표본공간 S와 같이 나타낸다. 또한 확률을 표시할 때 예컨대 근원사건 HTH의 확률은 $\Pr(HTH)$로, 사건 A의 확률은 $\Pr(A)$로 표시한다.

그러면 근원사건 HTH의 확률 $\Pr(HTH)$를 생각해 보자. 만약 우리가 동전을 세 번 던지는 시행을 800만 번 반복한다면 그중 약 반은 첫 번째 앞면이고, 첫 번째 앞면이 나온 중에서 약 반은 두 번째 뒷면이고, 첫 번째 앞면 두 번째 뒷면이 나온 중에서 약 반은 세 번째 앞면이 나타날 것이다. 이와 같이 $\Pr(HTH)$는 식 (3.7)에 나타난 바와 같이 충분히 많은 횟수를 반복 시행한 경우 그 사건이 발생한 상대도수로서 정의한다. 식 (3.7)에서 분모와 분자에 공통으로 나타난 시행 횟수인 800만을 약분하면 식 (3.7)은 처음 앞면이 나타날 확률 1/2과 두 번째 뒷면이 나타날 확률 1/2과 세 번째 앞면이 나타날 확률 1/2의 곱으로 해석할 수 있다. 마찬가지로 나머지 근원사건의 확률도 모두 1/8임을 알 수 있다.

$$\mathrm{Pr}(HTH) = \frac{[\{(800\text{만} \times 1/2) \times 1/2\} \times 1/2]}{800\text{만}} = 1/8 \qquad \boxed{3.7}$$

이제 어떤 사건의 확률을 생각해 보자. 예컨대 동전을 세 번 던지는 시행에서 뒷면이 적어도 두 번 나타날 사건 E가 발생할 확률을 생각해 보자. 사건 E가 발생한다는 것은 4개의 근원사건 HTT, THT, TTH, TTT 중에서 하나가 발생한다는 것이므로 $\mathrm{Pr}(E)$는 다음과 같이 표시된다.

$$\mathrm{Pr}(E) = \mathrm{Pr}(HTT) + \mathrm{Pr}(THT) + \mathrm{Pr}(TTH) + \mathrm{Pr}(TTT)$$

즉, 어떤 물체의 질량은 그 물체를 구성하는 원소의 질량을 모두 합친 것이듯이, 어떤 사건의 확률은 그 사건을 구성하는 근원사건의 확률을 모두 합친 것이다. 따라서 표본공간의 확률은 1로 정의하고 공집합의 확률은 0으로 정의한다.

> 어떤 사건의 확률은 그 사건을 구성하는 근원사건의 확률을 모두 합친 것이다. 따라서 $\mathrm{Pr}(S) = 1$이고 $\mathrm{Pr}(\varnothing) = 0$이다. $\boxed{3.8}$

예제
3.8

동전을 세 번 던지는 시행에서,

(1) 두 번째 뒷면, 세 번째 앞면이 나타날 사건을 D라 하자. 이때 D를 벤다이어그램으로 표시하고 $\mathrm{Pr}(D)$를 구하여라.

(2) 아래와 같이 정의된 사건의 확률을 구하여라.

  F : 뒷면이 나타날 횟수가 2미만일 사건

  G: 모두 같은 면이 나타날 사건

  H: 앞면이 나타날 횟수가 2미만일 사건

  I : 모두 앞면이 나타날 사건

  J : 앞면이 적어도 한 번 나타날 사건

풀이

(1) 〈그림 3.4〉에 의하면 사건 D는 근원사건 HTH, TTH로 구성된다. 따라서 식 (3.8)에 의해 $\Pr(D) = \Pr(HTH) + \Pr(TTH) = 1/4$이다.

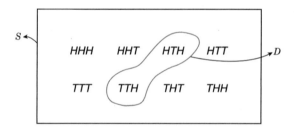

(2) 근원사건 각각의 확률은 모두 1/8이므로 구하고자 하는 사건의 확률은 식 (3.8)에 의해 그 사건을 구성하는 근원사건의 개수를 세어보면 알 수 있으며 〈표 3.4〉의 마지막 열에 표시하였다. 〈표 3.4〉에서 하나의 사건이 여러 방법으로 표시됨을 알 수 있다. 예컨대 사건 G는 모두 같은 면이 나타날 사건을 나타낼 뿐만 아니라 근원사건 HHH와 TTT로 구성된 집합을 나타내기도 한다.

표 3.4 사건을 표시하는 방법과 그 확률

부호	사건의 의미	근원사건의 집합	확률
F	뒷면이 나타날 횟수가 2미만일 사건	{HHH, HHT, HTH, THH}	4/8
G	모두 같은면이 나타날 사건	{HHH, TTT}	2/8
H	앞면이 나타날 횟수가 2미만일 사건	{HTT, THT, TTH, TTT}	4/8
I	모두 앞면이 나타날 사건	{HHH}	1/8
J	앞면이 적어도 한 번 나타날 사건	{$HHH, HHT, HTH, HTT, THH, THT, TTH$}	7/8

3) 합사건의 확률

두 사건 A와 B에 대하여 A 또는 B가 발생하는 사건을 A와 B의 합사건이라 한다. 합사건은 집합에서 합집합과 대응하며 $A \cup B$라고 표시한다. 〈그림 3.6〉에 의하면 합사건의 확률 $\Pr(A \cup B)$는 A만 발생하는 7개 근원사건(○로 표시)의 확률과, B만 발생하는 5개 근원사건(×로 표시)의 확률과, A와 B가 동시에 발생하는 3개 근원사건(△로 표시)의 확률을 합친 것이다. 다른 측면에서 살펴보면, 이 합사건의 확률은 A가 발생하는(7개 ○와 3개 △) 확률과 B가 발생하는(5개 ×와 3개 △) 확률을 합친 것에서 A와 B가 동시에 발생하는(3개 △) 확률을 빼준 것과 같아지며 이를 식 (3.9)에 요약하였다.

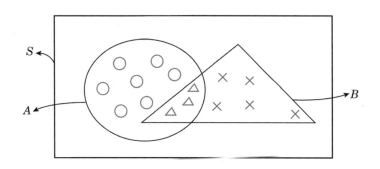

그림 3.6 합사건 $A \cup B$의 벤다이어그램

임의의 사건 A와 B에 대하여,

$$\Pr(A \cup B) = \Pr(A) + \Pr(B) - \Pr(A \cap B)$$

3.9

한편 두 사건 A와 B에 대하여 벤다이어그램을 그렸을 때 공통인 부분이 없으면, 즉 $A \cap B = \varnothing$이면, 두 사건 A와 B는 서로 배반사건(Mutually Disjoint Events)이라고 한다. 예컨대 〈표 3.4〉에서 앞면이 나타날 횟수가 2미만일 사건 H와 모두 앞면이 나타날 사건 I는 벤다이어그램을 그렸을 때 공통인 부분이 없으므로 두 사건 H와 I는 서로 배반사건이라고 한다.

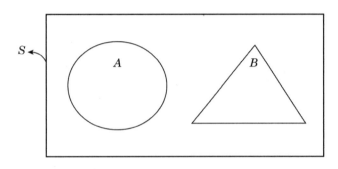

그림 3.7 서로 배반인 두 사건 A와 B

두 사건 A와 B에 대하여 $A \cap B = \varnothing$이면,
두 사건 A와 B는 서로 배반사건이라고 한다.

3.10

만약 두 사건 A와 B가 서로 배반사건이면, $A \cap B = \varnothing$이므로 $\Pr(A \cap B) = 0$이다. 따라서 두 사건의 합사건 확률을 나타내는 식 (3.9)는 식 (3.11)과 같이 간단하게 표시된다. 즉, 식 (3.11)은 식 (3.9)의 특수한 경우이다.

두 사건 A와 B가 서로 배반사건이면,
$$\Pr(A \cup B) = \Pr(A) + \Pr(B)$$

3.11

3.9 참조

예제
3.8 (계속)

동전을 세 번 던지는 시행에서,

(1) 식 (3.8)을 이용하여 $\Pr(F \cup G)$를 구하여라.

(2) $\Pr(F \cup G)$에 대하여 식 (3.9)가 성립함을 확인하여라.

풀이

(1) 아래 벤다이어그램에 의하면 $F \cup G = \{HHH, \ HHT, \ HTH, \ THH, \ TTT\}$
이다. 따라서 식 (3.8)에 의해 $\Pr(F \cup G) = 5/8$이다.

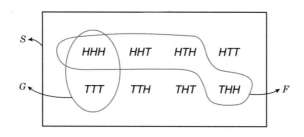

(2) $\Pr(F \cup G)$

$= \Pr(HHH) + \Pr(HHT) + \Pr(HTH) + \Pr(THH) + \Pr(TTT)$

$= \{\Pr(HHH) + \Pr(HHT) + \Pr(HTH) + \Pr(THH)\} + \{\Pr(HHH) +$
$\Pr(TTT)\} - \Pr(HHH)$

$= \Pr(F) + \Pr(G) - \Pr(F \cap G)$

4) 여사건의 확률

어떤 사건 A에 대하여 A가 발생하지 않는 사건을 A의 여사건이라 한다. 여사건은
집합에서 여집합과 대응하며 A^c라고 표시한다. 〈그림 3.8〉에 의하면 $A \cup A^c = S$이므

로 식 (3.8)에 의해 $\Pr(A \cup A^c) = 1$이다. 또한 $A \cap A^c = \varnothing$ 이므로 식 (3.11)에 의해 $\Pr(A \cup A^c) = \Pr(A) + \Pr(A^c)$이다. 즉, $\Pr(A) + \Pr(A^c) = 1$이므로 다음과 같은 중요한 등식이 성립한다.

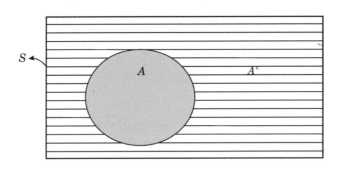

그림 3.8 A와 A^c의 벤다이어그램

$$\text{어떤 사건 } A \text{에 대하여,}$$
$$\Pr(A) = 1 - \Pr(A^c)$$

3.12

예제 3.9

동전을 5번 던지는 시행에서 앞면이 적어도 한 번 나타날 확률을 구하여라.

풀이

동전을 5번 던지는 시행에서 앞면이 적어도 한 번 나타날 사건을 A라고 하면, A의 여사건은 5번 모두 뒷면이 나타날 사건이다. 이 문제에서 A의 확률을 직접 구하기는 매우 어렵다. 그러나 A^c의 확률을 구하기는 비교적 쉽기 때문에 식 (3.12)를 이용하면 다음과 같다.

$$\Pr(A^{c}) = 1/2 \times 1/2 \times 1/2 \times 1/2 \times 1/2 = 1/32.$$
$$\Pr(A) = 1 - \Pr(A^{c}) = 31/32.$$

이와 같이 "적어도", "… 이상", "… 미만"으로 표시된 사건의 확률을 구할 때 식 (3.12)를 이용하면 쉽게 구할 수 있는 경우가 흔히 있다.

예제
3.10

두 사건 A, B에 대하여 $\Pr(A) = 0.6$, $\Pr(B) = 0.4$, $\Pr(A \cap B) = 0.1$일 때 $\Pr(A \cap B^{c})$를 구하여라.

풀이

$\Pr(A \cap B) = 0.1$이므로 두 사건 A, B의 벤다이어그램은 다음과 같다. 따라서 $\Pr(A \cap B^{c}) = 0.5$.

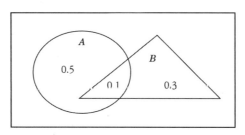

예제
3.11

내년에 불경기일 사건을 A, 내년에 인플레가 발생할 사건을 B라고 표시하자. 어느 경제 분석가는 $\Pr(A) = 0.7$, $\Pr(B) = 0.6$, $\Pr(A \cap B) = 0.4$라고 예상하고 있다.

(1) 내년에 불경기이거나 또는 인플레가 발생할 확률 $\Pr(A \cup B)$을 구하여라.

(2) 내년에 불경기도 아니고 그리고 인플레도 발생하지 않을 확률 $\Pr(A^c \cap B^c)$을 구하여라.

(3) 내년에 불경기는 아니지만 인플레가 발생할 확률 $\Pr(A^c \cap B)$을 구하여라.

풀이

(1) 첫 번째 방법으로 벤다이어그램을 그려보면 다음과 같다.

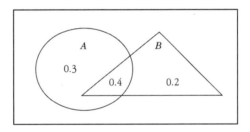

따라서 $\Pr(A \cup B) = 0.3 + 0.4 + 0.2 = 0.9$.

두 번째 방법으로 식 (3.9)를 이용하면 다음과 같다.
$$\Pr(A \cup B) = \Pr(A) + \Pr(B) - \Pr(A \cap B)$$
$$= 0.7 + 0.6 - 0.4 = 0.9.$$

(2) $\Pr(A^c \cap B^c) = \Pr((A \cup B)^c) = 1 - \Pr(A \cup B) = 1 - 0.9 = 0.1$.

(3) 위의 벤다이어그램에서 $\Pr(A^c \cap B) = \Pr(B) - \Pr(A \cap B) = 0.6 - 0.4 = 0.2$

5) 조건부확률

조건부확률(Conditional Probability)은 "조건부"라는 말이 뜻하는 바와 같이 어떤 시행의 표본공간에 제약조건이 있는 경우의 확률을 의미한다. 다음 벤다이어그램에 나타난 두 사건 A와 B에 대하여 생각해 보자. 이 때 사건 B가 발생했다고 알려진 경우, 사건 A가 발생할 확률을 B가 알려진 경우 A의 조건부확률(conditional probability of A given B)이라고 하고 부호로는 $\Pr(A \mid B)$라고 표시한다. 이제 조건부확률 $\Pr(A \mid B)$의 의미를 〈그림 3.6〉에서 살펴보자. 사건 B가 발생했다고 알려지게 되면 관심의 대상인 표본공간은 B로 축소되고 이 경우 A가 발생할 조건부확률을 식 (3.13)과 같이 정의하는 것이 타당할 것이다.

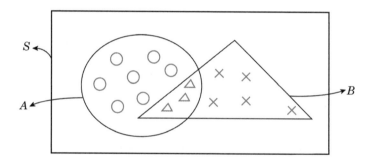

그림 3.6 합사건 $A \cup B$의 벤다이어그램(계속)

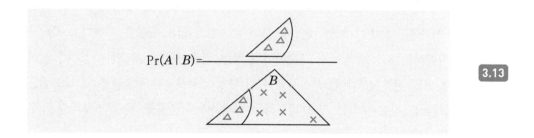

$$\Pr(A \mid B) = \frac{}{}$$ **3.13**

식 (3.13)의 우변에서 분모와 분자를 똑같이 표본공간으로 나누면 식 (3.14)를 얻게 된다.

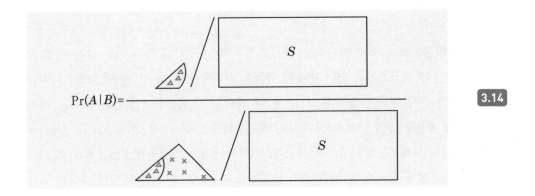

그런데 식 (3.14)의 우변에서 분모는 $\Pr(B)$이고 분자는 $\Pr(A \cap B)$이므로 식 (3.14)는 식 (3.15)와 같이 표시되며 이를 조건부확률의 정의라고 한다.

$$\text{임의의 사건 } A \text{와 } B \text{에 대하여,}$$
$$\Pr(A \mid B) = \frac{\Pr(A \cap B)}{\Pr(B)}$$

3.15

조건부확률은 확률이론에서 매우 중요시되며 현실적으로도 널리 이용된다. 조건부 확률이 널리 이용되는 이유로는 크게 두 가지를 생각해 볼 수 있다. 첫째는 엄밀한 의미에서 조건이 없는 확률이란 생각할 수 없다. 예컨대 대통령 선거에서 甲후보가 당선될 확률을 생각해 보자. 그 확률이란 엄밀한 의미에서 甲후보가 투표 당일까지 살아 있을 것이라는 조건하에서 의미가 있는 것이다. 둘째는 조건이 없는 확률을 구한다고 하더라도 경우에 따라서는 조건을 넣어서 생각하면 문제를 쉽게 해결할 수 있는 경우가 많이 있다. 예컨대 어느 전자회사가 한 부속품을 여러 하청 업체로부터 납품받을 때 납품받은 부속품의 불량률을 직접 구하는 것보다는 하청 업체마다의 불량률, 즉 조건부확률을 구해서 종합하는 것이 더 쉬울 수도 있는 것이다.

예제
3.8 (계속)

동전을 세 번 던지는 시행에서, 조건부확률 $\Pr(G \mid J)$의 의미를 상대도수적으로 해석하여라.

풀이

동전을 3번 던지는 시행을 800만 번 반복한다고 가정하면 8가지 근원사건 HHH, HHT, HTH, HTT, THH, THT, TTH, TTT이 각각 약 100만 번씩 나타날 것이다. 여기서 $J = \{HHH,\ HHT,\ HTH,\ HTT,\ THH,\ THT,\ TTH\}$이고 $G = \{HHH, TTT\}$이다.

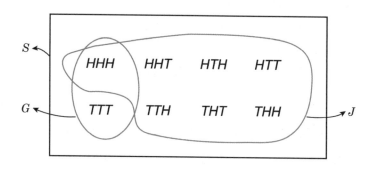

그림 3.9 동전을 3번 던지는 시행에서 표본공간 S, 사건 G, 그리고 사건 J

만약 J가 발생했다는 사실이 알려지게 되면 우리의 관심은 근원사건 TTT를 제외한 J의 7개 근원사건으로 제한되며 이제 7개 근원사건이 새로운 표본공간의 역할을 수행하게 된다. 따라서 J가 알려진 경우 $G = \{HHH,\ TTT\}$의 조건부확률 $\Pr(G \mid J)$는 J가 발생한 약 700만 번 시행 중에서 근원사건 HHH가 발생한 상대도수인 100만/700

만=1/7이 된다. 이 값은 아래 등식이 보여주고 있는 바와 같이 조건부확률의 정의인 식 (3.15)과 일치한다.

$$\Pr(G \mid J) = \frac{100만}{700만} = \frac{\dfrac{100만}{800만}}{\dfrac{700만}{800만}} = \frac{\Pr(G \cap J)}{\Pr(J)}$$

6) 곱사건의 확률

두 사건 A와 B에 대하여 A와 B가 동시에 발생하는 사건을 A와 B의 곱사건이라 한다. 곱사건은 집합에서 교집합과 대응하며 $A \cap B$라고 표시한다. A와 B의 곱사건의 확률은 조건부확률의 정의인 식 (3.15) 양변에 $\Pr(B)$를 곱하여 정돈하면 얻을 수 있으며 이를 식 (3.16)에 요약하였다. A와 B의 곱사건의 확률을 A와 B의 결합확률이라고도 한다.

> 두 사건 A와 B에 대하여 사건 B가 알려진 경우,
> $$\Pr(A \cap B) = \Pr(B) \cdot \Pr(A \mid B).$$
> 마찬가지로 사건 A가 알려진 경우,
> $$\Pr(A \cap B) = \Pr(A) \cdot \Pr(B \mid A).$$

3.16

3.15 참조
3.9 참조

참고로 식 (3.15)와 식 (3.16)이 의미하는 것은 같지만 용도는 서로 다르다. 식 (3.15)는 조건부확률을 구할 때 이용하고, 식 (3.16)은 곱사건의 확률을 구할 때 이용한다. 또한 식 (3.16)을 식 (3.9)과 비교해 보면, 임의의 두 사건에 대해 식 (3.9)는 합사건의 확률이고 식 (3.16)는 곱사건의 확률임을 알 수 있다.

7) 통계적 독립사건

매우 드문 일이지만 두 사건 A와 B에 대하여, B가 알려진 경우 A의 조건부확률 $\Pr(A \mid B)$과 조건이 없는 A의 확률 $\Pr(A)$가 같을 때가 있다. 이때 두 사건 A와 B는 통계적 독립사건(Statistically Independent Events) 또는 줄여서 통계적 독립이라고 한다.

두 사건 A와 B에 대하여 $\Pr(A \mid B) = \Pr(A)$이면
두 사건 A와 B는 통계적 독립사건이라고 한다.

3.17

통계적 독립이라는 것은 일상생활에서 사용하는 독립이라는 개념과는 상당히 다르다. 통계적 독립의 정의인 식 (3.17)에 의하면, B가 발생했다는 것이 알려진 경우 A가 발생할 조건부확률과 조건이 없이 A가 발생할 확률이 같을 때 두 사건 A와 B는 통계적 독립이라고 한다. 〈그림 3.6〉을 참조하여 통계적 독립을 다른 관점에서 살펴보기로 하자. 〈그림 3.6〉에서 식 (3.17)이 성립한다는 것은 〈그림 3.10〉에서 좌변과 우변이 같다는 것이다. 따라서 두 사건 A와 B가 통계적 독립이라면 두 사건 A와 B는 벤다이어그램에서 교묘히 겹쳐있어야 하고 겹쳐진 비율에 대하여 〈그림 3.10〉과 같은 등식이 성립해야 한다는 것을 알 수 있다.

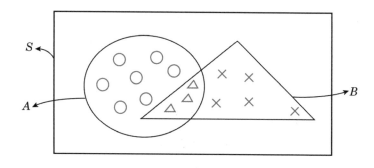

그림 3.6 합사건 $A \cup B$의 벤다이어그램(계속)

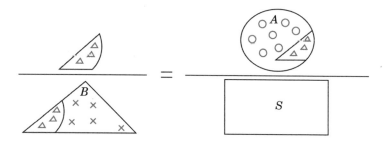

그림 3.10

두 사건 A와 B가 통계적으로 독립이기 위해서는 두 사건이 서로 배반이어야 하는 것으로 생각하는 학생이 의외로 많이 있으나 두 사건이 서로 배반이라면 결코 통계적 독립일 수 없다. 왜냐하면 A와 B가 서로 배반이면 식 (3.15)에 의해 조건부확률 $\Pr(A \mid B)$은 언제나 0이므로, A가 발생할 확률이 0일 때에만 식 (3.17)이 성립하기 때문이다. 여기서 발생할 확률이 0인 사건은 벤다이어그램에 표시되지도 않고 우리가 관심을 두는 사건도 아니다. 다시 말해서 A와 B가 서로 배반인 경우, B가 발생했다는 사실이 알려지게 되면 A는 발생할 수 없기 때문에 A와 B는 통계적 독립일 수 없다.

이상에서 살펴본 바와 같이 서로 배반이라는 개념과 통계적 독립이라는 개념은 아무런 관련이 없다. 두 사건이 서로 배반인지 여부는 벤다이어그램에서 공통인 부분이 있는지 여부로 판단하면 될 것이고 통계적 독립인지 여부는 식 (3.17)에서 좌변과 우변의 확률이 같은지 판단해야 한다.

통계적 독립사건의 정의인 식 (3.17)에서 양변에 $\Pr(B)$를 곱하여 정돈하면 식 (3.18)을 얻게 되며 결국 식 (3.17)과 식 (3.18)은 마찬가지임을 알 수 있다. 한편 곱사건의 정의인 식 (3.16)에 의하면 식 (3.18)은 역도 성립한다는 것을 쉽게 알 수 있다. 즉, 식 (3.16)은 일반적인 경우 곱사건의 확률이고 식 (3.18)은 통계적 독립사건인 경우 곱사건의 확률이다.

두 사건 A와 B에 대하여 $\Pr(A \cap B) = \Pr(A) \cdot \Pr(B)$이면, 두 사건 A와 B는 통계적 독립사건이라고 한다.

3.18
3.16 참조
3.17 참조

예제
3.8 (계속)

동전을 세 번 던지는 시행에서,
(1) 사건 G와 J는 통계적 독립인가?
(2) 사건 G와 F는 통계적 독립인가?

풀이

(1) 앞의 예제에서 $\mathrm{Pr}(G \mid J) = 1/7$이고 $\mathrm{Pr}(G) = 1/4$이므로 사건 G와 J는 통계적 독립이 아니다.

(2) $\mathrm{Pr}(G \mid F) = \mathrm{Pr}(G \cap F)/\mathrm{Pr}(F) = (1/8)/(4/8) = 1/4$이고 $\mathrm{Pr}(G) = 1/4$이므로 사건 G와 F는 통계적 독립이다.

예제 3.12

2개의 흰 공과 2개의 붉은 공이 들어 있는 상자에서 공 2개를 추출하였다.

(1) 모두 흰 공일 확률을 구하라.

(2) 첫 번째 흰 공일 사건 W_1과 두 번째 흰 공일 사건 W_2는 통계적 독립사건인가?

풀이

(1) 모두 흰 공일 확률은 $\mathrm{Pr}(W_1 \cap W_2)$이며 이 값은 식 (3.16)에 의해 다음과 같다.

$$\mathrm{Pr}(W_1 \cap W_2) = \mathrm{Pr}(W_1) \cdot \mathrm{Pr}(W_2 \mid W_1) = (1/2)(1/3) = 1/6.$$

(2) W_1과 W_2가 통계적 독립사건인지 여부를 알 수 있는 한 가지 방법은 $\mathrm{Pr}(W_2)$과 $\mathrm{Pr}(W_2 \mid W_1)$이 같은지 확인해 보는 것이다. 우선 두 번째 흰 공일 확률 $\mathrm{Pr}(W_2)$를 구해보자. 두 번째 흰 공일 확률은 첫 번째 붉은 공이고 두 번째 흰 공이거나 첫 번째 흰 공이고 두 번째 흰 공인 경우이므로 $\mathrm{Pr}(W_2) = (2/4) \cdot (2/3) + (2/4) \cdot (1/3) = 1/2$이다. 그러나 이 값은 $\mathrm{Pr}(W_2 \mid W_1) = 1/3$과 같지 않으므로 W_1과 W_2는 통계적 독립사건이 아니다.

〈예제 3.12〉와 같이 2개의 공을 한꺼번에 추출하거나 또는 마찬가지 방법이지만 공을 하나씩 추출하되 한번 추출한 공은 다시 상자에 넣지 않는 추출 방법을 비복원표집 (sampling without replacement)이라 한다. 비복원표집과 대응하는 추출방법으로 복원표집(sampling with replacement)이 있다. 비복원표집에서는 한번 추출한 공은 다시 상자에 넣지 않고 다음 공을 추출하지만 복원표집에서는 한번 추출한 공을 다시 상자에 넣고 처음과 똑같은 상황에서 다음 공을 추출한다는 차이가 있다. 〈예제 3.12〉에서 만약 2개 공을 복원표집한다면 $\Pr(W_2) = \Pr(W_2 \mid W_1) = 1/2$이므로 W_1과 W_2는 통계적 독립사건이 된다. 복원표집과 비복원표집에 대해서는 제6장에서 다시 설명한다.

3.3 확률나무를 이용한 확률계산

1) 확률나무

어떤 시행에서 확률과 관련된 문제를 체계적이고도 쉽게 해결할 수 있는 한 가지 방법으로 확률나무(Probability Tree)를 그려 볼 수 있다. 확률나무는 복잡한 시행을 보다 간단한 몇 가지 시행으로 분해하여 근원사건과 그 근원사건의 확률을 순서대로 나열한 그림표이다.

예를 들어 동전을 세 번 던지는 시행은 첫 번째 던지는 시행과 두 번째 던지는 시행과 세 번째 던지는 시행으로 분해될 수 있다. 따라서 동전을 3번 던지는 시행의 확률나무는 〈그림 3.11〉과 같다. 〈그림 3.11〉에서 갈라지는 곳을 마디(node)라고 하는데 모두 7개의 마디가 있으며 마디와 마디 사이를 줄기라고 한다. 맨 처음 갈라지는 곳을 뿌리라고 하고 더 이상 갈라지지 않는 곳을 잎이라고 한다. 또한 뿌리에서 각각의 잎에 이르는 통로(path)는 하나의 근원사건을 나타낸다.

〈그림 3.11〉에는 8개의 잎이 있기 때문에 동전을 세 번 던지는 시행에는 8가지 근원사건 HHH, HHT, HTH, HTT, THH, THT, TTH, TTT가 발생할 수 있음을 알 수 있다. 예컨대 첫 번째 앞면, 두 번째 뒷면, 그리고 세 번째 앞면이 나타날 근원사건 HTH는 〈그림 3.11〉에서 사선으로 표시되어 있다. 또한 확률나무에서 각 마디에서 줄기로 갈라지는 확률을 그 줄기 위에 표시하며 그 확률을 모두 더하면 언제나 1이 된다.

여기서 한 가지 주의할 점은 줄기 위에 확률을 표시할 때 소수로 표시하거나 기약분수로 표시하지 말고 분해된 시행마다 공통분모로 표시하라는 것이다. 그렇게 하면 나중에 근원사건의 확률을 구할 때 분모가 모두 같기 때문에 계산이 무척 간편해진다. 〈그림 3.11〉에서 맨 오른쪽에는 근원사건의 확률을 표시하였다. 이 확률은 뿌리에서 잎에 이르는 통로에 있는 확률을 모두 곱한 값이다. 예컨대 근원사건 HTH의 확률은 첫 번째 앞면일 확률 1/2과, 두 번째 뒷면일 확률 1/2과, 그리고 세 번째 앞면일 확률 1/2을 곱한 값이다.

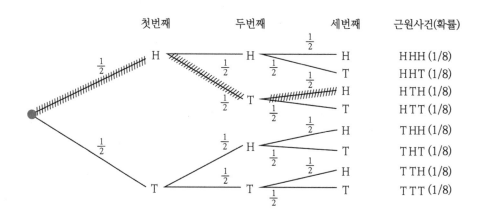

그림 3.11 동전을 3번 던지는 시행의 확률나무

예제 3.13

앞면이 한번 나타날 때까지 동전을 던지는 시행의 확률나무를 그려서 동전을 3번 던지고 이 시행이 끝날 확률을 구하라.

풀이

확률나무는 다음과 같고 동전을 3번 던지고 이 시행이 끝난다는 것은 TTH가 나타난 것이므로 그 확률은 1/8이다.

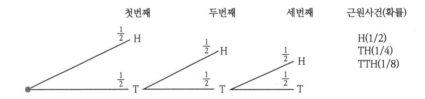

예제 3.14

상자에 흰 공 1개와 붉은 공 1개가 들어 있다. 이 상자에서 1개의 공을 추출하여 그 색깔을 조사한 후 같은 색깔의 공 2개를 상자에 되돌려 넣는 시행이 있다. 확률나무를 이용하여 추출된 처음 3개의 공이 모두 붉은 공일 확률을 구하여라.

풀이

흰 공을 W, 붉은 공을 R이라고 표시하면 확률나무는 다음과 같다. 추출된 처음

3개 공이 모두 붉은 공일 사건은 뿌리에서 맨 마지막 잎에 이르는 통로에 의해 표시된다. 따라서 구하는 확률 $\Pr(RRR) = (1/2) \times (2/3) \times (3/4) = 6/24$.

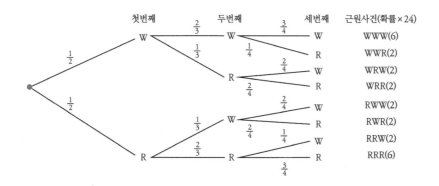

예제
3.15

50명이 정원인 어느 학과에서 아래와 같이 과대표를 뽑기로 했다고 가정하자. 즉, 흰 공 49개와 붉은 공 1개가 들어 있는 상자에서 순서대로 하나씩 공을 골라서 붉은 공을 고른 학생을 과대표로 정하기로 했다고 가정하자. 아래 두 가지 경우에 대하여 확률나무를 이용하여 세 번째로 고른 학생이 과대표가 될 확률을 구하여라.

(1) 한 학생이 고른 공을 상자에 되돌려 놓지 않는 경우. 즉, 비복원추출의 경우

(2) 한 학생이 고른 공을 상자에 되돌려 놓는 경우. 즉, 복원추출의 경우

풀이

흰 공을 W, 붉은 공을 R이라고 표시하면 확률나무는 다음과 같다.

(1) 비복원표집의 확률나무

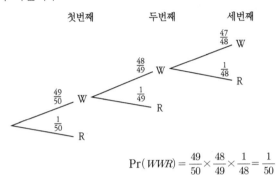

$$\Pr(WWR) = \frac{49}{50} \times \frac{48}{49} \times \frac{1}{48} = \frac{1}{50}$$

(2) 복원표집의 확률나무

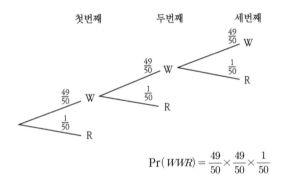

$$\Pr(WWR) = \frac{49}{50} \times \frac{49}{50} \times \frac{1}{50}$$

예제
3.16

국내 승용차의 30%가 붉은 색인데, 두 대가 서로 충돌한 사고 중에서 약 반은 붉은 색 차가 일으킨 것이라고 한다. 이러한 관점에서 어느 교통문제 전문가가 붉은 색 차의 운전사는 난폭하게 운전하는 경향이 있다고 주장하였다. 확률나무를 이용하여 교통문제 전문가의 주장을 검토해 보아라.

[풀이]

운전자의 난폭성이 차 색깔과 무관하다고 가정하자. 차 색깔이 붉은 색은 R이라 표시하고 그렇지 않으면 N이라고 표시하자. 그러면 두 대가 서로 충돌한 경우의 확률나무는 다음과 같다.

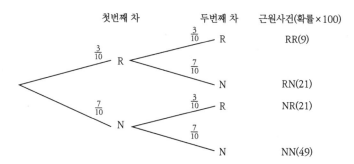

두 대가 서로 충돌한 사고에서, 붉은 색 차가 끼어 있다는 것은 RR, RN, NR 3가지 이며 그 확률은 $(9+21+21)/100 = 51/100$이다. 즉, 운전자의 난폭성이 차 색깔 과 무관하다고 가정하더라도 두 대가 서로 충돌한 사고에서 붉은 색 차가 끼어 있 을 확률은 51/100이다. 따라서 붉은 색 차의 운전사가 난폭하게 운전하는 경향이 있다는 교통문제 전문가의 주장은 사실이 아니다.

예제 3.17

아래 상자에서 2장의 카드를 비복원추출한다고 한다.

$$\boxed{2}\boxed{2}\boxed{2}\boxed{2}\boxed{2}\ \boxed{3}\boxed{3}\ \boxed{4}\ \boxed{5}\boxed{5}$$

(1) 확률나무를 그려라.
(2) 2장 카드의 합이 7이 될 확률을 구하여라.
(3) 2장 카드의 합이 7이라고 할 때 $\boxed{3}$이 추출되었을 조건부확률을 구하여라.

풀이

(1)

첫번째	두번째	합	확률×90
2	$\frac{4}{9}$ 2	4	20
	$\frac{2}{9}$ 3	5	10
	$\frac{1}{9}$ 4	6	5
	$\frac{2}{9}$ 5	7	10
3	$\frac{5}{9}$ 2	5	10
	$\frac{1}{9}$ 3	6	2
	$\frac{1}{9}$ 4	7	2
	$\frac{2}{9}$ 5	8	4
4	$\frac{5}{9}$ 2	6	5
	$\frac{2}{9}$ 3	7	2
	$\frac{0}{9}$ 4	8	0
	$\frac{2}{9}$ 5	9	2
5	$\frac{5}{9}$ 2	7	10
	$\frac{2}{9}$ 3	8	4
	$\frac{1}{9}$ 4	9	2
	$\frac{1}{9}$ 5	10	2

첫번째 가지 확률: 2는 $\frac{5}{10}$, 3은 $\frac{2}{10}$, 4는 $\frac{1}{10}$, 5는 $\frac{2}{10}$

(2) $\Pr(\text{합이 } 7) = \Pr(\boxed{2}\,\boxed{5} \text{ or } \boxed{3}\,\boxed{4} \text{ or } \boxed{4}\,\boxed{3} \text{ or } \boxed{5}\,\boxed{2})$

$$= \frac{10 + 2 + 2 + 10}{90} = \frac{24}{90} = \frac{4}{15}$$

(3) $\Pr(\boxed{3} \mid \text{합이 } 7) = \dfrac{\Pr(\boxed{3} \text{ and 합이 } 7)}{\Pr(\text{합이 } 7)}$

$$= \dfrac{\Pr(\boxed{3}\,\boxed{4} \text{ or } \boxed{4}\,\boxed{3})}{\Pr(\text{합이 } 7)}$$

$$= \dfrac{\dfrac{4}{90}}{\dfrac{24}{90}} = \dfrac{1}{6}$$

2) 베이즈 정리

통계학의 중요한 응용분야 중 하나로 조건부확률을 기초로 하는 베이즈 분석 (Bayesian Analysis)을 들 수 있다. 여기서는 베이즈 분석의 핵심사항인 베이즈 정리 (Bayes Theorem)를 확률나무를 이용하여 설명하고자 한다.

예제 3.18

간염에 걸렸는지 안 걸렸는지를 알아보는 첫 단계로서 혈액검사에 의해 양성이면 간염에 걸렸다고 판단하고 음성이면 간염에 안 걸렸다고 판정한다. 여기서 이 문제를 다음과 같이 정리해보자.

B : 간염인 사건 $\qquad$ $+$: 혈액검사 결과가 양성인 사건
B^c: 간염이 아닌 사건 $\qquad$ $-$: 혈액검사 결과가 음성인 사건

또한 $\Pr(B) = 0.1$, $\Pr(+\mid B) = 0.9$, $\Pr(+\mid B^c) = 0.2$라고 가정하자. 이러한 가정은 한국 사람 중 10%가 간염에 걸려 있고 간염에 걸린 사람 중에서 90%가 혈액검사 결과 양성반응을 보이며 간염에 안 걸린 사람 중에서 20%가 혈액검사 결과 양성반응을 보인다는 의미이다. 이때 아래 두 가지 경우의 조건부 확률을 구해보자.

(1) 어떤 환자의 혈액검사 결과가 양성이었을 때 그 환자가 간염에 걸렸을 확률
(2) 어떤 환자의 혈액검사 결과가 음성이었을 때 그 환자가 간염에 안 걸렸을 확률

풀이

우선 확률나무를 그려보면 다음과 같다.

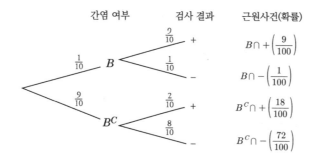

앞의 확률나무에서 뿌리에서 각 잎에 이르는 통로는 하나의 근원사건을 나타낸다. 예컨대 뿌리에서 맨 위의 잎에 이르는 통로는 근원사건 $B \cap +$를 나타내며 그 확률은 식 (3.16)에 있는 곱사건의 정의에 의해 다음과 같이 표시된다.

$$\Pr(B \cap +) = \Pr(B)\Pr(+ \mid B) = \frac{1}{10}\frac{9}{10} = \frac{9}{100}.$$

다른 근원사건의 확률도 마찬가지로 구해지며 각 근원사건의 확률을 괄호 속에 표시하였다.

(1) 구하는 확률 $\Pr(B \mid +)$는 조건부확률의 정의인 식 (3.15)에 의해 다음과 같다.

$$\Pr(B \mid +) = \Pr(B \cap +)/\Pr(+).$$

여기서 분자와 분모는 각각 다음과 같다.

$$\Pr(B \cap +) = \frac{9}{100}, \ \Pr(+) = \Pr(B \cap +) + \Pr(B^c \cap +) = \frac{9}{100} + \frac{18}{100}.$$

따라서 $\Pr(B \mid +) = \dfrac{9/100}{27/100} = \dfrac{1}{3}$

(2) 구하는 확률은 $\Pr(B^c \mid -)$이고 마찬가지 방법으로

$$\Pr(B^c \mid -) = \Pr(B^c \cap -)/\Pr(-).$$

여기서 분자와 분모는 각각 다음과 같다.

$$\Pr(B^c \cap -) = \frac{72}{100}, \ \Pr(-) = \Pr(B \cap -) + \Pr(B^c \cap -) = \frac{1}{100} + \frac{72}{100}.$$

따라서 $\Pr(B^c \mid -) = \dfrac{72/100}{73/100} = \dfrac{72}{73}.$

〈예제 3.18〉에서 혈액검사를 하기 전에 어떤 환자가 간염에 걸렸을 확률 $\Pr(B)$는 1/10이지만 혈액검사 결과가 양성으로 판정되고 나서 그 환자가 간염에 걸렸을 조건부확

률 $\Pr(B \mid +)$은 1/3이다. 여기서 혈액검사를 하기 전의 확률 $\Pr(B)$를 사전확률(Prior Probability)이라 하고, 혈액검사 결과가 알려지고 난 후의 조건부 확률 $\Pr(B \mid +)$을 사후확률(Posterior Probability)이라고 한다.

〈예제 3.18〉의 (1)에 의하면 사후확률 $\Pr(B \mid +)$는 다음과 같이 표시될 수 있다.

$$\Pr(B \mid +) = \frac{\Pr(B \cap +)}{\Pr(B \cap +) + \Pr(B^c \cap +)}$$

여기서 분자와 분모에 있는 각각의 항에 곱사건의 확률에 관한 식 (3.16)을 적용하면 사후확률 $\Pr(B \mid +)$는 식 (3.19)와 같이 표시되며 이를 베이즈 정리라고 한다. 즉, 베이즈 정리는 사전확률을 이용하여 사후확률을 구하는 모든 과정을 하나의 식으로 요약한 것이라고 할 수 있다.

사전확률을 이용하여 사후확률을 구하고자 할 때 우리가 이용할 수 있는 수단은 두 가지가 있다. 첫째는 확률나무를 이용하여 시각적으로 구하는 것이고 둘째는 식 (3.19)에 있는 베이즈 정리를 이용하여 대수적으로 구하는 것이다. 어느 쪽 택하건 그것은 개인의 취향에 관한 문제지만 본 저자는 확률나무를 이용한 시각적 방법을 더 좋아한다.

$$\Pr(B \mid +) = \frac{\Pr(B)\Pr(+ \mid B)}{\Pr(B)\Pr(+ \mid B) + \Pr(B^c)\Pr(+ \mid B^c)} \qquad \boxed{3.19}$$

예제
3.19

A산업에서는 메모리 칩의 불량 여부를 검사할 수 있는 새로운 방식의 자동검사기를 도입하여 품질관리를 하고자 한다. 어떠한 검사기라도 완벽할 수는 없는데 새로 도입한 자동검사기를 반복 실험해본 결과 이 검사기의 성능은 다음과 같았다. 양품의 경우, 양품이라고 올바로 판정할 확률이 95%이고 양품인데 불량품이라고 잘못 판정할 확률이 5%이었다. 불량품의 경우, 불량품이라고 올바로 판정할 확률이 99%이고 불량품인데 양품이라고 잘못

판정할 확률이 1%이었다. A산업에서 생산하는 메모리 칩의 평균 불량률을 15%라고 하자. 자동검사기에 의해 불량품으로 판정된 메모리 칩이 실제로 불량품일 확률을 구하여라.

풀이

메모리 칩 자체가 양품인 것을 G, 불량품인 것을 B라고 표시하자. 또한 자동검사기에 의해 양품이라고 판정된 사건을 $+$, 불량품이라고 판정된 사건을 $-$라고 표시하자. 그러면 다음과 같은 확률나무를 그릴 수 있고 구하는 확률 $\Pr(B \mid -) = \dfrac{\Pr(B \cap -)}{\Pr(-)} = \dfrac{297}{382}$.

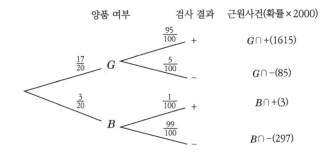

KNOW 알고 넘어 갑시다

1) 내일 비가 올 확률이 70%라는 일기예보의 의미를 생각해 보자. 이는 오늘과 같은 기상상황이 과거에 100번 있었다면 그 중에서 70번은 다음 날 비가 왔다는 뜻으로 이해할 수 있다. 실제로 기상청에서는 내일 날씨를 예측하기 위해서 수퍼컴퓨터를 이용하여 모의실험(simulation)을 한다. 즉, 오늘과 같은 기상상황에서 내일 날씨가 어떨지 반복해서 예측해 본다. 예컨대 1000번 반복해서 예측했을 때 그 중 700번은 다음 날 비가 왔다는 뜻이다. 어느 경우에나 기상청 일기예보는 확률을 상대도수적으로 해석한 것이다.

2) 우리말에 확률의 의미를 내포하고 있는 사자성어(四字成語)가 많이 있다. 예컨대 백발백중(百發百中), 십중팔구(十中八九), 구사일생(九死一生) 등이 있다.

EXERCISE
연습문제

01 아래 사항이 사실인지 거짓인지 구별하여라. 만약 사실이면 "True"라고 적어라. 만약 거짓이면 "False"라고 적고 그 이유를 간략히 설명하여라.

1) 두 사건 A와 B에 대하여 $A \subset B$이고 $A \neq 0$이면 $\Pr(A \mid B) = 1$이다.

2) 두 사건 A와 B가 상호배반으로서 $B \neq 0$이면 $\Pr(A \mid B) = 0$이다.

3) 두 사건 A와 B가 통계적 독립이라면 A^c와 B^c도 통계적 독립이다.

4) 공집합이 아닌 두 사건이 상호배반이면 그 두 사건은 결코 독립사건일 수 없다.

02 아래 문항의 괄호를 채워라.

1) 확률을 구하는 방법은 2가지 있다. 첫째는 (   )을/를 이용하여 구할 수 있고, 둘째는 (   )을/를 이용하여 구할 수 있다.

2) 확률을 상대도수적으로 해석하면 (   )의 (   )이다. 그러나 확률을 단순하게 (   )(이)라고 이해해도 무방하다.

3) 사건을 벤다이어그램에서 표시하면 (   )의 (   )집합이다.

03 $\Pr(A) = 1/4$, $\Pr(A \cup B) = 1/2$, $\Pr(A \cap B) = 1/6$일 때 $\Pr(A \mid B)$를 구하여라.

04 $\Pr(A) = 1/3$, $\Pr(A \cup B) = 1/2$일 때 아래 각 경우에 대하여 $\Pr(A^c \cap B)$을 구하여라.

1) A와 B가 서로 배반인 경우

2) $A \subset B$인 경우

3) $\Pr(A \cap B) = 1/8$인 경우

05 사건 A와 B는 통계적 독립사건으로서 $\Pr(A) = 0.6$이고 $\Pr(B) = 0.2$인 경우 다음 확률을 구하여라.

1) $\Pr(A \cap B)$

2) $\Pr(A \mid B)$

3) $\Pr(A \cup B)$

06 A와 B는 서로 배반사건으로서 $\Pr(A) = 0.6$이고 $\Pr(B) = 0.2$인 경우 다음 확률을 구하여라.

1) $\Pr(A \mid B)$

2) $\Pr(A \cap B)$

3) $\Pr(A \cup B)$

07 어떤 대학교 학생 중에서 프로 축구(F) 팬의 비율은 20%이고, 프로 야구(B) 팬의 비율은 30%이고, 프로축구와 프로야구(F∩B) 팬의 비율은 5%라고 한다. 이 대학교 학생 중에서 한 명을 무작위 추출하였을 때 다음 물음에 답하여라.

1) 벤다이어그램을 이용하여 그 학생이 프로 축구 팬이거나 또는 프로 야구 팬일 확률을 구하여라.

2) 식 (3.9)를 이용하여 그 학생이 프로 축구 팬이거나 또는 프로 야구 팬일 확률을 구하여라.

3) 그 학생이 프로 축구 팬도 아니고 프로 야구 팬도 아닐 확률을 구하여라.

08 어느 신혼부부가 3명의 아이를 낳을 계획이라 하고 아들과 딸의 확률이 각각 52%, 48%라고 가정하자.

1) 확률나무를 그려라.

2) 딸이 적어도 한 명 이상인 사건을 벤다이어그램으로 표시하여라.

3) 아들이 적어도 한 명 이상인 사건을 벤다이어그램으로 표시하여라.

4) 아들과 딸이 적어도 한 명 이상인 사건을 벤다이어그램으로 표시하여라.

09 동전을 세 번 던지는 시행에서 각 근원사건의 확률이 다음과 같다고 하자.

근원사건	HHH	HHT	HTH	HTT	THH	THT	TTH	TTT
확률	0.15	0.10	0.10	0.15	0.15	0.10	0.10	0.15

이때 사건 K, D, G, H를 다음과 같이 정의하자.

K : 앞면이 나타날 횟수가 2미만일 사건

D : 모두 앞면이거나 모두 뒷면이 나타날 사건

G : 뒷면이 나타날 횟수가 2미만일 사건

H : 앞면과 뒷면이 적어도 한번 나타날 사건

1) $\Pr(K)$, $\Pr(D)$, $\Pr(K \cup D)$, $\Pr(K \cap D)$를 구하여라.

2) 사건 K와 D에 대해 식 (3.6)이 성립함을 보여라.

3) $\Pr(G)$, $\Pr(H)$, $\Pr(G \cup H)$, $\Pr(G \cap H)$를 구하여라.

4) 사건 G와 H에 대해 식 (3.6)이 성립함을 보여라.

10 통계학 수강생 100명을 전공과 성별로 분류하여 아래 표를 얻었다. 수강생 중 한 명을 무작위 추출하였을 때 아래 물음에 답하여라.

	남학생	여학생
경영전공	17	38
경제전공	23	22
		100명

1) 그 학생이 남학생일 확률을 구하여라.
2) 그 학생이 경영전공일 확률을 구하여라.
3) 그 학생이 경제전공인 남학생일 확률을 구하여라.

11 프로야구의 이종범 선수는 23경기 연속 안타 기록을 갖고 있다. 23경기 연속 안타 기록은 23경기를 연속으로 매 경기마다 적어도 하나의 안타를 쳤다는 것을 의미한다. 이제 연속 안타 기록을 다음과 같이 접근해 보자. 프로야구 선수 A는 매 경기마다 꼭 4번씩 타격을 한다고 하고 어느 타석에선 안타를 칠 확률은 독립으로서 일정한 값 θ라고 가정하자. A가 개막전 이후 23경기 연속 안타를 칠 확률을 구하여라.

12 동전 6개와 주사위 1개를 동시에 던지는 시행에서, 앞면이 나타난 동전의 개수가 주사위의 눈보다 클 확률은?

13 앞면이 나타날 때까지 동전을 계속 던지다가 첫 번째 앞면이 나타나면 중지하는 시행을 생각하자.
1) 이 시행의 표본공간을 확률나무를 이용하여 구하여라.
2) 동전을 딱 4번 던지고 끝낼 확률은?

14 프로야구 우승팀 결정전에 진출한 두 팀 중에서, 경기를 먼저 4번 이기는 팀이 우승한다. 매 경기마다 승패는 반드시 가려진다고 하고, 어느 팀이든 n번째 경기까지의 전적이 s승 t패이면 $n+1$번째 경기를 이길 확률은 $\{7+(s-t)\}/14$라고 하자. 확률나무를 그려서 5번 이상 경기하고 우승팀이 결정될 확률을 구하여라. (여기서 n, s, t는 음이 아닌 정수로서 $n=s+t$이다.)

15 아래와 같이 6장의 카드가 들어 있는 상자에서 2장의 카드를 복원추출하였다.

$$\boxed{1}\ \boxed{3}\ \boxed{3}\ \boxed{4}\ \boxed{4}\ \boxed{6}$$

1) 확률나무를 그려라.
2) 카드 2장의 합이 7일 확률을 구하여라.
3) 적어도 한 번 $\boxed{1}$ 이 추출될 확률을 구하여라.
4) 카드 2장의 합이 7이라는 사실이 알려진 경우 $\boxed{1}$ 이 추출되었을 조건부확률을 구하여라.

16 카지노에서 흔히 하는 블랙잭(black jack)이라는 게임이 있다. 블랙잭 게임을 조금 단순화 시키면 52장의 카드 중에서 2장을 비복원추출 했을 때 2장 카드의 합이 얼마나 21에 가까운지 겨누는 게임이라고 할 수 있다. 원래 카드는 4가지 무늬가 있고 각 무늬마다 13장(Ace, 2, 3, 4, 5, 6, 7, 8, 9, 10, Jack, Queen, King)으로 구성된다. 블랙잭 게임에서는 Ace는 11로 치고, Jack, Queen, King은 10으로 친다. 그러면 블랙잭 게임은 아래와 같이 13장의 카드가 들어 있는 상자에서 2장의 카드를 비복원추출하는 것으로 단순화 시킬 수 있다.

$$\boxed{2}\ \boxed{3}\ \boxed{4}\ \boxed{5}\ \boxed{6}\ \boxed{7}\ \boxed{8}\ \boxed{9}\ \boxed{10}\ \boxed{10}\ \boxed{10}\ \boxed{10}\ \boxed{11}$$

1) 카드 2장의 합이 21이 될 확률을 구하여라.
2) 카드 2장 중 1장은 $\boxed{11}$ 이라는 사실이 알려진 경우 합이 21이 될 조건부확률을 구하여라.

17 S전자에서는 TV브라운관을 중소기업체 A와 B에서 납품을 받는다고 한다. A회사가 납품하는 양은 75%이고, B회사는 나머지 25%를 납품한다고 한다. 또한 A회사 제품의 불량률은 10%이고, B회사 제품의 불량률은 2%라고 한다. 납품 받은 브라운관 중 한 개를 무작위 추출하였을 때 아래 물음에 답하여라.

1) 그것이 A회사 제품일 확률을 구하여라.
2) 자체검사결과 불량품으로 판명되었을 경우 그것이 A회사 제품일 확률을 확률나무를 이용하여 구하여라.
3) 자체검사결과 양품으로 판명되었을 경우 그것이 A회사 제품일 확률을 확률나무를 이용하여 구하여라.

18 금형을 제작하는 어느 공장에는 3대의 압연기 A, B, C가 각각 전체 생산량의 20%, 30%, 50%를 생산한다고 하자. 또한 각 기계에서 생산된 금형의 불량률은 각각 1%, 2%, 3%라고 한다. 생산품 중 한 개를 무작위 추출하였을 때 아래 물음에 답하여라.

1) 그것이 A기계 제품일 확률을 구하여라.
2) 검사결과 불량품으로 판명되었을 경우 그것이 A기계 제품일 확률을 확률나무를 이용하여

구하여라.

3) 검사결과 양품으로 판명되었을 경우 그것이 A기계 제품일 확률을 확률나무를 이용하여 구하여라.

확률변수와 확률분포

확률변수와 확률분포

Q 동전을 100번 던지는 시행에서 앞면이 나타난 횟수가 50이라는 것은 어떠한 의미가 있는가?

A 동전을 100번 던지는 시행에서 앞면이 나타난 횟수는 0, 1, …, 100일 수 있으며 4.2절에서 설명하는 바와 같이 이항분포를 따른다. 여기서 앞면이 나타난 횟수가 50이라는 것에는 두 가지 의미가 있는데 이 두 가지는 모두 제4장에서 다루는 중요한 과제이다. 첫째, 이항분포포의 확률을 구해보면 앞면이 나타난 횟수가 50일 확률이 가장 높다는 것이다. 둘째, 이항분포의 기댓값으로 설명할 수 있다. 즉, 여러 명이 각자 동전을 100번씩 던진다고 가정하면, 앞면이 나타난 횟수가 누구는 50보다 클 수 있고 누구는 50보다 작을 수 있지만 평균적으로 50에 가깝게 된다는 것이다.

제4장에시는 확률변수(Random Variable)와 확률분포(Probability Distribution)에 대하여 다루고자 하며 이는 확률이론의 바탕을 이루는 아주 중요한 개념이다. 확률변수는 확률(Random)이라는 개념과 변수(variable)라는 개념이 결합된 것이다. 영어의 "random"은 제멋대로라는 의미로 알고 있는데 이를 확률이라고 번역한 것에 대하여 의아해 하는 독자가 많을 것이다. 그런데 통계학에서 쓰이는 "random"은 확률 개념을 내포하고 있다. 예컨대 표본 추출에서 가장 기본이 되는 "random sample"을 확률표본이라고 한다. 제1

장에서 간략히 설명한 것과 같이 확률표본은 제멋대로 추출한 표본이 아니라 아주 엄격한 확률 개념을 내포하고 있는 것이다. 이제 변수(variable)에 대하여 생각해보자. 이자율과 같이 시시때때로 변하는 값을 변수라고 하고, 빛의 속도와 같이 변하지 않고 고정된 값을 상수(constant)라고 한다. 다시 말하면 변수는 여러 가지 값을 가질 수 있어야 한다.

확률(random)과 변수(variable)를 결합한 개념인 확률변수(Random Variable)는 확률에 따라 여러 가지 값을 갖는 변수를 의미한다. 다시 말하면, 어떤 변수가 가질 수 있는 값이 확률에 의해 결정된다면 우리는 이러한 변수를 확률변수라고 한다. 앞의 Q/A에서 언급한 바와 같이 동전을 100번 던지는 시행에서 앞면이 나타난 횟수는 확률변수라고 할 수 있다. 왜냐하면 앞면이 나타난 횟수는 0, 1, …, 100일 수 있고 각각의 값을 가질 확률이 정해지기 때문이다.

확률변수는 확률에 따라 여러 가지 값을 갖는 변수이다. 4.1

일반적으로 우리는 확률변수에 대하여 그 확률변수가 어떤 값을 갖는지 그리고 그 확률은 얼마인지에 관심을 갖게 된다. 확률변수가 가질 수 있는 값과 그 확률을 나타낸 것을 확률분포(Probability Distribution) 또는 줄여서 분포(Distribution)라고 한다. 확률변수의 성질을 규명하기 위해서는 그 변수가 가질 수 있는 값의 가지 수를 셀 수 있는지 (countable) 또는 셀 수 없이 많은지(uncountable) 구별해야 한다. 확률변수가 가질 수 있는 값의 가지 수를 셀 수 있는 경우를 이산확률변수(Discrete Random Variable)라고 하고 셀 수 없이 많은 경우를 연속확률변수(Continuous Random Variable)라고 한다.

4.1절에서는 이산확률변수에 대한 일반적인 성질을 설명한다. 4.2절에서는 이산확률변수의 가장 대표적인 예로서 이항확률변수의 분포에 대하여 설명한다. 이항확률변수의 분포를 줄여서 이항분포라고 한다. 4.1절과 4.2절에서 이산확률변수에 대하여 설명한 것과 평행하게 연속확률변수에 대하여 4.3절과 4.4절에서 설명하고 있다. 즉, 4.3절에서는 연속확률변수에 대한 일반적인 성질을 설명하고 있다. 4.4절에서는 연속확률변수의 가장 대표적인 예로서 정규확률변수의 분포에 대하여 설명하고 있다. 정규확률변수의 분포를 줄여서 정규분포라고 한다. 4.5절에서는 확률변수의 선형변환에 대하여 설명한다. 2.3절에서 데이터의 선형변환을 설명하면서 선형변환의 중요성을 강조한 바 있으며 여기서는

확률변수의 선형변환을 2.3절과 평행하게 설명하고 있다.

4.1 이산확률변수

1) 이산확률변수의 표현

주사위를 던져 보자. 그러면 1, 2, 3, 4, 5, 6 중에서 하나의 눈이 나타날 것이고 각각의 눈이 나타날 확률은 모두 1/6이라고 할 수 있다. 따라서 주사위를 던져서 나타난 눈은 여러 가지 값을 가질 수 있고 각각의 경우에 대한 확률을 정의할 수 있으므로 확률변수가 된다. 통계학에서는 확률변수를 부호로 표시할 때 관례적으로 영어 대문자로 나타낸다. 예컨대 주사위를 던져서 나타난 눈을 확률변수 X라고 표시한다. 그러면 그 확률분포는 〈표 4.1〉과 같이 표로 나타낼 수 있고 〈그림 4.1〉과 같이 그래프로 나타낼 수도 있다. 〈표 4.1〉을 확률분포표(Probability Distribution Table)라고 하고, 〈그림 4.1〉을 질량함수(Mass Function)라고 한다. 질량함수라는 낯선 이름을 붙인 이유는 4.3절에서 밀도함수(Density Function)를 설명하고 나서 다시 생각해 보기로 하자.

표 4.1 주사위를 던져서 나타난 눈(X)의 확률분포표

X	1	2	3	4	5	6
확률	1/6	1/6	1/6	1/6	1/6	1/6

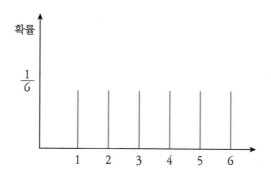

그림 4.1 주사위를 던져서 나타난 눈(X)의 질량함수

또 다른 예로서 동전을 3번 던지는 시행에서 앞면이 나타난 횟수를 생각해 보자. 앞면이 나타난 횟수는 0, 1, 2, 3일 수 있고 각각의 경우에 대한 확률을 구할 수 있을 것이다. 따라서 동전을 3번 던졌을 때 앞면이 나타난 횟수는 확률변수가 되며 이를 X라고 표시하자. 확률변수를 문자로서 나타내는 이유는 편리성 때문이다. 예를 들어 동전을 3번 던졌을 때 앞면이 1번 나타난 확률은 이제 간단히 $\Pr(X=1)$이라고 표시할 수 있다. 이제 이 확률을 구해 보자.

동전을 3번 던지는 시행의 표본공간은 확률나무를 이용하여 〈그림 3.11〉에 나타내었으며 아래 〈표 4.2〉의 왼쪽에 다시 나타내었다. 이 표에 의하면

$$\Pr(X=1) = \Pr(HTT,\ THT,\ TTH) = 3/8 \text{이다.}$$

마찬가지 방법으로 $\Pr(X=0)=1/8$, $\Pr(X=2)=3/8$, $\Pr(X=3)=1/8$이다. 따라서 확률변수 X가 가질 수 있는 값과 그 확률을 표로 정리하면 〈표 4.2〉의 오른쪽과 같고 이를 확률변수 X의 확률분포표라고 한다. 〈그림 4.2〉는 확률변수 X의 확률분포표를 그래프로 표시한 것이며 이를 확률변수 X의 질량함수라고 한다.

일반적으로 이산확률변수 X가 $x_1, x_2, \cdots, x_n$ 값을 갖고 각각의 값을 가질 확률이 $p_1, p_2, \cdots, p_n$이라고 하자. 그러면 확률변수 X는 〈표 4.3〉과 같이 표현되며 이를 확률

표 4.2 동전을 3번 던지는 시행의 표본공간과 앞면이 나타난 횟수(X)에 대한 확률분포

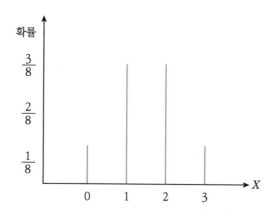

그림 4.2 동전을 3번 던지는 시행에서 앞면이 나타난 횟수(X)에 대한 질량함수

변수 X의 확률분포표라고 한다. 물론 〈표 4.3〉을 〈그림 4.2〉와 같이 그래프로 나타내면 질량함수라고 한다.

표 4.3 일반적인 이산확률변수의 표현(확률분포표)

X	x_1	x_2	$\cdots$	x_n
Pr	p_1	p_2	$\cdots$	p_n

여기서 제2장에서 설명한 상대도수 막대그림표와 질량함수의 관계에 대해 살펴보기로 하자. 식 (3.1)에 의하면 상대도수의 극한값이 확률이므로 상대도수 막대그림표의 극한이 질량함수라고 해석할 수 있다. 예를 들어 주사위를 던지는 시행에서 시행 횟수(n)에 따른 상대도수 막대그림표를 생각해 보자. 〈그림 3.2〉에는 $n = 10$, $n = 50$, $n = \infty$인 경우의 상대도수 막대그림표가 나타나 있다. 〈그림 3.2〉에서 맨 오른쪽에 있는 $n = \infty$인 경우의 상대도수 막대그림표가 바로 질량함수이다.

이산확률변수의 질량함수는 상대도수 막대그림표의 극한이다. 4.2

한편 〈표 4.2〉에서 왼쪽의 표본공간과 오른쪽의 확률분포의 관계를 살펴보면 표본공간은 확률분포에 의해 보다 간단하고 편리하게 표시되었음을 알 수 있다. 일반적으로 표본공간에서 어떤 확률변수의 확률분포를 구하고 나면 복잡한 표본공간은 다시 고려할 필요가 없어진다. 왜냐하면 그 확률변수에 관한 모든 확률은 확률분포에서 구할 수 있기 때문이다.

예를 들어 앞면이 나타난 횟수가 2미만일 확률은 확률변수 X의 확률분포에서 다음과 같이 계산할 수 있다.

$$\Pr(X < 2) = \Pr(X = 0 \text{ 또는 } X = 1)$$
$$= \Pr(X = 0) + \Pr(X = 1)$$
$$= 1/8 + 3/8 = 1/2$$

끝으로 식 (4.1)에서 정의한 확률변수를 좀 더 명확히 정의하기로 하자. 〈표 4.2〉에 의하면 표본공간을 구성하는 근원사건은 확률변수 X에 의해 실수 값 x와 대응하고 있음을 알 수 있다. 즉, 확률변수는 실수 값을 갖는 함수로서 정의역은 표본공간임을 알 수 있다.

확률변수는 표본공간에서 정의된 실수 값을 갖는 함수이다.   `4.3`

식 (4.3)은 확률변수를 명확히 정의하고 있다. 그러면 식 (4.1)에서 정의한 확률변수와 식 (4.3)에서 정의한 확률변수가 왜 다른지 살펴보기로 하자. 예를 들어 동전을 3번 던지는 시행에서 앞면이 나타난 회수를 확률변수 X라고 표시하고, 뒷면이 나타난 회수를 새로운 확률변수 Y라고 표시하자. 그러면 X와 Y는 분명히 다른 확률변수이지만 식 (4.1)에 의하면 똑같은 확률변수가 될 것이다. 즉, 식 (4.1)은 단지 확률변수에 대한 기본적인 개념을 설명하고 있을 뿐이지 엄밀한 의미에서 식 (4.1)은 확률변수의 정의라고 할 수는 없다. 그렇지만 통계학의 기초를 다루는 이 책의 내용을 이해하는 데는 확률변수를 식 (4.1)과 같이 정의하여도 충분하다고 생각한다.

2) 이산확률변수의 요약

일반적으로 이산확률변수 X가 x_1, x_2, $\cdots$, x_n 값을 갖고 각각의 값을 가질 확률이 p_1, p_2, $\cdots$, p_n이라고 하자. 이산확률변수 X의 평균, 분산, 그리고 표준편차는 식 (4.4)와 같이 정의되며 각각 μ_X, σ_X^2, σ_X라는 부호로 표시한다. 그러나 이들이 나타내는 확률변수가 분명할 때는 첨자를 생략하고 간단히 μ, σ^2, σ라고 표시한다. 제2장에서 일변량 데이터가 평균과 표준편차에 의해 요약된 것과 마찬가지로 이산확률변수 X도 평균과 표준편차에 의해 요약된다.

이산확률변수 X의 평균, 분산 그리고 표준편차는 다음과 같이 정의된다.

$$\text{평균} \quad \mu = \sum_{i=1}^{n} x_i \cdot p_i$$

$$\text{분산} \quad \sigma^2 = \sum_{i=1}^{n} (x_i - \mu)^2 \cdot p_i$$

$$\text{표준편차} \quad \sigma = \sqrt{\sigma^2} = \sqrt{\sum_{i=1}^{n} (x_i - \mu)^2 \cdot p_i}$$

4.4

식 (4.4)에서 정의한 이산확률변수 X의 평균과 분산의 의미를 〈예제 4.1〉을 통하여 살펴보기로 하자.

예제
4.1

1장당 500원에 팔리는 수택복권을 매주 480만 매 발행한다. 이 주택복권의 당첨금 내역은 다음과 같다. 아직 추첨하지 않은 주택복권 1장의 당첨금을 확률변수 X라고 표시하자.

1) 확률변수 X의 확률분포표를 구하여라.

2) 식 (4.4)를 이용하여 확률변수 X의 평균을 구하여라.

3) 2)에서 구한 확률변수 X의 평균에 대하여 그 의미를 현실적으로 설명하여라.

등위	당첨금	매수	당첨금 총액
1등	150,000,000원	2매	300,000,000원
다복상	1,000,000원	18매	18,000,000원
행운상	1,000,000원	10매	10,000,000원
2등	10,000,000원	2매	20,000,000원
3등	1,000,000원	12매	12,000,000원
4등	5,000원	4,800매	24,000,000원
5등	1,000원	96,000매	96,000,000원
6등	500원	1,440,000매	720,000,000원
등외	0원	3,259,156매	0원
합계		4,800,000매	1,200,000,000원

풀이

1) 당첨금 내역에 의하면 다복상, 행운상, 3등의 당첨금은 모두 1,000,000원이다. 그런데 당첨금액이 얼마일지 나타내는 확률변수 X에 대하여 알고자 할 때는 굳이 이 3범주를 구분할 필요가 없으므로 다음과 같은 확률분포표를 얻게 된다. 이 확률분포표에서는 확률에다 480만을 곱해서 자연수로 나타내었다. 이렇게 표현한 이유는 보기에 간편할 뿐만 아니라 계산이 편리하기 때문이다. 이 책에서는 앞으로도 자주 이렇게 표현하고자 한다.

X	150,000,000원	10,000,000원	1,000,000원	5,000원	1,000원	500원	0원
$\Pr \times 480$만	2	2	40	4,800	96,000	1,440,000	3,259,156

2) 식 (4.4)에 의하면 평균은 다음과 같다.
$$\mu = \{(150,000,000 \times 2) + \cdots + (500 \times 1,440,000) + (0 \times 3,259,156)\}$$
$$/4,800,000 = 1,200,000,000/4,800,000 = 250$$

3) 어떤 졸부가 480만 장의 주택복권을 모두 구입했고 추첨이 끝났다고 가정해보자. 이제 이 졸부가 갖고 있는 480만장의 당첨금에 대하여 식 (2.4)에서 정의한 일변량 데이터의 평균을 계산해 보자. 놀랍게도 그 과정은 2)에서 확률변수 X의 평균을 계산하는 과정과 완전히 똑같다. 다시 말해서, 아직 추첨하지 않은

주택복권 1장의 당첨금을 확률변수 X라고 하자. 그러면 식 (4.4)에 의해 확률변수 X의 평균을 구하는 과정과 식 (2.4)에 의해 주택복권 480만 장 전체에 대해 당첨금의 평균을 구하는 과정이 똑같다. 즉, 식 (4.4)에 의한 확률변수 X의 평균은 식 (2.4)에 의한 일변량 데이터의 평균과 똑같은 것이다. 그래서 식 (4.4)와 식 (2.4)는 공식이 다른데도 똑같이 평균이라고 부른다. 결론적으로 2)에서 구한 250원은 주택복권 480만 장 전체에 대해 당첨금의 평균으로 해석할 수 있다.

〈예제 4.1〉에서 480만 장의 주택복권 전체를 모집단으로 간주하고 그 중 주택복권 1장의 당첨금을 확률변수 X라고 하자. 그러면 모집단의 분포와 확률변수 X의 분포가 같다는 것을 알 수 있다. 다시 말하면 모집단 전체의 분포와 거기서 추출된 하나의 분포가 같다는 믿기 어려운 사실을 발견하게 되는데 이는 엄연한 사실이고 통계적 추론의 핵심이다. 이에 대해서는 6.2절에서 다시 논의하기로 하자.

한편 예제 4.1에서 아직 추첨하지 않은 주택복권 1장의 당첨금을 확률변수 X라고 하자. 이 복권의 당첨금은 0원부터 150,000,000원까지 여러 값이 될 수 있지만 이 복권이 얼마짜리인지 하나의 값으로 예상한다면 우리는 평균인 250원이라고 말할 것이다. 이러한 관점에서 확률변수 X의 평균을 확률변수 X의 기댓값(Expected Value)이라고도 하며, 이를 $E(X)$라고 표기하기도 한다.

확률변수 X의 평균 ≡ 확률변수 X의 기댓값

$$\mu \equiv E(X) = \sum_{i=1}^{n} x_i \cdot p_i$$

4.5

여기서 '≡'는 좌변과 우변이 동일한 것을 나타낸다는 뜻이다.

또 다른 관점에서 식 (2.4)에 있는 데이터의 평균과 식 (4.4)에 있는 확률변수의 평균을 비교하여 보자. 식 (2.4)에서 각 관측값 위에 동일한 무게의 추를 얹어 놓았을 때 평형을 이루는 점이 데이터의 평균 $\bar{x}$라면, 확률변수가 가질 수 있는 값 x_i에 p_i만큼의 추를 얹어 놓았을 때 평형을 이루는 점이 확률변수의 평균 μ이다.

일반적으로 확률변수의 어떤 함수 $g(X)$의 기댓값은 다음과 같이 정의한다.

$$E[g(X)] = \sum_{i=1}^{n} g(x_i) \cdot p_i$$

따라서 식 (4.4)에서 정의된 확률변수 X의 분산은 $(X-\mu)^2$의 기댓값인 $E[(X-\mu)^2]$으로 표시될 수 있으며, 이를 분산(variance)의 약자인 $Var(X)$라고도 표시한다.

확률변수 X의 분산 $\equiv$ 확률변수 $(X-\mu)^2$의 기댓값.

$$\sigma^2 \equiv Var(X) \equiv E[(X-\mu)^2] = \sum_{i=1}^{n} (x_i - \mu)^2 \cdot p_i$$

`4.6`

참고로 식 (4.4) 또는 식 (4.6)에서 정의된 이산확률변수의 분산 σ^2을 계산할 때 식 (4.7)을 이용하면 보다 간편하게 계산할 수 있다.

$$\sigma^2 = \sum_{i=1}^{n} x_i^2 \cdot p_i - \mu^2$$

또는 $Var(X) = E[X^2] - [E(X)]^2$

`4.7`

예제
4.2

동전을 세 번 던지는 시행에서 앞면이 나타난 횟수 X의 분산을 식 (4.4)와 식 (4.7)을 이용하여 구하여라.

풀이

확률분포표		평균 μ	식 (4.4)에 의한 σ^2			식 (4.7)에 의한 σ^2
x	$p(x)$	$xp(x)$	$x-\mu$	$(x-\mu)^2$	$(x-\mu)^2 p(x)$	$x^2 p(x)$
0	1/8	0	$-3/2$	9/4	9/32	0
1	3/8	3/8	$-1/2$	1/4	3/32	3/8
2	3/8	6/8	1/2	1/4	3/32	12/8
3	1/8	3/8	3/2	9/4	9/32	9/8
		$\mu=3/2$			$\sigma^2=3/4$	3

$$\sigma^2 = 3 - \left(\frac{3}{2}\right)^2 = \frac{3}{4}$$

4.2 이항분포

수없이 많은 이산확률변수 중에서 가장 중요한 것은 이항확률변수(binomial random variable)라고 할 수 있다. 동전을 n번 던지는 시행에서 앞면이 나온 횟수는 대표적인 이항확률변수의 예이고 그 밖의 몇 가지 사례는 〈표 4.4〉에 나타나 있다.

일반적으로 이항확률변수란 다음 3가지 조건을 만족하는 시행에서 성공한 횟수를 이항확률변수라고 하며 이항확률변수의 확률분포를 줄여서 이항분포(Binomial Distribution)라고 한다.

① 똑같은 시행을 독립적으로 n번 반복한다.

② 시행할 때마다 우리가 관심을 갖고 있는 사건이 발생하거나 또는 발생하지 않는다. 일반적으로 우리가 관심을 갖고 있는 사건이 발생한 경우를 성공(success)이라고 하고 발생하지 않은 경우를 실패(failure)라고 한다.

③ 한 번 시행에서 성공할 확률 θ는 시행에 따라 변하지 않는다.

표 4.4   이항확률변수의 예

시 행	성 공	실 패	성공할 확률 θ	n	성공한 횟수
동전 던지기	앞면	뒷면	1/2	던진 횟수	앞면의 횟수
신생아 성별 조사	딸	아들	0.45	조사 대상 수	딸의 수
실업률 조사	실직상태	취업상태	0.05	조사 대상 수	실업자의 수
여론 조사	찬성	반대	?	조사 대상 수	찬성자의 수

한 번 시행에서 성공할 확률이 θ인 시행을 독립적으로 n번 반복했을 경우 성공한 횟수를 확률변수 X로 표시하자. 그러면 n번 시행 중 x번 성공할 확률 $\Pr(X=x)$은 식 (4.8)로 표시되며 이를 이항분포라고 하고 기호로 $B(n, \theta)$라고 표시한다. 더 간략히 $X \sim B(n, \theta)$라고 표시한다. 여기서 '$\sim$'의 의미는 왼쪽의 분포가 오른쪽이라는 뜻이다.

$$\Pr(X=x) \equiv p(x) = \binom{n}{x}\theta^x (1-\theta)^{n-x}, \quad x = 0, 1, ..., n \qquad \boxed{4.8}$$

여기서 $\binom{n}{x}$는 n개 개체 중에서 x개를 선택하는 가짓수로서 식 (3.4)에서 정의하였으며 이를 이항계수(Binomial Coefficient)라고 한다. 예를 들어 동전을 5번 던졌을 때 2번 앞이 나올 확률은 식 (4.8)에 의해 다음과 같이 구할 수 있다.

$$\Pr(X=2) = \binom{5}{2}(1/2)^2 \cdot (1-1/2)^3 = 5/16.$$

식 (4.8)의 이항분포를 이용할 때, 앞에서 언급한 3가지 조건(①, ②, ③)이 만족되는지를 따져 보아야 한다. 예를 들어 고스톱에서 광팔기를 생각해 보자. 고스톱에서는 각자 7장을 갖고 시작하는데 이 중 광의 수를 확률변수 X라고 표시하자. 만약 48장의 화투에서 7장을 복원표집한다면 이 세 가지 조건은 만족되며 따라서 그 확률은 다음과 같다.

$$\Pr(X=x) = \binom{7}{x}(5/48)^x (1-5/48)^{7-x}, \quad x = 0, 1, ..., 7$$

그러나 실제로 고스톱에서는 7장을 비복원표집하기 때문에 첫 번째와 세 번째 조건은 만족되지 않는다. 왜냐하면 첫 장이 광일 확률은 5/48이나 두 번째 장이 광일 확률은 첫 장이 광이라면 4/47이고 광이 아니라면 5/47이다. 즉 앞 시행의 결과에 따라 다음 시행에서 성공할 확률이 달라지므로 독립시행도 아니며 성공할 확률이 일정하지도 않다. 이와 같은 경우에 식 (4.8)의 이항분포를 적용해서는 안 되며, 이 책에서는 다루지 않지만 이 경우는 초기하분포(Hypergeometric Distribution)라고 한다.

이항분포 $B(n, \theta)$를 요약하기 위하여 식 (4.4)를 이용하여 평균과 분산을 구해보자. 좀 복잡한 계산과정을 거치면 식 (4.9)와 같다는 것이 알려져 있고 증명 과정은 생략한다.

이항분포 $B(n, \theta)$의 평균과 분산; 평균 $\mu = n\theta$

분산 $\sigma^2 = n\theta(1 - \theta)$

4.9

한편 〈예제 4.2〉에서 구한 평균과 분산을 통하여 식 (4.9)를 확인하여 보자. 〈예제 4.2〉는 $B(3, 1/2)$인 경우이므로 $\mu = 3 \cdot 1/2 = 3/2$, $\sigma^2 = 3 \cdot 1/2 \cdot (1 - 1/2) = 3/4$임을 확인할 수 있다.

예제
4.3

여학생의 비율이 60%인 어느 학과에서 임의로 5명을 복원표집했을 때 여학생의 숫자를 확률변수 X라고 표시하자.

(1) 확률변수 X의 확률분포를 표시하여라.

(2) 임의로 추출된 5명 중 여학생이 3명 이상일 확률을 구하라.

(3) 확률변수 X의 평균과 분산을 구하여라.

풀이

(1) $X \sim B(5, 0.6)$이므로 식 (4.8)은 다음과 같이 표시된다.

$$p(x) = \binom{5}{x}(0.6)^x (0.4)^{5-x}, \ x = 0, 1, 2, 3, 4, 5$$

이 식에다 $x = 0, 1, 2, 3, 4, 5$를 대입하여 확률을 구하면 다음과 같은 확률분포를 얻게 된다.

확률분포표	
x	$p(x)$
0	0.010
1	0.077
2	0.230
3	0.346
4	0.259
5	0.078

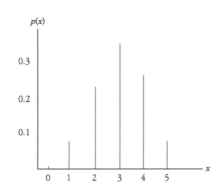

(2) $\Pr(X \geq 3) = p(3) + p(4) + p(5) = 0.346 + 0.259 + 0.078 = 0.683$이다.

(3) 식 (4.9)에 의해 $\mu = n\theta = 5(0.6) = 3$이고 $\sigma^2 = n\theta(1-\theta) = 5(0.6)(0.4) = 1.2$이다.

예제
4.4

해군 전투함이 간첩선을 향하여 포탄을 10발 발사했다. 과거 기록에 의하면 포탄 1발이 목표에 명중할 확률은 70%라고 하며, 간첩선을 격침시키기 위해서는 적어도 3발이 명중되어야 한다고 가정하자.

(1) 이항분포를 이용하여 간첩선이 격침될 확률을 구하여라.
(2) 이항분포가 되기 위한 세 가지 조건이 과연 만족되는지를 조사하여라.

풀이

(1) 10발 중 명중된 포탄의 수를 확률변수 X라고 표시하면 $X \sim B(10, 0.7)$이므로

$$\begin{aligned} \Pr(X \geq 3) &= 1 - \Pr(X \leq 2) \\ &= 1 - \{p(0) + p(1) + p(2)\} \\ &= 1 - (0 + 0.0001 + 0.0014) \\ &= 0.9985 \end{aligned}$$

(2) 포탄이 명중되지 않으면 그에 따라 수정을 한 후 발사하기 때문에 독립시행이라는 가정과 성공할 확률이 일정하다는 가정은 만족되기 어렵다.

4.3 연속확률변수

4.1절에서는 확률변수가 가질 수 있는 값의 가지 수를 셀 수 있는 이산확률변수에 대해 살펴보았고 여기서는 확률변수가 가질 수 있는 값의 가지 수가 셀 수 없이 많은 경우인 연속확률변수에 대하여 알아보고자 한다. 예를 들어 무작위로 추출한 어느 대학생의 키를 확률변수 X로 나타내기로 하자. 이때 $X = 173\text{cm}$라는 것은 실제로 $172.5\text{cm} \leq X < 173.5\text{cm}$인데 편의상 반올림해서 자연수로 나타낸 것이므로 이는 연속확률변수가 된다. 다른 연속확률변수의 예로서 몸무게, 속도, 거리 등을 생각할 수 있다.

〈그림 4.3〉은 표본의 개수 $n = 100, 200, 500, \infty$일 때 성인남자 키의 히스토그램을 가상적으로 나타낸 것이다. 이 그림에서 알 수 있듯이 표본의 크기가 증가하면 히스토그램에서 구간의 폭은 좁아질 것이다. 표본의 크기를 무한히 증가시키면 히스토그램에서 구간의 폭은 한없이 좁아질 것이고 궁극적으로 히스토그램은 어떤 곡선에 근접할 것

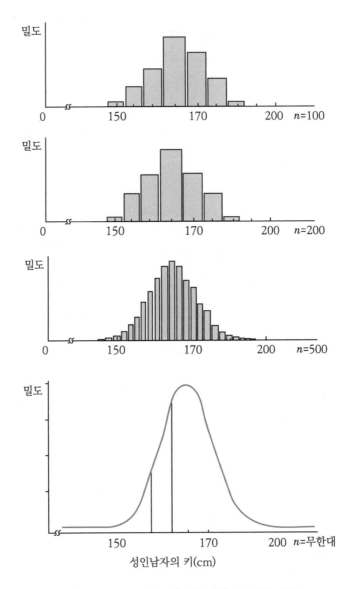

그림 4.3 **표본크기** n**에 따른 히스토그램의 형태**

이다. 이와 같이 표본의 크기를 무한히 증가시켰을 때 히스토그램의 극한곡선을 밀도함수 (Density Function)라고 한다.

연속확률변수의 밀도함수는 히스토그램의 극한곡선이다.   `4.10`

식 (4.2)에서 언급한 바와 같이 이산확률변수의 질량함수는 상대도수 막대그림표의 극한인데 비해 연속확률변수의 밀도함수는 히스토그램의 극한이다. 그리고 이산확률변수의 모든 것은 질량함수에 의해 규명되듯이 연속확률변수의 모든 것은 밀도함수에 의해 규명된다. 일반적으로 연속확률변수 X의 밀도함수를 $p(x)$라고 표시하면, $p(x)$는 식 (4.11)에 있는 3가지 조건을 만족해야 한다고 알려져 있다.

> 연속확률변수의 밀도함수 $p(x)$는 다음 세 조건을 만족한다.
> ① 모든 x에 대하여 $p(x) \geqq 0$.
> ② $\displaystyle\int_{-\infty}^{\infty} p(x)dx = 1$.
> ③ $\Pr(a \leqq X \leqq b) = \Pr(a < X < b) = \displaystyle\int_{a}^{b} p(x)dx$.

`4.11`

식 (4.11)의 의미를 설명하기 위해 p. 17에서 설명한 히스토그램의 세 가지 사항을 다시 나타내었다. 그런데 밀도함수 $p(x)$는 히스토그램의 극한이므로 식 (4.11)은 히스토그램의 세 가지 사항과 대응하게 된다.
① 히스토그램에서 밀도(상대도수/기둥의 폭)는 0보다 크거나 같다.
② 히스토그램에서 기둥의 면적의 합은 1이다.
③ 히스토그램에서 임의의 구간에 속한 비율은 그 구간의 면적과 같다.

특히 식 (4.11)의 ③이 성립하려면 임의의 값 a와 b에 대하여 아래 등식이 성립하여야 한다.

$$\Pr(X = a) = \Pr(X = b) = 0$$

즉, 연속확률변수의 경우 임의의 한 점에서 확률은 0이어야 한다는 뜻이다. 그러면 구간은 점들의 집합체인데 임의의 한 점에서 확률이 0이라면 어떻게 구간에 속할 확률은 존재할 수 있을까라는 의문을 갖게 된다. 이를 연속성 패러독스(Continuity Paradox)라고 하고 두 가지 관점에서 설명해 보고자 한다.

첫째, 만약 한 점에서 확률이 아주 작은 값이긴 하더라도 0은 아니라고 가정하자. 구간에는 수 없이 많은 점들이 있기 때문에 구간에 속할 확률은 무한대가 된다. 따라서 확률은 0과 1 사이의 값을 갖는다는 것에 모순된다. 둘째, 히스토그램에서 임의의 구간의 확률은 그 구간의 면적이다. 여기서 구간의 폭이 0에 수렴하면 그 구간의 면적(확률)도 0에 수렴할 것이다. 그런데 한 점은 구간의 폭이 0인 경우이므로 한 점에서 확률은 0이어야 한다.

여기서 이산확률변수의 분포를 왜 질량함수(Mass Function)라는 낯선 이름으로 붙였는지 이유를 생각해 보자. 연속확률변수에서는 한 점에서 확률이 존재하지 않는다. 즉, 확률은 0이다. 반면에 이산확률변수에서는 한 점에서 확률이 존재하므로 이를 질량(mass)이라고 본 것이다.

한편 연속확률변수 X의 평균과 분산 그리고, 표준편차는 식 (4.12)와 같이 정의된다. 식 (4.12)를 이산확률변수의 평균과 분산을 구하는 식 (4.4)와 비교하면 식 (4.12)는 식 (4.4)에서 Σ가 $\int dx$로 바뀐 것을 알 수 있다.

연속확률변수 X의 평균, 분산 그리고 표준편차는 다음과 같이 정의된다.

평균 $\mu = \int x p(x) dx$

분산 $\sigma^2 = \int (x - \mu)^2 \cdot p(x) dx$

표준편차 $\sigma = \sqrt{\int (x - \mu)^2 \cdot p(x) dx}$

4.12

여기서 적분하는 영역은 확률변수 X가 취할 수 있는 범위이다.

4.4 정규분포

이산확률분포 중에서 가장 중요한 분포가 이항분포라면 연속확률분포 중에서 가장 중요하고 자주 이용되는 분포는 정규분포(Normal Distribution)라고 할 수 있다. 이 정규분포의 중요성을 처음 인식한 사람은 독일의 위대한 수학자 Karl Friedrich Gauss (1777 – 1855)이며 그의 업적을 기리기 위해 가우스분포라고도 한다. 통계학에서 정규분포를 매우 중요시 하는 이유는 다음과 같다.

첫째, 물리현상이나 경제현상을 측정할 때 발생하는 오차의 분포가 실제로 정규분포에 근사한 경우가 있다. 둘째, 이항분포를 비롯한 몇몇 확률분포가 정규분포에 근사해질 수 있다는 것이 알려져 있다. 셋째, 제6장에서 통계학에서 가장 중요한 정리라고 하는 중심극한정리(central limit theorem)를 설명하는데 그 결과가 정규분포로 표시된다. 넷째, 정규분포는 가장 이상적인 분포이기 때문에 정규분포라고 가정할 경우 다루기가 편리해진다.

1) 밀도함수

평균이 μ이고 분산이 σ^2인 정규분포의 밀도함수를 식 (4.13)에 나타내었다. 평균이 μ이고 분산이 σ^2인 정규분포를 기호로 $N(\mu, \sigma^2)$라고 표시하고 확률변수 X의 분포가 $N(\mu, \sigma^2)$일 때 간략히 $X \sim N(\mu, \sigma^2)$라고 표시한다.

$$N(\mu, \sigma^2)\text{의 밀도함수: } p(x) = \frac{1}{\sqrt{2\pi}\,\sigma} \cdot e^{\frac{-1}{2}(\frac{x-\mu}{\sigma})^2}, \; -\infty < x < \infty$$

4.13

$$\text{여기서 원주율 } \pi = 3.14\cdots, \text{ 네이피어 상수인 } e = 2.71\cdots$$

식 (4.13)에 표시된 정규분포의 밀도함수를 그래프로 표시하면 이는 鍾모양의 곡선으로서 다음과 같은 성질을 갖고 있다.

(1) 오직 평균 μ와 표준편차 σ에 의해 결정된다.

(2) $x = \mu$에 대해 대칭이며 $x = \mu$일 때 최대값을 갖는다.

(3) x가 μ에서 멀어질수록 0에 가까워진다.

(4) σ가 클수록 넓게 퍼져 있다.

〈그림 4.4〉는 μ와 σ를 변화시키면서 정규분포의 밀도함수를 그래프로 표시한 것이다. 〈그림 4.4〉에 의하면 $N(5,1)$의 밀도함수는 $N(0,1)$의 밀도함수를 오른쪽으로 5만큼 평행이동 시킨 것이고, $N(5,4)$의 밀도함수는 $N(5,1)$의 밀도함수를 대칭점을 유지하면서 넓게 퍼뜨려 놓은 것임을 알 수 있다.

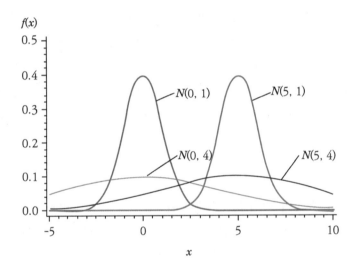

그림 4.4 정규분포의 밀도함수의 그래프

2) 표준정규분포에서 확률 계산

식 (4.13)에 있는 정규분포의 밀도함수는 오직 평균 μ와 표준편차 σ에 의하여 결정되며, $\mu = 0$이고 $\sigma = 1$일 때 가장 간단한 형태로 표시된다. 즉, 평균 $\mu = 0$이고 표준편차 $\sigma = 1$인 정규분포를 표준정규분포(Standard Normal Distribution)라고 한다. 식 (4.13)에서 $\mu = 0$, $\sigma = 1$을 대입하면 표준정규분포의 밀도함수는 다음과 같아진다.

표준정규분포의 밀도함수: $p(z) = \dfrac{1}{\sqrt{2\pi}} e^{\frac{-1}{2}z^2}, \quad -\infty < z < \infty$ **4.14**

통계학에서 표준정규분포가 차지하는 비중은 너무나 크기 때문에 표준정규분포를 따르는 확률변수를 나타내기 위하여 Z라는 문자를 특별히 배정해 두었다. 이 책에서는 별도의 설명이 없으면 Z는 표준정규분포를 따르는 확률변수를 나타내기로 한다. 이는 NBA의 전설인 Michael Jordan을 기리기 위해 Chicago Bulls에서 등번호 23번을 영구 결번으로 하는 것과 마찬가지이다. 즉, Chicago Bulls에서 등번호 23번은 Michael Jordan한테만 해당하고, 통계학에서도 아주 특별한 경우를 제외하고 Z는 표준정규분포를 따르는 확률변수만 나타낸다.

이제 표준정규분포를 따르는 확률변수 Z가 어떤 구간 $(a,\ b)$에 속할 확률, $\Pr(a < Z < b)$을 구해보자. 이 확률은 식 (4.11)의 세 번째 조건에 의하면 〈그림 4.5〉에 표시한 것과 같이 적분을 해야 하고, 그 적분 값은 〈그림 4.5〉에서 파란 부분의 면적

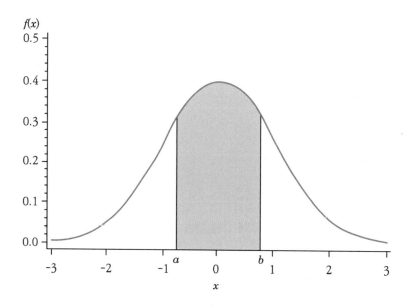

그림 4.5 $\Pr(a < Z < b) = \displaystyle\int_a^b \dfrac{1}{\sqrt{2\pi}} e^{\frac{-1}{2}z^2}\ dz$: **파란 부분의 면적**

이다. 그런데 이 적분은 불가능하기 때문에 빗금친 부분의 면적을 컴퓨터를 이용하여 근사값을 구하게 된다. 즉, 표준정규분포에서 확률은 참값은 구할 수 없고 대신에 근사값을 구하게 된다.

〈부록 표 2. 표준정규분포표〉는 z를 0.00부터 3.59까지 0.01 단위로 증가시키면서 $\Pr(Z < z)$을 나타낸다. 예를 들어 $\Pr(Z < 1.96)$을 구해보자. 우선 z의 소수점 첫째 자리까지 값(이 경우 1.9)을 표준정규분포표의 첫 번째 열에서 찾고 오른쪽으로 이동하면서 소수점 둘째자리(이 경우 6)에 해당하는 값을 찾으면 $\Pr(Z < 1.96) = 0.9750$이다.

일반적으로 부록 표 2. 표준정규분포표를 이용하여 $\Pr(a < Z < b)$을 구하는 데는 3가지 유형이 있다.

① a가 양수인 경우. 예컨대,

$$\Pr(1.64 < Z < 1.96) = \Pr(Z < 1.96) - \Pr(Z < 1.64) = 0.9750 - 0.9495 = 0.0255$$

② b가 음수인 경우. 예컨대,

$$\Pr(-1.96 < Z < -1.64) = \Pr(1.64 < Z < 1.96) = 0.0255$$

왜냐하면 표준정규분포의 밀도함수는 세로축에 대해 대칭이기 때문이다.

③ a는 음수이고 b는 양수인 경우. 예컨대,

$$\Pr(-1.64 < Z < 1.96) = \Pr(Z < 1.96) - \Pr(Z < -1.64) = 0.9750 - 0.0505 = 0.9245$$

왜냐하면 $\Pr(Z < -1.64) = \Pr(Z > 1.64) = 1 - \Pr(Z < 1.64) = 1 - 0.9495 = 0.0505$

예제
4.5

표준정규분포를 따르는 확률변수 Z에 대해 다음 확률을 구하라.

(1) $\Pr(Z > 1.64)$

(2) $\Pr(Z < -1.64)$

(3) $\Pr(1.0 < Z < 1.5)$

(4) $\Pr(-1 < Z < 2)$

(5) $\Pr(-1.64 < Z < 1.64)$

(6) $\Pr(-1.65 < Z < 1.65)$

(7) $\Pr(-1 < Z < 1)$

(8) $\Pr(-2 < Z < 2)$

풀이

(1) $\Pr(Z > 1.64) = 1 - \Pr(Z < 1.64) = 1 - 0.9495 = 0.0505.$

(2) $\Pr(Z < -1.64) = \Pr(Z > 1.64) = 1 - \Pr(Z < 1.64) = 1 - 0.9495 = 0.0505.$

(3) $\Pr(1.0 < Z < 1.5) = \Pr(Z < 1.5) - \Pr(Z < 1.0) = 0.9332 - 0.8413 = 0.0919.$

(4) $\begin{aligned}\Pr(-1 < Z < 2) &= \Pr(Z < 2) - \Pr(Z < -1)\\ &= \Pr(Z < 2) - \Pr(Z > 1)\\ &= \Pr(Z < 2) - (1 - \Pr(Z < 1))\\ &= 0.9772 - (1 - 0.8413) = 0.8185.\end{aligned}$

(5) $\begin{aligned}\Pr(-1.64 < Z < 1.64) &= \Pr(Z < 1.64) - \Pr(Z < -1.64)\\ &= \Pr(Z < 1.64) - \Pr(Z > 1.64)\\ &= \Pr(Z < 1.64) - (1 - \Pr(Z < 1.64))\\ &= 0.9495 - (1 - 0.9495) = 0.8990.\end{aligned}$

(6) $\begin{aligned}\Pr(-1.65 < Z < 1.65) &= \Pr(Z < 1.65) - \Pr(Z < -1.65)\\ &= \Pr(Z < 1.65) - \Pr(Z > 1.65)\\ &= \Pr(Z < 1.65) - (1 - \Pr(Z < 1.65))\\ &= 0.9505 - (1 - 0.9505) = 0.9010.\end{aligned}$

(7) (5)와 마찬가지로

$\begin{aligned}\Pr(-1 < Z < 1) &= \Pr(Z < 1) - (1 - \Pr(Z < 1))\\ &= 0.8413 - (1 - 0.8413) = 0.6826.\end{aligned}$

(8) (5)와 마찬가지로

$\begin{aligned}\Pr(-2 < Z < 2) &= \Pr(Z < 2) - (1 - \Pr(Z < 2))\\ &= 0.9772 - (1 - 0.9772) = 0.9544.\end{aligned}$

〈예제 4.5〉에서 (5)와 (6)을 종합하면 $\Pr(-1.645 < Z < 1.645) = 0.90$임을 알 수 있다.

그리고 (7), (8)의 결과는 자주 이용되기 때문에 이를 요약하면 식 (4.15)와 같다.

표준정규분포에서는 다음이 성립한다.
$$\Pr(-1 \quad < Z < 1 \quad) \simeq 68\%$$
$$\Pr(-1.645 < Z < 1.645) \simeq 90\%$$
$$\Pr(-2 \quad < Z < 2 \quad) \simeq 95\%$$

4.15

3) 표준화

앞에서 표준정규분포의 밀도함수인 식 (4.14)는 식 (4.13)에 있는 $N(\mu, \sigma^2)$의 밀도함수에 $\mu = 0$, $\sigma = 1$을 대입해서 얻어졌다. 여기서는 $N(\mu, \sigma^2)$을 따르는 확률변수 X와 표준정규분포를 따르는 확률변수 Z와의 관계를 살펴보기로 하자. 이 책의 범위는 벗어나지만 $N(\mu, \sigma^2)$을 따르는 확률변수 X를 $Z = (X - \mu)/\sigma$로 변환하면 변환된 확률변수 Z는 표준정규분포를 따른다는 사실이 알려져 있고 이러한 변환을 표준화(Standarization)라고 한다.

표준화: $Z = \dfrac{X - \mu}{\sigma}$

4.16

즉, 표준화는 $N(\mu, \sigma^2)$를 따르는 확률변수 X에 대해 평균 μ를 빼주고 나서 표준편차 σ로 나누어주는 변환이며, 이렇게 변환된 새로운 확률변수 Z는 표준정규분포를 따르게 된다. 표준화의 의미를 직관적으로 이해하기 위해 예를 들어 설명하기로 하자. 어느 고등학교 학생들의 키의 분포가 평균이 170cm이고 표준편차가 6cm인 정규분포를 따른다고 가정하고, 키가 182cm인 어느 학생이 그 고등학교 학생들 중에서 얼마나 큰 학생인지를 나타낼 수 있는 방법을 생각해 보자.

첫째, 그 학생의 키로써 나타낼 수 있는데 키가 182cm라는 사실만으로는 얼마나 큰 학생인지 알 수 없을 것이다. 둘째, 평균과의 차이로 나타낼 수 있는데, 이 학생의 경우

평균보다 12㎝ 크다는 것도 그 고등학교 학생들의 키의 분포가 집중되어 있는 경우라면 꽤 크다고 할 수 있지만 키의 분포가 넓게 퍼져 있는 경우라면 그리 크다고 할 수 없을 것이다. 셋째, 평균과의 차이를 표준편차로 나누어서 단위가 없는 상대적인 값으로 나타낼 수 있는데 이것이 바로 표준화이다. 키가 182㎝인 학생의 표준화된 값 2는 그 학생의 키가 평균보다 표준편차의 2배만큼 크다는 것을 뜻한다. 즉,

$$2 = (학생의\ 키 - 평균)/표준편차 \Rightarrow 학생의\ 키 = 평균 + 2표준편차$$

식 (4.15)의 세 번째 등식에 의하면 표준화 된 값이 2보다 클 확률은 2.5%이다. 따라서 키가 182㎝인 학생은 상위 2.5%임을 알 수 있다.

4) 일반적인 정규분포에서 확률계산

확률변수 $X \sim N(\mu, \sigma^2)$일 때 $\Pr(a < X < b)$을 구해 보자. 아래 등식에 의하면 이 확률은 표준정규분포에서 $\dfrac{a-\mu}{\sigma}$와 $\dfrac{b-\mu}{\sigma}$ 사이의 면적을 계산하면 된다.

$$\begin{aligned}
\Pr(a < X < b) &= \Pr(a - \mu < X - \mu < b - \mu) \\
&= \Pr\left(\frac{a-\mu}{\sigma} < \frac{X-\mu}{\sigma} < \frac{b-\mu}{\sigma}\right) \\
&= \Pr\left(\frac{a-\mu}{\sigma} < Z < \frac{b-\mu}{\sigma}\right)
\end{aligned}$$

일반적으로 평균 μ를 기준으로 좌우로 $k \cdot \sigma$ 만큼 벌어져 있는 구간을 k 표준편차 구간이라고 한다. 식 (4.15)에 의하면 표준정규분포에서 1표준편차구간에 속할 확률은 68%이고, 그리고 2표준편차구간에 속할 확률은 95%임을 알 수 있다. 표준화를 이용하면 표준정규분포에서 얻어진 식 (4.15)는 $N(\mu, \sigma^2)$에서는 식 (4.17)과 같이 표시됨을 알 수 있다. 식 (4.15)와 식 (4.17)을 종합하면 정규분포에서 1표준편차구간에 속할 확률은 68%이고, 그리고 2표준편차구간에 속할 확률은 95%임을 알 수 있다. 만약 이 교재에서 꼭 외워야 할 공식 하나를 선정한다면 아마 식 (4.17)일 것이다.

$$N(\mu,\ \sigma^2)\text{에서},\ \Pr(\mu-\sigma < X < \mu+\sigma)=\Pr(-1 < Z < 1) \simeq 68\%$$
$$\Pr(\mu-2\sigma < X < \mu+2\sigma)=\Pr(-2 < Z < 2) \simeq 95\%$$

4.17
4.15 참조

예제
4.6

대입 수능 성적의 분포가 $N(180,\ 50^2)$을 따른다고 가정하고 다음 비율을 구하라.
(1) 270점 이상 득점자의 비율.
(2) 260점 이상 득점자의 비율.

풀이

대입 수능 성적을 확률변수 X로 표시하면 $X \sim N(180,\ 50^2)$

(1) $\Pr(X \geq 270)=\Pr\{(X-180)/50 > (270-180)/50)\}=\Pr(Z \geq 1.8)=0.036$

(2) $\Pr(X \geq 260)=\Pr\{(X-180)/50 > (260-180)/50)\}=\Pr(Z \geq 1.6)=0.055.$

참고로 전체 응시자 712,216명 중에서 270점 이상 득점자는 26,914명이고 260점 이상 득점자는 41,374명이므로 실제 비율은 각각 0.0378, 0.0581이었다. 이 경우 학력고사 성적의 분포가 $N(180,\ 50^2)$이라고 가정하고 구한 비율은 실제 비율에 매우 근사함을 알 수 있다.

〈예제 4.5〉에서 우리는 매우 중요한 사실을 발견할 수 있다. 대입 수능 응시자는 대략 70만 명이고 이들의 성적이 정규분포를 따른다고 가정하자. 그리고 70만 명 성적의 평균과 분산을 구했다고 하자. 정규분포는 오직 평균과 분산에 의해 규명되기 때문에 이 경우 대푯값으로서 평균과 산포도로서 분산만 알면 70만 명의 성적을 매우 잘 요약할 수 있다.

4.5 확률변수의 선형변환

관측값의 선형변환(Linear Transformation)에 대해서는 식 (2.9)에서 언급한 바 있고 여기서는 확률변수의 선형변환에 대해서 살펴보기로 하자. 임의의 상수 a, b와 두 확률변수 X, Y에 대하여 $Y = a + bX$로 표시되면, Y를 X의 선형변환이라 한다.

$Y = a + bX$로 표시되면, Y를 X의 선형변환이라 한다.

4.18

2.9 참조

확률변수 X의 평균과 표준편차를 μ_X, σ_X 라고 표시하고 확률변수 Y의 평균과 표준편차를 μ_Y, σ_Y라고 표시하자. 선형변환 된 확률변수 Y의 평균과 표준편차는 Y의 확률분포를 구하지 않고도 식 (4.19)에 의해 간단히 구할 수 있다.

$$만약\ \ Y = a + bX이면,\ \mu_Y \equiv E[Y] = a + b\mu_X$$
$$\sigma_Y \equiv \sqrt{Var[Y]} = \mid b \mid \sigma_X$$

4.19

식 (4.19)에 의하면 Y가 X의 선형변환이면 μ_Y는 μ_X의 똑같은 선형변환이고 σ_Y는 절편 a와는 무관하고 기울기 b의 절대값에 σ_X를 곱해 준 것이 된다. 예를 들어 살펴보기로 하자.

$Y = a + bX$이고 확률변수 X의 분포가 다음과 같다고 하자.

X	x_1	x_2	x_3
Pr	p_1	p_2	p_3

그러면 Y의 분포는 다음과 같다.

Y	$a + bx_1$	$a + bx_2$	$a + bx_3$
Pr	p_1	p_2	p_3

Y의 분포에서 식 (4.4)를 이용하여 Y의 평균과 표준편차를 구해보면 식 (4.19)를 확인할 수 있다. 즉,

$$E[Y] = (a+bx_1)p_1 + (a+bx_2)p_2 + (a+bx_3)p_3$$
$$= a(p_1+p_2+p_3) + b(x_1p_1+x_2p_2+x_3p_3)$$
$$= a+b\mu_X$$

$$Var[Y] = [a+bx_1-(a+b\mu_X)]^2p_1 + [a+bx_2-(a+b\mu_X)]^2p_2 + [a+bx_3-(a+b\mu_X)]^2p_3$$
$$= b^2[(x_1-\mu_X)^2p_1 + (x_2-\mu_X)^2p_2 + (x_3-\mu_X)^2p_3]$$
$$= b^2\sigma_X^2$$

따라서 $\sigma_Y = \sqrt{Var[Y]} = |b|\sigma_X$

식 (4.19)는 매우 중요한 의미를 갖는다. 왜냐하면 일반적으로 확률변수 Y의 평균과 표준편차를 구하려면 확률변수 Y의 분포를 알아야 한다. 만약 Y가 이산확률변수라면 식 (4.4)를 이용하고, Y가 연속확률변수라면 식 (4.12)를 이용하여 Y의 평균과 표준편차를 구한다. 그러나 식 (4.19)는 Y의 분포를 구하지 않고도 Y의 평균과 표준편차를 구할 수 있는 방법이 있다는 것을 보여준다. 즉, Y가 X의 선형변환이고 Y 보다는 X의 분포가 단순할 경우 Y의 평균과 표준편차를 구하기 위해 식 (4.19)를 이용하면 편리하다.

예제 4.7

확률변수 X의 평균을 μ, 표준편차를 σ라고 표시하고, 식 (4.16)에서 정의된 바와 같이 X의 표준화를 $Z = \dfrac{X-\mu}{\sigma}$ 라고 표시하자. 그러면 확률변수 Z의 평균은 0이고 표준편차는 1임을 보여라.

풀이

$Z=\dfrac{X-\mu}{\sigma}=\dfrac{-\mu}{\sigma}+\dfrac{1}{\sigma}X$이므로 표준화된 Z는 X의 선형변환으로서 $a=-\dfrac{\mu}{\sigma}$이고 $b=\dfrac{1}{\sigma}$인 경우이다. 따라서 확률변수 Z의 평균과 분산을 각각 μ_Z, σ_Z라고 표시하면 식 (4.19)에 의해 $\mu_Z=a+b\mu_X=-\mu/\sigma+(1/\sigma)\mu=0$이고 $\sigma_Z=\mid b\mid\sigma=(1/\sigma)\sigma=1$이다. 즉, 식 (4.16)에서 언급한 표준화는 선형변환의 특수한 예임을 알 수 있다.

예제 4.8

어느 신혼부부가 3명의 아이를 낳을 계획이라고 하고 딸의 출생 확률이 0.480이라 하자. 이때 딸의 숫자를 확률변수 X라고 표시하자. 또한 아이들의 한 달 양육비를 확률변수 Y라고 표시하고, $Y=50{,}000+20{,}000X$라고 가정하자. 이 선형식은 아이 3명을 키우는데 월 50,000원이 들며 여자 아이 1명당 월 20,000원씩 추가된다는 것을 의미한다. 이때 Y의 평균과 표준편차를 구하여라.

풀이

확률변수 X는 $n=3$, $\theta=0.48$인 이항분포를 따르므로 식 (4.9)에 의해 $\mu_X=3(0.48)=1.44$이고 $\sigma_X=\sqrt{3(0.48)(0.52)}=0.87$이다. 따라서 식 (4.19)에 의해

$$\mu_Y=50{,}000+20{,}000(1.44)=78{,}800$$
$$\sigma_Y=20{,}000(0.87)=17{,}400.$$

참고로 Y의 평균 μ_Y와 표준편차 σ_y를 식 (4.19)를 이용하지 않고 Y의 확률분포표로부터 직접 구하는 것을 생각해 보자. Y의 확률분포는 X의 확률분

포로부터 얻어지는데 다음과 같다. 따라서 평균 μ_Y와 표준편차 σ_Y는 복잡한 계산 과정을 거쳐 $\mu_Y = \sum y \cdot p(y) = 78,800$ 이고 $\sigma_Y = \sqrt{\sum(y-\mu)^2 \cdot p(y)} = 17,400$ 이라는 것을 알게 된다.

이와 같이 Y가 X의 선형변환일 때 식 (4.19)를 이용하면 Y의 확률분포를 구하지 않고도 Y의 평균과 표준편차를 쉽게 구할 수 있다.

X의 확률분포		Y의 확률분포	
x	$p(x)$	y	$p(y)$
0	0.14	50,000	0.14
1	0.39	70,000	0.39
2	0.36	90,000	0.36
3	0.11	110,000	0.11

예제
4.9

수천억 원의 재산을 갖고 있는 갑이 소유하고 있는 야산에서 금맥이 발견되었다. 전문가의 감정에 의하면 100억 원 상당의 금이 매장되어 있을 확률이 30%, 20억 원 상당의 금이 매장되어 있을 확률이 50% 그리고 헛일 할 확률이 20%라고 한다. 또한 채굴하는데 3억 원의 기본비용과 채굴된 금값의 40%가 필요하다고 한다. 그런데 A라는 개발회사에서 채굴을 대행해주고 대신 채굴된 금값의 50%를 수수료로 지불하는 조건으로 계약을 맺자고 갑에게 제안해 왔다. 만약 갑이 당신에게 조언을 구한다면 무어라 대답해 주겠는가.

풀이

매장된 금값을 확률변수 Y라고 표시하자. Y의 분포는 다음과 같고 $E(Y) = 40$억,

$Var(Y) = (40억)^2$ 이다.

Y	0원	20억 원	100억 원
Pr	0.2	0.5	0.3

한편 개발을 의뢰할 경우 이익을 확률변수 U라 표시하자.

$U = 0.5Y$ 이므로 식 (4.19)에 의해 $E(U) = 20억$, $Var(U) = (20억)^2$ 이다.

직접 개발할 경우 이익을 확률변수 V라 표시하자.

$V = Y - (3억 + 0.4Y) = 0.6Y - 3억$ 이므로 식 (4.19)에 의해 $E(V) = 24억 - 3억 = 21억$, $Var(V) = 0.36(40억)^2 = (24억)^2$ 이다.

이 경우 $E(U)$는 $E(V)$에 비해 약간 작고 $Var(U)$ 역시 $Var(V)$에 비해 약간 작다. 따라서 U는 저수익 저위험이라고 할 수 있고 반면에 V는 고수익 고위험이라고 할 수 있다. 개발을 의뢰할지 아니면 독자적으로 개발할지는 인생관에 의해 결정할 문제라고 생각한다.

K 알고 넘어 갑시다
NOW

1) 확률변수를 악기에 비유해 보자. 이산확률변수는 그 변수가 갖는 값 사이에 공백이 있기 때문에 음과 음 사이에 공백이 있는 피아노에 비유될 수 있을 것이다. 반면에 연속확률변수는 그 변수가 갖는 값 사이에 공백이 없기 때문에 음과 음 사이에 공백이 없는 바이올린에 비유될 수 있을 것이다.

2) 유로가 통용되기 전에 독일의 10mark 지폐에는 Gauss 초상화와 정규분포 밀도함수가 나타나 있었다. Gauss는 독일이 자랑하는 수학자이다.

연습문제
EXERCISE

01 아래 사항이 사실인지 거짓인지 구별하여라. 만약 사실이면 "True"라고 적어라. 만약 거짓이면 "False"라고 적고 그 이유를 간략히 설명하여라.

1) 정규분포에서 평균과 중앙값은 언제나 일치하지는 않는다.

2) 정규분포에서 표준편차는 사분위간 범위보다 언제나 작다.

3) 표준화는 선형변환의 특수한 경우이다.

02 아래 문항의 괄호를 채워라.

1) 일반적으로 어떤 확률변수에 대해 우리가 알고자 하는 것은 (   ), (   ), (   )이다.

2) 이산확률변수는 (   )함수에 의해 규명되고, 연속확률변수는 (   )함수에 의해 규명된다.

3) 이산확률변수의 분포 중에서 가장 대표적인 분포는 (   )분포이고, 연속확률변수의 분포 중에서 가장 대표적인 분포는 (   )분포이다.

4) 한 번 시행에서 성공할 확률이 0.2인 시행을 50번 독립적으로 반복한 경우 성공한 횟수의 분포를 기호로 쓰면 (   ).

5) 평균이 −5이고 분산이 7인 정규분포를 기호로 쓰면 (   ).

03 이산확률변수에 대하여 아래 물음에 답하여라.

1) 관심이 있는 이산확률변수의 예를 하나 들어라.

2) 1)에서 제시한 확률변수의 분포를 제시하여라.

3) 2)에서 제시한 분포의 평균과 표준편차는 얼마일 것으로 예상하는가? 계산하지 말고 왜 그럴 것으로 예상하는지 그 이유를 기술하여라.

04 연속확률변수에 내하여 아래 물음에 답하여라.

1) 관심이 있는 연속확률변수의 예를 하나 들어라.

2) 1)에서 제시한 확률변수의 분포를 제시하여라.

3) 2)에서 제시한 분포의 평균과 표준편차는 얼마일 것으로 예상하는가? 계산하지 말고 왜 그럴 것으로 예상하는지 그 이유를 기술하여라.

05 다음은 SBS 인기 드라마 '올인'에 출연한 이병헌이 도박사가 되기 위해 Las Vegas에 교육을 받으러 갔을 때 받은 첫 질문이다. 일반 시청자가 이해할 수 있는 수준에서 답하여라.

"주사위를 던져서 1의 눈이 나오면 너에게 $6을 주고, 1의 눈이 안 나오면 네가 $1을 내야하는 게임이 있다면 너는 이 게임을 하겠는가?"

06 하모 야구해설위원은 중계할 때 가끔 이런 말을 한다. "3할 타자는 평균적으로 매 게임 안타를 하나는 치거든요. 그런 타자가 앞의 3타석에서 안타를 못 쳤다면 4번째 타석에서는 안타를 칠 확률이 그만큼 농축되는 것이거든요. 그러니까 투수는 이 점을 고려해서 피칭을 해야 합니다." 이러한 하위원의 주장에 대하여 자신의 견해를 적어라.

07 확률변수 X의 확률분포가 다음과 같다고 한다. 확률변수 X의 평균과 분산을 구하여라.

X	0	1	2	3
Pr	0.03	0.09	0.37	0.51

08 아래와 같이 10장의 카드가 들어 있는 상자에서 2장의 카드를 비복원추출하였고 추출된 카드 2장의 합을 확률변수 X라고 정의하자.

2 2 2 2 2 3 3 4 5 5

1) 확률변수 X의 확률분포를 구하여라.
2) 확률변수 X의 평균과 분산을 구하여라.

09 주사위 A, B를 동시에 던졌을 때, A에서 나타난 눈을 확률변수 U라 표시하고 B에서 나타난 눈을 확률변수 V라 표시하자. 이 때 두 눈의 차이를 확률변수 X라 표시하자. 즉, $X = |U - V|$이다.

1) X의 확률분포를 구하여라.
2) X의 평균과 분산을 구하여라.

10 확률변수 X의 분포가 $B(3, 0.7)$라고 가정하자.

1) X의 질량함수를 구하여라.
2) X의 평균과 분산을 구하여라.
3) $\Pr(X \leq 1)$를 구하여라.

11 아들을 낳을 확률이 52%라고 가정하고 어느 신혼부부가 낳은 3명의 아이 중 남아의 수를 확률변수 X라고 하자. 그리고 여아의 수를 확률변수 Y라고 하자.

1) 확률변수 X의 확률분포를 구하여라.
2) 확률변수 Y의 확률분포를 구하여라.

12 보험설계사인 A가 가정 방문을 해서 보험을 팔 확률은 어느 집에서나 0.1이라고 가정하자. 어느 날 아침에 A가 5집을 방문하기로 하고 집을 나섰다. 이 날 A가 보험을 판 건수를 확률변수 X라 표시하자.

1) 확률변수 X의 분포를 구하여라.
2) 이 날 A가 적어도 공치지 않을 확률을 구하여라.

13 앞면이 나타날 때까지 동전을 던지는 시행에서 던진 횟수에 대한 확률분포를 구하여라.

14 서울시민 중에서 실향민의 비율이 20%라고 가정하자. 서울시민 10명을 임의로 추출했을 때 그 중 실향민의 수에 대한 확률분포를 구하여라.

15 하와이 주민의 구성비는 아시아인 60%, 백인 30%, 흑인 10%라고 한다. 만약 하와이 주민 중에서 10명을 무작위로 추출했을 때

1) 표본 중에서 아시아인이 과반수일 확률을 구하여라.
2) 표본 중에서 흑인이 하나도 없을 확률을 구하여라.
3) 표본으로 추출된 아시아인의 숫자의 평균과 분산을 구하여라.

16 어느 과목의 시험 문제가 10개의 True/False 문제로 구성되어 있다. 시험 준비를 전혀 하지 못한 갑돌이는 한숨을 돌리고 조용히 동전을 던져서 앞이 나오면 'True', 뒤가 나오면 'False'라고 답했다. 이 때 갑돌이가 맞힌 정답의 개수를 확률변수 X로 나타내자.

1) X의 확률분포, 기대값과 분산을 구하라.
2) 기본 점수 40점에 문제당 6점으로 채점할 때, 갑돌이 점수의 평균과 분산을 구하라.
3) 갑돌이가 90점 이상을 받을 확률을 구하라.

17 어느 과목의 기말고사 문제가 10개의 4지 선다형 문제로 구성되어 있다고 가정하자.

1) 만약 어느 학생이 10문제 모두 무작위로 정답을 적은 경우 5문제 이상 맞출 확률을 구하여라.

2) 만약 어느 학생이 문제마다 하나의 틀린 항목을 제외하고 나머지 3개 항목 중에서 무작위로 정답을 적은 경우 5문제 이상 정답을 맞출 확률을 구하여라.

3) 만약 어느 학생이 문제마다 두 개의 틀린 항목을 제외하고 나머지 2개 항목 중에서 무작위로 정답을 적은 경우 5문제 이상 정답을 맞출 확률을 구하여라.

18 어느 과목의 시험 문제가 20개의 4지 선다형 문제로 구성되어 있다. 시험 준비를 조금 한 갑돌이는 10개 문제의 정답은 알 수 있었으나 나머지 10개 문제는 무작위로 답했다. 이 때 갑돌이가 맞힌 정답의 개수를 확률변수 X로 나타내자.

1) X의 확률분포, 기대값과 분산을 구하라.

2) 문제당 5점으로 채점할 때, 갑돌이 점수에 대한 확률분포를 구하여라.

3) 2)의 결과를 이용하여 갑돌이 점수의 평균과 분산을 계산하여라.

4) 선형변환을 이용하여 갑돌이 점수의 평균과 분산을 구하고, 3)의 결과와 일치함을 보여라.

19 어느 과목의 시험 문제가 100개의 4지 선다형 문제가 있고 정답은 +2점, 오답이면 −1점으로 처리한다. 갑돌이는 40개 문제의 정답은 알 수 있었으나 나머지 60개 문제는 무작위로 답했다. 갑돌이 점수는 몇 점일 것으로 예상하는가?

20 모집단의 분포가 $N(\mu, \sigma^2)$이라고 가정하는 경우를 흔히 볼 수 있다. 이러한 가정은 현실적으로 무엇을 의미하는지 설명하여라.

21 표준정규분포 $N(0, 1)$을 따르는 모집단에서 20개 표본을 추출하였다고 가정하고 산점도를 그려보아라.

22 표준정규분포를 따르는 확률변수 Z에 대하여 다음 확률을 구하여라.

1) $\Pr(Z > 0.6)$　　　　　　　　　2) $\Pr(1.6 < Z < 2.3)$

3) $\Pr(Z < 1.64)$　　　　　　　　　4) $\Pr(-1.64 < Z < 1.02)$

23 확률변수 $X \sim N(100, 25)$일 때 다음 확률을 구하여라.

1) $\Pr(X = 100)$　　　　　　　　　2) $\Pr(X > 100)$

3) $\Pr(X \geq 100)$　　　　　　　　　4) $\Pr(X > 110)$

24 한국 성인남자 키의 분포는 정규분포에 근사하며 평균은 170cm이고 표준편차는 10cm라고 한다.

1) 키가 190cm 이상인 사람의 비율을 구하여라.

2) 키가 160cm 이하인 사람의 비율을 구하여라.

3) 키가 165cm 이상 175cm 이하인 사람의 비율을 구하여라.

25 임의의 확률변수 X에 대하여 다음을 만족하는 x를 제 100α 백분위수라고 한다.

$$\Pr(X \leq x) = \alpha, \quad 0 \leq \alpha \leq 1$$

확률변수 X의 분포가 $N(100, 25)$일 때 다음 백분위수를 구하여라.

1) 제5백분위수　　　　　　　2) 제10백분위수

3) 제95백분위수　　　　　　　4) 제99백분위수

26 S전자 브라운관의 수명을 조사하였더니 그 분포가 $N(10000, 3000^2)$라고 한다. S전자 브라운관의 수명에 대한 사분위간 범위(IQR)를 구하여라.

27 S대학교 신입생들의 수학능력시험 성적은 $N(350, 400)$라고 가정하자.

1) 신입생 1명을 무작위 추출한 경우 그 학생의 성적이 370점 이상일 확률을 구하여라.

2) 신입생 5명을 무작위 추출한 경우 모두 다 370점 이상 득점했을 확률을 구하여라.

3) 상위 10% 학생들에게 장학금 혜택이 있다고 할 때 적어도 몇 점을 받아야 장학금을 받을 수 있겠는가?

28 S전기에서는 자동차 배터리 수명이 획기적으로 연장된 신제품을 개발하였다. 개발부서에서 실험한 데이터에 의하면 신제품의 수명은 $N(7, 4)$라고 한다. S전기에서는 시장을 석권하기 위해서 새로운 판매전략을 구상하고 있다. 즉, 판매 후 5년 이내에 배터리의 수명이 다할 경우에는 일차에 한하여 무료로 새 것으로 교환해 주는 보장(Warranty) 제도를 도입하고자 한다. 배터리 생산 원가는 5만원이고 판매가는 6만원이라고 한다.

1) 배터리를 100개 팔았을 때 교환해 줘야 하는 배터리 숫자의 분포를 구하여라.

2) 배터리를 100개 팔면 평균적으로 몇 개를 교환해 줘야 하는가?

3) 배터리를 100개 팔면 평균적으로 이익이 얼마나 될까?

4) 배터리 하나를 팔았을 때 발생하는 이익의 평균(기대값)을 구하여라.

5) 3)과 4)의 결과는 어떠한 차이가 있는가?

6) 배터리 하나를 팔았을 때 발생하는 이익의 평균(기대값)이 1,000원이 되도록 하려면 수명

을 대략 몇 년으로 보장해 주어야 하는가?

29 명예퇴직한 甲은 퇴직금으로 2000만 원을 받았으나 개인 사업을 하기에는 턱없이 모자라다는 사실을 깨달았다. 궁리 끝에 甲은 그 돈으로 강원랜드에 가서 룰렛 게임을 하기로 했다. 한번에 1000만원씩 자신이 좋아하는 7번에 베팅하기로 했다. 만약 두 번 중 한 번이라도 7이 나타나면 1000만원의 35배인 3억 5000만원을 타게 될 것이고 그 정도면 개인 사업을 할 만하다고 생각했다.

1) 甲이 개인 사업을 할 가능성은 어느 정도로 예상되는가?

2) 베팅단위를 10만원씩 200번을 할 경우 甲에게 남은 돈의 분포를 구하여라.

3) 1)과 2)를 통하여 얻을 수 있는 결론을 3줄 정도로 기술하여라.

30 H기획에서는 4월 16일 어느 인기가수의 야외 음악회를 개최하려고 계획하고 있다. H기획에서는 입장객 수가 날씨에 따라 다음과 같을 것으로 예측하고 있다.

날씨	비	때때로 비	흐림	맑음
입장객 수	2,000	5,000	10,000	30,000

또한 기상대에 문의한 결과 지난 10년 동안 4월달 날씨의 상대도수가 다음과 같다고 한다.

날씨	비	때때로 비	흐림	맑음
상대도수	0.1	0.1	0.3	0.5

1) 입장객 수의 평균(기대값)을 구하여라.

2) 야외 음악회를 개최하는 데는 입장객 1인당 장내유지비로 500원, 밴드 비용으로 5,000,000원, 장소임대료 및 기타경비로 10,000,000원이 든다고 한다. 1인당 입장료를 3,000원으로 책정할 때 야외 음악회를 개최함으로써 얻게 되는 수입의 평균(기대값)과 분산을 구하여라.

Chapter 05

하나의 확률변수에서 두 확률변수로

하나의 확률변수에서 두 확률변수로

Q 제5장의 내용은 어려운데도 불구하고 배워야 하는 이유는?

A 첫째는 2장에서 이변량 데이터에 대한 5가지 요약($\overline{x}, s_x, \overline{y}, s_y, r$)을 배웠고 4장에서 그에 대한 짝이 있음을 배웠다. 즉, $\overline{x}$는 μ_X에 대응하고 s_x는 σ_X에 대응한다. 마찬가지로 $\overline{y}$는 μ_Y에 대응하고 s_y는 σ_Y에 대응한다. 그러나 r에 대한 짝은 아직 찾지 못했으므로 r에 대한 짝을 찾아서 표본과 확률변수 간의 관계를 밝히고 싶기 때문이다. 둘째는 투자이론에서 달걀을 한 바구니에 담지 말라고 하는데 그 이유를 탐색해 보고 싶기 때문이다.

Q 두 확률변수 X와 Y가 있다. 甲은 확률변수를 X에 대하여 탐구하고 따로 확률변수 Y에 대하여 탐구했다. 乙은 두 확률변수 X와 Y를 동시에 탐구했다. 두 확률변수에 대하여 누가 더 많은 정보를 파악할 수 있을까?

A 乙이 더 많은 정보를 파악할 수 있다. 乙은 확률변수 X에 대해서도 알 수 있고, 확률변수 Y에 대해서도 알 수 있다. 그리고 두 확률변수 X와 Y의 관계도 알 수 있다. 즉, 확률변수 X가 증가하면 확률변수 Y도 증가하는지 등을 알아 볼 수 있다. 그러나 甲은 두 확률변수 X와 Y 각각에 대해서는 알 수 있겠지만 두 확률변수의 관계는 알 수 없다.

Q 왜 두 확률변수를 동시에 고려해야 하나?

A 두 변수 간의 관계를 탐색해 보고 싶기 때문이다. 즉, 한 변수가 증가할 때 다른 변수가 증

가하는 경향이 있는지 아니면 감소하는 경향이 있는지를 알고 싶기 때문이다. 만약 두 확률 변수를 동시에 고려하지 않는다면 두 변수 간의 관계를 탐색해 볼 여지가 없기 때문이다.

Q 두 확률변수에 대하여 공분산보다 상관계수를 더 많이 이용하는 이유는?

A 공분산은 양수로서 크면 클수록 두 확률변수는 같은 방향으로 변화하는 경향이 있고, 음수 로서 작으면 작을수록 두 확률변수는 반대 방향으로 변화하는 경향이 있다. 그러나 공분산 은 $-\infty$부터 ∞까지 변하기 때문에 얼마만큼 커야 두 확률변수는 같은 방향으로 변화하는 경향이 있는지 말할 수 없다. 반면에 상관계수는 -1부터 1까지 변하므로 얼마만큼 커야 두 확률변수는 같은 방향으로 변화하는 경향이 있는지 말할 수 있기 때문이다.

제4장에서는 하나의 확률변수에 대하여 이산확률변수와 연속확률변수로 구분하여 따로 설명하였다. 마찬가지로 두 확률변수의 경우에도 이산인 경우와 연속인 경우를 따 로 설명해야 한다. 그러나 둘 중 하나라도 연속이면 문제가 어려워지기 때문에 이 책에 서는 두 확률변수가 모두 이산인 경우만 간략히 소개하고자 한다.

두 확률변수를 따로따로 탐색한다면 제4장에서 설명한 것으로 충분할 것이다. 그러 나 두 확률변수를 동시에 탐색하려고 하는 데는 그만한 이유가 있다. 즉, 두 확률변수 간 의 관계에 대하여 알아보고자 하기 때문이다. 5.1절에서는 두 확률변수를 어떻게 표현할 지 논의하고 그 해결책으로 결합분포(Joint Distribution)에 대해 설명한다. 5.2절에서는 두 확률변수의 결합분포에서 각 확률변수의 확률분포(주변분포라고 함)를 구하는 방법을 설명 한다. 또한 두 확률변수의 통계적 독립성에 대해 설명한다. 5.3절에서는 두 확률변수를 어떻게 요약할지 논의하고 특히 상관계수(Correlation Coefficient)에 초점을 맞추어 설명 한다. 5.4절에서는 두 변수의 선형결합(Linear Combination)에 대하여 간략히 설명한다.

5.1 두 확률변수의 표현

하나의 확률변수 X가 x_1, x_2, $\cdots$, x_n 값을 갖고 각각의 값을 가질 확률이 p_1, p_2, $\cdots$, p_n이라고 하자. 이 확률변수 X는 〈표 4.3〉과 같이 확률분포표로 표현된다. 즉, 확률변수 X의 확률분포는 확률변수 X가 가질 수 있는 모든 경우의 값 x에 대하여 그 확률 $\Pr(X=x)$을 나타낸 것이다. 마찬가지로 두 확률변수 X와 Y를 표현하려면 두 확률변수가 가질 수 있는 모든 경우의 값 $x,\ y$에 대하여 $\Pr(X=x \cap Y=y)$를 나타내며 이를 결합확률분포(Joint Probability Distribution)라고 한다. 결합확률분포를 줄여서 결합분포(Joint Distribution)라고 하며 $p(x,\ y)$라고 표시한다.

예를 들어 동전을 3번 던지는 시행에서 두 확률변수 X와 Y를 다음과 같이 정의하고, 두 확률변수의 결합확률분포를 구해보자.

확률변수 X : 앞면이 나타난 횟수

확률변수 Y : 연(連, run)의 수

여기서 연의 수 Y는 같은 면이 몇 번이고 연달아 나타나더라도 그것을 한 묶음으로 칠 때, 전부 몇 묶음인지 나타낸 것이다. 예컨대 TTT에는 오직 TTT 한 묶음만 있기 때문에 $Y=1$이다. TTH에는 TT 한 묶음 그리고 H 한 묶음이 있기 때문에 $Y=2$이다. THT에는 T 한 묶음, H 한 묶음, 그리고 T 한 묶음이 있기 때문에 $Y=3$이다. 이 시행의 표본공간과 각 근원사건에 대한 확률이 아래에 나타나 있다. 이 표를 이용하여 두 확률변수 X와 Y의 결합분포를 구해보자.

표본공간(근원사건)	X	Y	확률
HHH	3	1	1/8
HHT	2	2	1/8
HTH	2	3	1/8
HTT	1	2	1/8
THH	2	2	1/8
THT	1	3	1/8
TTH	1	2	1/8
TTT	0	1	1/8

예컨대 $X=1$이고 $Y=2$인 결합확률은 다음과 같이 구해진다.

$$p(1, 2) \equiv \Pr(X = 1 \cap Y = 2) = \Pr(HTT, TTH) = 1/4$$

마찬가지 방법으로 모든 경우의 x와 y에 대한 결합확률 $p(x, y)$를 구할 수 있다. 이제 결합확률을 어떻게 표현하면 좋을지 생각해 보자. 가장 손쉬운 방법은 〈표 5.1〉과 같이 확률변수 X가 가질 수 있는 값 x를 세로로 나열하고 확률변수 Y가 가질 수 있는 값 y를 가로로 나열해서 가로와 세로가 만나는 곳에 결합확률 $p(x, y)$를 표시하는 것이다. 〈표 5.1〉을 X와 Y의 결합분포표라고 한다. 또 다른 방법은 〈표 5.1〉의 결합분포표를 시각적으로 표현하는 것이다. 〈그림 5.1(a)〉에서는 결합확률을 점의 크기로 나타내었고, 〈그림 5.1(b)〉에서는 결합확률을 3차원에서 막대 높이로 나타내었다.

표 5.1 X와 Y의 결합분포표

x \ y	1	2	3
0	1/8	0	0
1	0	1/4	1/8
2	0	1/4	1/8
3	1/8	0	0

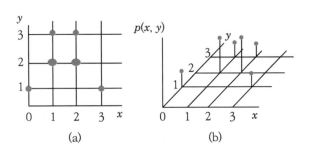

그림 5.1 결합분포의 시각적 표현

5.2 주변분포와 통계적 독립

5.1절에서 설명한 동전을 3번 던지는 시행에서 확률변수 X(앞면이 나타난 횟수)와 확률변수 Y(연의 수)의 결합분포를 다시 생각해 보자. 이 결합분포에서 앞면이 나타난 횟수 X에만 관심이 있다고 하고 예컨대 앞면이 두 번 나타날 확률 $\Pr(X=2)$를 구해 보자. 〈표 5.1〉을 이용하면 이 확률은 다음과 같이 구할 수 있으며 〈표 4.2〉에서 확인할 수 있다.

$$
\begin{aligned}
\Pr(X=2) &\equiv p(2) \\
&= p(2,\,1) + p(2,\,2) + p(2,\,3) \\
&= 0 + 1/4 + 1/8 = 3/8
\end{aligned}
$$

즉, X와 Y의 결합분포에서 각 행의 합을 오른쪽 여백에 적으면 이것은 X만의 확률분포가 되고, 마찬가지로 각 열의 합을 아래 여백에 적으면 Y만의 확률분포가 된다. 따라서 X 또는 Y만의 확률분포는 결합분포의 오른쪽 여백(margin) 또는 아래 여백에 표시된다고 해서 주변분포(Marginal Distribution)라고 한다.

$$
\begin{aligned}
&X\text{의 주변분포: } p(x) = \sum_y p(x,\,y) \\
&Y\text{의 주변분포: } P(y) = \sum_x p(x,\,y)
\end{aligned}
$$

5.1

한편 모든 경우의 x와 y에 대하여 X와 Y의 결합분포가 식 (5.2)와 같이 두 주변분포의 곱으로 표시되면 두 확률변수 X와 Y는 통계적 독립이라고 한다. 식 (3.17)에서 두 사건 A와 B에 대하여 $\Pr(A \cap B) = \Pr(A) \cdot \Pr(B)$이면 두 사상 A와 B는 통계적 독립사건이라고 하였다. 그런데 식 (5.2)에 의하면 두 확률변수 X와 Y가 통계적 독립이라는 것은 모든 경우의 x와 y에 대하여 $\{X=x\}$인 사건과 $\{Y=y\}$인 사건이 통계적 독립사건임을 뜻한다.

모든 경우의 x와 y에 대하여 $p(x, y) = p(x) \cdot p(y)$이면,
두 확률변수 X와 Y는 통계적 독립이라고 한다.

5.2
3.17 참조

만약 두 확률변수 X와 Y가 통계적 독립이라는 것을 보이고자 한다면 모든 경우의 x와 y에 대하여 결합분포가 주변분포의 곱으로 표시됨을 보여야 한다. 즉, 모든 경우에 대하여 $p(x, y) = p(x) \cdot p(y)$이 성립함을 보여야 한다. 그러나 두 확률변수 X와 Y가 통계적 독립이 아니라는 것을 보이고자 한다면 특정한 한 경우에 대하여 $p(x, y) \neq p(x) \cdot p(y)$임을 보이면 충분하다. 예컨대 〈표 5.1〉에서 $p(1, 2) = 1/4$이지만 $p(1) \cdot p(2) = 3/8 \cdot 1/2 = 3/16$이므로 이 경우 X와 Y는 통계적 독립이 아니다.

예제 5.1

X와 Y의 결합분포가 다음과 같다고 하자.

x \ y	10	20	30	40
20	0.02	0.04	0.06	0.08
40	0.08	0.16	0.24	0.32

(1) X와 Y의 주변분포를 구하여라.
(2) X와 Y는 통계적 독립인가?

풀이

(1) X의 주변분포는 각 행의 합이고 Y의 주변분포는 각 열의 합이므로 다음과 같이 X의 주변분포는 오른쪽 여백에 $p(x)$로 표시되고 Y의 주변분포는 아래 여백에 $p(y)$로 표시된다.

x＼y	10	20	30	40	$p(x)$
20	0.02	0.04	0.06	0.08	0.2
40	0.08	0.16	0.24	0.32	0.8
$p(y)$	0.1	0.2	0.3	0.4	1.0

(2) 모든 경우의 값 x와 y에 대하여 $p(x, y) = p(x) \cdot p(y)$이 성립하므로 두 확률변수 X와 Y는 통계적 독립이다.

5.3　두 확률변수의 요약

　　두 확률변수 X와 Y를 요약한다면 우선 X의 평균 μ_X와 표준편차 σ_X, 그리고 Y의 평균 μ_Y와 표준편차 σ_Y를 구할 것이다. 그런데 이 4가지 값만으로는 부족함을 느끼는데 그것은 두 확률변수 X와 Y의 관계를 나타내는 척도가 빠졌기 때문이다.

　　제2장에서 설명한 이변량 데이터의 요약을 돌이켜 보자. 식 (2.12)에 의하면 이변량 데이터 x와 y는 $\bar{x}$, s_x, $\bar{y}$, s_y 그리고 상관계수 r로 요약되었다. 따라서 두 확률변수 X와 Y에서도 이변량 데이터의 상관계수 r에 대응하는 새로운 개념이 필요한데 이것이 바로 두 확률변수의 상관계수 ρ이다.

　　두 확률변수의 상관계수 ρ를 설명하기 위해서 먼저 두 확률변수의 공분산(Co-Variance)을 정의할 필요가 있다. 두 확률변수 X와 Y의 공분산은 식 (5.3)에 정의되어 있다. 식 (5.3)에서 Y를 X로 치환하면 식 (5.3)은 X와 X의 공분산이 되고, 이는 식 (4.6)에서 정의한 X의 분산과 같다. 이러한 관점에서 공분산은 분산을 확장한 개념이라고 할 수 있다. 이 책에서는 두 확률변수 X와 Y의 공분산을 σ_{XY} 또는 $COV(X, Y)$라고 표시한다.

두 확률변수 X와 Y의 공분산: $\sigma_{XY} = E\{(X-\mu_X)(Y-\mu_Y)\}$
$$= \sum_i \sum_j \{(x_i - \mu_X)(y_j - \mu_Y) \cdot p(x,y)\}$$

5.3

예제 5.2

확률변수 X와 Y의 결합분포가 다음과 같다고 하자.

x＼y	10	20	30	40
10	0.20	0.04	0.01	0
20	0.10	0.36	0.09	0
30	0	0.05	0.10	0
40	0	0	0	0.05

(1) X와 Y의 분산을 구하여라.

(2) X와 Y의 공분산을 구하여라.

풀이

(1) 아래 표의 마지막 열에 의하면 분산은 $\sigma_X^2 = 60$이다. 마찬가지 방법으로 Y의 분산도 구할 수 있으며 $\sigma_Y^2 = 70$이다.

X의 주변분포		평균μ_X	분산σ_X^2
x	$p(x)$	$xp(x)$	$(x-\mu_X)^2 p(x)$
10	0.25	2.5	$(-10)^2(0.25)=25$
20	0.55	11.0	$0^2(0.55)=0$
30	0.15	4.5	$10^2(0.15)=15$
40	0.05	2.0	$20^2(0.05)=20$
		$\mu_X=20$	$\sigma_X^2=60$

(2) (1)에서 구한 X의 분산 σ_X^2은 x에 대한 편차 제곱인 $(x-\mu_X)^2$과 주변확률

$p(x)$의 곱을 모두 더한 것이다. 마찬가지로 X와 Y의 공분산 σ_{XY}는 x와 y에 대한 편차의 곱인 $(x - \mu_X) \cdot (y - \mu_Y)$와 결합확률 $p(x, y)$의 곱을 모두 더한 것이다. 모든 경우 x와 y값에 대한 $(x - \mu_X) \cdot (y - \mu_Y) \cdot p(x, y)$는 아래 표에 나타나 있고 이 값을 모두 더하면 공분산 $\sigma_{XY} = 49$이다.

$x - \mu_X$ \ $y - \mu_Y$	−10	0	10	20
−10	$(-10)(-10)(0.20) = 20$	$(-10)(0)(0.04) = 0$	$(-10)(10)(0.01) = -1$	$(-10)(20)0 = 0$
0	$0(-10)(0.10) = 0$	$0(0)(0.36) = 0$	$0(10)(0.09) = 0$	$0(20)0 = 0$
10	$10(-10)0 = 0$	$10(0)(0.05) = 0$	$10(10)(0.10) = 10$	$10(20)0 = 0$
20	$20(-10)0 = 0$	$20(0)(0) = 0$	$20(10)0 = 0$	$20(20)(0.05) = 20$

이제 공분산의 의미를 식 (5.3)의 첫 번째 등식에서 살펴보기로 하자. 이 등식에 의하면 공분산은 $(X - \mu_X) \cdot (Y - \mu_Y)$의 평균이므로 $(X - \mu_X)$와 $(Y - \mu_Y)$의 부호가 같으면 공분산은 양의 값이 될 것이다. 그런데 $(X - \mu_X)$와 $(Y - \mu_Y)$의 부호가 같다는 것은 X가 평균보다 커질 때 Y도 평균보다 커지고 X가 평균보다 작아질 때 Y도 평균보다 작아지는 경우, 즉 X와 Y가 같은 방향으로 변화한다는 것을 의미한다.

따라서 X와 Y가 같은 방향으로 변화하는 경향이 강할수록 공분산은 더욱더 큰 양의 값이 될 것이다. 즉, 공분산의 부호가 양이면 X와 Y가 같은 방향으로 변화하는 경향이 있다는 것이고 이 값이 크면 클수록 그 경향이 강하다는 것이다. 마찬가지로 공분산의 부호가 음이면 X와 Y가 반대 방향으로 변화하는 경향이 있다는 것이고 이 값이 작으면 작을수록 그 경향이 강하다는 것이다.

그러나 공분산의 크기에 의미를 부여하는 것은 심각한 문제가 될 수 있다. 왜냐하면 공분산은 측정단위에 따라 얼마든지 달라질 수 있기 때문이다. 예컨대 X를 kg단위로 측정했는데 g단위로 바꾼다면 공분산은 1,000배 증가할 것이고 마찬가지로 Y를 m단위로 측정했는데 cm단위로 바꾼다면 공분산은 100배 증가할 것이다. 따라서 X와 Y의 측정단위와 무관하게 X와 Y의 변화하는 방향과 그 강도를 나타낼 수 있는 새로운 척도를 생각하게 되는데, 이는 식 (5.4)에 정의된 상관계수이다.

두 확률변수 X와 Y의 상관계수: $\rho = \dfrac{\sigma_{XY}}{\sigma_X \cdot \sigma_Y}$

5.4

2.10 참조

즉, 상관계수 ρ는 공분산을 X와 Y의 표준편차의 곱으로 나눈 단위가 없는 값이다. 왜냐하면 X가 kg단위에서 g단위로 바뀐다면 분자의 σ_{XY}는 1,000배 증가하고 분모의 σ_X 역시 1,000배 증가하므로 그 효과는 서로 상쇄되기 때문이다. 즉, 상관계수 ρ는 측정단위와 무관하게 된다. 또한 이 책의 범위를 벗어나지만 상관계수 ρ에 대한 중요한 성질이 식 (5.5)에 나타나 있다.

상관계수 ρ에 대하여 다음이 성립한다.
① $-1 \leqq \rho \leqq 1$
② $Y = a + bX$이고, $b > 0$이면 $\rho = 1$
③ $Y = a + bX$이고, $b < 0$이면 $\rho = -1$
④ X와 Y가 통계적 독립이면 $\sigma_{XY} = 0$이고 $\rho = 0$

5.5

2.11 참조

식 (5.5)의 의미를 간략히 설명하면 다음과 같다.
① 상관계수 ρ는 반드시 -1과 1 사이의 값이어야 한다.
② Y가 X의 선형변환으로서 두 확률변수가 가질 수 있는 모든 경우의 값 x, y의 산점도가 기울기가 양인 직선 위에 놓여 있으면 상관계수는 제일 큰 값 1이 된다. 다시 말하면 결합분포를 시각적으로 표현한 〈그림 5.1(a)〉에서 점들이 기울기가 양인 직선 위에 놓여 있으면 상관계수는 1이 된다. 이를 완전 양의 상관이라고 한다.
③ Y가 X의 선형변환으로서 두 확률변수가 가질 수 있는 모든 경우의 값 x, y의 산점도가 기울기가 음인 직선 위에 놓여 있으면 상관계수는 제일 작은 값 -1이 된다. ②와 마찬가지로 〈그림 5.1(a)〉에서 점들이 기울기가 음인 직선 위에 놓여 있으면 상관계수는 -1이 된다. 이를 완전 음의 상관이라고 한다.
④ X와 Y가 통계적 독립이면 공분산은 0이고 따라서 상관계수도 0이다. 그러나 역은 성립하지 않는다. 즉, 공분산이 0이라고 해도 X와 Y가 통계적 독립이 아

닐 수 있다.

④에서 왜 역이 성립하지 않을지 의문을 갖는 학생이 많다. 일반적으로 역이 성립되지 않는다는 것을 보이려면 성립되지 않는 사례를 하나만 보이면 충분하다. 이를 반례(反例)라고 한다. 아래 〈예제 5.3〉에서 살펴보기로 하자.

예제
5.3

두 확률변수가 $Y = X^2$ 관계가 있고 오직 3점 (−1, 1), (0, 0), (1, 1)에서 1/3의 확률을 갖는다고 하자.

(1) X와 Y의 결합분포를 구하여라.

(2) 공분산 $COV(X, Y)$를 구하여라.

(3) X와 Y가 통계적 독립이 아님을 보여라.

풀이

(1)

x \ y	0	1
−1	0	1/3
0	1/3	0
1	0	1/3

(2) $COV(X, Y) = 0$

(3) $\Pr(X = 1, Y - 0) = 0$ 그러나 $\Pr(X = -1) = 1/3$, $\Pr(Y = 0) = 1/3$이므로 X와 Y가 통계적 독립이 아니다.

상관계수는 두 확률변수의 관계가 얼마나 직선에 가까운지를 나타내는 척도라는 점에 주의하여야 한다. 다시 말하면 상관계수는 두 확률변수가 가질 수 있는 모든 경우의 값 x, y가 얼마나 직선 주위에 밀집하고 있는가를 나타내는 척도인 것이다. 여기서 주의할 점은 상관계수는 두 확률변수가 얼마나 직선관계인지만을 나타낼 뿐이지 일반적인 함수관계를 나타내는 것은 아니다. 〈예제 5.3〉에서 설명한 것과 같이 두 확률변수 X와 Y 사이에 $Y = X^2$이라고 해도 상관계수는 결코 1도 아니며 -1도 아니다. 왜냐하면 두 확률변수가 가질 수 있는 모든 경우의 값 x, y는 포물선 위에 놓여있지 직선 위에 놓여 있는 것은 아니기 때문이다.

예제
5.2 (계속)

〈예제 5.2〉에 나타난 X와 Y의 결합분포에서 상관계수를 구하고 그 의미를 해석해 보아라.

풀이

$\sigma_{XY} = 49$, $\sigma_X^2 = 60$, $\sigma_Y^2 = 70$이므로 식 (5.4)에 의해 $\rho = 49/(\sqrt{60}\,\sqrt{70}) = 0.76$이다.
따라서 X와 Y는 상당히 강한 양의 선형관계임을 알 수 있다.

참고로 제2장에서 다룬 일변량 데이터와 이변량 데이터의 요약과 제4장과 5장에서 다룬 하나의 확률변수와 두 확률변수의 요약을 대비하면 식 (5.6)과 같다. 식 (5.6)에서 확률변수에 대한 요약을 모수(Parameter)라고 하고 데이터에 대한 요약을 통계량(Statistics)이라고 한다. 제7장, 제8장, 그리고 제9장에서 설명하는 통계적 추론이란 결국 모수를 통계량으로 추론하는 것이다.

데이터의 요약: 통계량	확률변수의 요약: 모수
일변량 데이터 x의 요약: $\overline{x}, s$	하나의 확률변수 X의 요약: μ, σ
이변량 데이터 x와 y의 요약: $\overline{x}, s_x, \overline{y}, s_y, r$	두 확률변수 X와 Y의 요약: $\mu_X, \sigma_X, \mu_Y, \sigma_Y, \rho$

5.6

확률변수에 대한 요약을 모수(Parameter)라고 하고 데이터에 대한 요약을 통계량 (Statistics)라고 한다. 통계적 추론의 근본 목적은 모수를 통계량으로 추론하는 것이며 제 7장 이후에 설명하고 있다.

5.4 두 확률변수의 선형결합

어느 대학에 지원한 학생들의 수능성적을 확률변수 X로 표시하고 내신성적을 확률 변수 Y로 표시하자. 현재 대학입시제도는 학교에 따라 수능성적과 내신성적의 합인 $X + Y$로 신입생을 선발할 수도 있고 경우에 따라서는 $0.8X + 0.2Y$와 같이 수능성적과 내신성적의 가중평균(Weighted average)으로 신입생을 선발할 수도 있다.

일반적으로 두 확률변수 X, Y에 대하여 $T = aX + bY$로 정의된 새로운 확률변수 T를 X와 Y의 선형결합(Linear Combination)이라고 한다. 여기서 a, b는 임의의 상수이 다. 앞에서 언급한 수능성적과 내신성적의 합인 $X + Y$는 $a = b = 1$인 선형결합의 예이 고, 수능성적과 내신성적의 가중평균인 $0.8X + 0.2Y$는 $a = 0.8$이고 $b = 0.2$인 선형결합 의 예이다.

이와 같이 두 확률변수 X와 Y의 선형결합으로 표시되는 새로운 확률 변수 T에 대 하여 관심을 갖게 되는 경우가 많이 있으며 T의 평균과 분산은 T의 확률분포를 구하지 않고도 식 (5.7)에 의해 간단히 구할 수 있다.

두 확률변수 X와 Y의 선형결합 $T = aX + bY$에 대하여,

$$\mu_T = a \cdot \mu_X + b \cdot \mu_Y$$

$$\sigma_T^2 = a^2 \cdot \sigma_X^2 + b^2 \cdot \sigma_Y^2 + 2ab \cdot \sigma_{XY}$$

5.7

식 (4.6), (5.4)에서 언급한 바와 같이 μ, σ^2, σ_{XY} 대신에 각각 E, Var, Cov라는 기호를 이용하면 식 (5.7)은 식 (5.8)로 표시된다.

두 확률변수 X와 Y의 선형결합 $T = aX + bY$에 대하여,

$$E(T) = a \cdot E(X) + b \cdot E(Y)$$

$$Var(T) = a^2 \cdot Var(X) + b^2 \cdot Var(Y) + 2ab \cdot Cov(XY)$$

5.8

참고로 식 (4.18)에서 정의한 선형변환과 식 (5.7)에서 정의한 선형결합을 대비하면 식 (5.9)와 같다.

	선형변환	선형결합
정의	$Y = a + bX$	$T = aX + bY$
평균	$\mu_Y = a + b\mu_X$	$\mu_T = a\mu_X + b\mu_Y$
표준편차	$\sigma_Y = \mid b \mid \sigma_X$	$\sigma_T = \sqrt{a^2 \cdot \sigma_X^2 + b^2 \cdot \sigma_Y^2 + 2ab \cdot \sigma_{XY}}$

5.9

예제
5.4

수능성적 X와 내신성적 Y에 대하여 평균과 분산 및 상관계수가 다음과 같다고 하자.

$$\mu_X = 280, \ \mu_Y = 160, \ \sigma_X^2 = 2500, \ \sigma_Y^2 = 1600, \ \rho = 0.9$$

다음과 같은 X와 Y의 선형결합 T에 대하여 평균과 분산을 구하여라.

(1) $T = X + Y$

(2) $T = 0.8X + 0.2Y$

풀이

X와 Y의 공분산 σ_{XY}는 식 (5.4)에 의해 다음과 같다.

$$\sigma_{XY} = \rho(\sigma_X)(\sigma_Y) = (0.9)(50)(40) = 1,800 .$$

(1) $T = X + Y$의 평균과 분산은 식 (5.7)에 $a = b = 1$을 대입하면 다음과 같다.

$$\mu_T = \mu_X + \mu_Y = 280 + 160 = 440$$

$$\sigma_T^2 = \sigma_X^2 + \sigma_Y^2 + 2\sigma_{XY} = 2500 + 1600 + 2(1800) = 7,700$$

(2) $T = 0.8X + 0.2Y$의 평균과 분산은 식 (5.7)에 $a = 0.8$과 $b = 0.2$를 대입하면 다음과 같다.

$$\mu_T = 0.8\mu_X + 0.2\mu_Y = 0.8(280) + 0.2(160) = 256$$

$$\sigma_T^2 = (0.8)^2\sigma_X^2 + (0.2)^2\sigma_Y^2 + 2(0.8)(0.2)\sigma_{XY} = 2,240$$

예제 5.5

주사위를 독립적으로 2번 던져서 나타난 눈의 합에 대하여 평균과 분산을 구하라.

풀이

첫 번째 던져서 나타난 눈을 확률변수 X_1, 두 번째 던져서 나타난 눈을 확률변수 X_2라고 표시하자. 그러면 두 눈의 합은 선형결합인 $T = X_1 + X_2$로 표시된다.

그런데 X_1의 확률분포는 $p(1) = p(2) = \cdots p(6) = 1/6$이고 X_2의 확률분포 역시 X_1의 확률분포와 같으므로 $\mu_{X_1} = \mu_{X_2} = 3.5$이고, $\sigma_{X_1}^2 = \sigma_{X_2}^2 = 2.92$이다. 또한 주사위를 독립적으로 던지는 시행에서 X_1과 X_2는 통계적으로 독립이므로 $\sigma_{X_1, X_2} = 0$이다. 따라서 $T = X_1 + X_2$의 평균과 분산은 식 (5.7)에 $a = b = 1$을 대입하면 다음과 같다.

$$\mu_T = \mu_{X_1} + \mu_{X_2} = 3.5 + 3.5 = 7$$
$$\sigma_T^2 = \sigma_{X_1}^2 + \sigma_{X_2}^2 + 2\sigma_{X_1 X_2}$$
$$= 2.92 + 2.92 + 0$$
$$= 5.84$$

참고로 T의 평균과 분산은 식 (5.7)을 이용하지 않고 T의 확률분포로부터 구할 수도 있다. 그 경우 T의 확률분포는 다음과 같다.

t	2	3	4	5	6	7	8	9	10	11	12
$p(t)$	$\frac{1}{36}$	$\frac{2}{36}$	$\frac{3}{36}$	$\frac{4}{36}$	$\frac{5}{36}$	$\frac{6}{36}$	$\frac{5}{36}$	$\frac{4}{36}$	$\frac{3}{36}$	$\frac{2}{36}$	$\frac{1}{36}$

따라서 식 (4.4)에 의해 T의 평균과 분산을 구하면 다음과 같다.

$$\mu_T = 2(1/36) + 3(2/36) + \cdots + 12(1/36) = 7$$
$$\sigma_T^2 = (2-7)^2(1/36) + (3-7)^2(2/36) + \cdots + (12-7)^2(1/36) = 5.84$$

그러나 우리는 식 (5.7)에 있는 선형결합의 성질을 이용함으로써 T의 확률분포를 구하지 않고도 T의 평균과 분산을 쉽게 구할 수 있었다. 다음 〈예제 5.6〉에서는 식 (5.7)을 이용하지 않고는 평균과 분산을 구하는 것이 현실적으로 불가능한 경우이다.

예제 5.6

주사위를 독립적으로 10번 던져서 나타난 숫자의 합에 대하여 평균과 분산을 구하라.

풀이

첫 번째 던져서 나타난 숫자를 확률변수 X_1, 두 번째 던져서 나타난 숫자 확률변수 X_2, $\cdots$, 10번째 던져서 나타난 숫자를 확률변수 X_{10}이라고 표시하자. 그러면 10번 던져서 나타난 숫자의 합은 $T = X_1 + X_2 + \cdots + X_{10}$으로 표시된다. 그러나 X_1, X_2, $\cdots$, X_{10}은 똑같은 확률분포를 따르므로 각각의 평균은 3.5이고 분산은 2.92가 된다. 또한 주사위를 독립적으로 던지는 시행에서 어느 두 확률변수라도 통계적으로 독립이므로 모든 공분산이 0이 된다. 따라서 식 (5.7)을 반복하여 이용하면 다음과 같은 T의 평균과 분산을 얻게 된다. 여기서 반복하여 이용한다는 것은 처음에는 T를 X_1과 $X_2 + X_3 + \cdots + X_{10}$으로 분해하여 식 (5.7)을 이용하고 다음에는 $X_2 + X_3 + \cdots + X_{10}$를 X_2와 $X_3 + X_4 + \cdots + X_{10}$으로 분해하여 식 (5.7)을 이용한다는 것이다.

$$\mu_T = 3.5 + 3.5 + \cdots + 3.5 = 35$$
$$\sigma_T^2 = 2.92 + 2.92 + \cdots + 2.92 = 29.2$$

예제 5.7

현재 주당 30,000원에 거래되고 있는 ㅅ전자 주식의 1년 후 주가를 확률변수 S로 나타내고 그 분포가 다음과 같다고 가정하자. 또한 ㅎ건설 주식도 주당 30,000원에 거래되고 있으며 1년 후 주가를 확률변수 H로 나타내고 그 분포가 확률변수 S의 분포와 같다고 가정하자. 편의상 주식을 사고 팔 때 수수료와 거래세는 없다고 가정하자.

S	20,000원	30,000원	40,000원	50,000원
확률	0.1	0.2	0.3	0.4

(1) S전자 주식을 2주 살 경우 1년 후 주가에 대한 평균과 분산을 구하여라.

(2) 다음 세 가지 경우에 대하여 S전자 주식 1주와 H건설 주식 1주를 살 경우 1년 후 주가에 대한 평균과 분산을 구하여라.

　① S와 H의 상관계수 $\rho = 0$인 경우

　② S와 H의 상관계수 $\rho = 1$인 경우

　③ S와 H의 상관계수 $\rho = -1$인 경우

(3) (1)과 (2)의 결과를 비교하여라.

풀이

(1) 주어진 S의 분포에서 식 (4.4)를 이용하여 S의 평균과 분산을 구하면

$$\mu_S = 20{,}000(0.1) + 30{,}000(0.2) + 40{,}000(0.3) + 50{,}000(0.4) = 40{,}000$$

$$\sigma_S^2 = (-20{,}000)^2(0.1) + (-10{,}000)^2(0.2) + 0^2(0.3) + 10{,}000^2(0.4) = 100{,}000{,}000.$$

이제 S전자 주식을 2주 살 경우 1년 후 주가를 확률변수 T_1이라고 표시하자. 그러면 $T_1 = 2S$이다. 식 (4.19)에 의하면 T_1은 $a = 0$, $b = 2$인 선형변환이므로 T_1의 평균과 분산을 구하면 $\mu_{T_1} = 2\mu_S = 80{,}000$이고, $\sigma_{T_1}^2 = 4\sigma_S^2 = 400{,}000{,}000$이다.

(2) S전자 주식 1주와 H건설 주식 1주를 살 경우 1년 후 주가를 확률변수 T_2라고 표시하자. 그러면 $T_2 = S + H$이다. 식 (5.7)에 의하면 T_2는 $a = 1$, $b = 1$인 선형결합이므로 T_2의 평균과 분산을 구하면

$$\mu_{T_2} = \mu_S + \mu_H = 80{,}000$$

$$\sigma_{T_2}^2 = \sigma_S^2 + \sigma_H^2 + 2\sigma_{SH} = 100{,}000{,}000 + 100{,}000{,}000 + 2\sigma_{SH}.$$

① S와 H의 상관계수 $\rho = 0$인 경우 식 (5.4)에 의하면 $\sigma_{SH} = \rho(\sigma_S)(\sigma_H) = 0$이

므로 $\sigma_{T_2}^2 = 200,000,000$.

② S와 H의 상관계수 $\rho = 1$인 경우 식 (5.4)에 의하면 $\sigma_{SH} = \rho(\sigma_S)(\sigma_H) =$ 100,000,000이므로 $\sigma_{T_2}^2 = 400,000,000$.

③ S와 H의 상관계수 $\rho = -1$인 경우 식 (5.4)에 의하면 $\sigma_{SH} = \rho(\sigma_S)(\sigma_H) =$ $-100,000,000$이므로 $\sigma_{T_2}^2 = 0$.

(3) (1)의 T_1은 집중투자에 비유될 수 있고 (2)의 T_2는 분산투자에 비유될 수 있다. 평균을 비교하면 $\mu_{T_1} = \mu_{T_2}$. 그러나 분산을 비교하면 $\sigma_{T_1}^2 \geq \sigma_{T_2}^2$. 즉, S와 H의 상관계수 $\rho = 1$인 경우 $\sigma_{T_1}^2 = \sigma_{T_2}^2$이지만 $\rho \neq 1$ 경우는 $\sigma_{T_1}^2 > \sigma_{T_2}^2$이다. 다시 말하면 분산투자를 하면 집중투자 한 것에 비해 분산을 줄일 수 있다는 사실을 확인할 수 있다. 그래서 투자이론에서는 달걀을 한 바구니에 담지 말라고 한다. 끝으로 S와 H의 상관계수 $\rho = -1$인 경우 T_2의 분산 $\sigma_{T_2}^2 = 0$이라는 것은 T_2가 고정된 값이라는 뜻이다. S와 H의 상관계수 $\rho = -1$이면 S가 증가하는 것만큼 H가 감소하고 S가 감소하는 것만큼 H가 증가하기 때문에 $S + H$는 고정된 값이 된다.

01 아래 사항이 사실인지 거짓인지 구별하여라. 만약 사실이면 "True"라고 적어라. 만약 거짓이면 "False"라고 적고 그 이유를 간략히 설명하여라.

1) 어떤 특정한 값 x와 y에 대해 $\Pr(X=x \cap Y=y) \neq \Pr(X=x) \cdot \Pr(Y=y)$이면 두 확률변수 X와 Y는 통계적 독립이 아니다.

2) 두 확률변수 X와 Y의 주변분포를 알면 X와 Y의 결합분포를 언제나 결정할 수 있다.

3) 표준화는 선형변환의 특수한 경우이다.

4) 두 확률변수가 통계적 독립이면 상관계수는 언제나 0이다.

5) 두 확률변수의 상관계수가 0이면 두 확률변수는 언제나 통계적 독립이다.

6) X와 Y의 상관계수가 0.5이면 X가 1만큼 증가할 때 Y는 0.5만큼 증가한다.

7) 두 확률변수 X와 Y 사이에 $Y=3X+5$이면 X와 Y의 상관계수는 반드시 1이다.

8) 두 확률변수 X와 Y 사이에 $Y=2X^2$이면 X와 Y의 상관계수는 반드시 1이다.

02 아래 ①과 ②가 대응하고 ③과 ④가 대응하도록 괄호 안을 기호로 채워라.

① 일변량 데이터 x는 (　　), (　　)으로 요약된다.

② 하나의 확률변수 X는 (　　), (　　)으로 요약된다.

③ 이변량 데이터 x, y는 (　　), (　　), (　　), (　　), (　　)으로 요약된다.

④ 두 확률변수 X, Y는 (　　), (　　), (　　), (　　), (　　)으로 요약된다.

03 통계학 수강생 100명을 대상으로 이번 학기 도서관 출입 횟수와 몇 학년인지를 조사하여 아래 표를 만들었다.

	한 번도 안갔음	딱 한번만 갔음	한 번 이상 갔음
1학년	0.20	0.15	0.05
2학년	0.05	0.10	0.10
3학년	0.05	0.05	0.10
4학년	0.00	0.05	0.10

1) 도서관 출입 횟수와 몇 학년인지가 통계적으로 독립적인가?

2) 임의 추출된 학생이 한 번도 도서관에 간 적이 없다면 그 학생이 1학년일 확률을 구하여라.

04 밤나무 혹 벌레와 딱정벌레의 공존상태를 조사하기 위해 밤나무 1,000그루에 대하여 나무마다 혹 벌레 수(X)와 딱정벌레 수(Y)를 조사해서 아래 결합분포를 얻었다.

X \ Y	0	1	2	3
0	0%	5%	5%	10%
1	5%	5%	10%	10%
2	5%	10%	15%	20%

1) X와 Y가 통계적으로 독립인가?

2) $\Pr(X > Y)$를 구하여라.

3) X와 Y의 상관계수를 구하여라.

05 두 확률변수 X와 Y의 결합분포가 다음과 같다.

X \ Y	0	1	2
0	0.1	0.3	0.05
1	0.2	0.25	0.1

1) $\Pr(X = Y)$를 구하여라.

2) $\Pr(X > Y)$를 구하여라.

3) $X + Y$의 분포를 구하여라.

4) $E(X), E(Y), Var(X), Var(Y), \rho$를 구하여라.

06 동전을 4번 던질 때 두 확률변수 X와 Y를 아래와 같이 정의하자.

X: 앞면이 나타난 횟수

Y: 연(連, run)의 수

1) X와 Y의 결합분포를 구하여라.

2) X의 주변분포를 구하여라.

3) Y의 주변분포를 구하여라.

4) X와 Y가 통계적 독립인지 밝혀라.

07 우주 왕복선의 안테나는 형상기억합금인 A부분과 비형상기억합금인 B부분으로 결합되어 있으며 겹치는 부분은 5cm이다. 형상기억합금인 A부분의 길이는 $N(50, 0.04^2)$이고 비형상기억합금인 B부분의 길이는 $N(60, 0.03^2)$이라고 한다. 결합된 안테나의 길이가 104.9cm보다 크고 105.1cm보다 작아야만 NASA 규정을 만족한다고 한다. 결합된 안테나가 NASA 규정을 만족할 확률을 구하여라.

확률표본과 중심극한정리

확률표본과 중심극한정리

제6장에서는 연역적 추론에 대하여 설명하고 있다. 즉, 모집단에 대해서 알고 있을 때 표본평균의 분포를 설명하고 있다. 이러한 문제는 현실성이 좀 떨어진다고 볼 수 있다. 왜냐하면 모집단 전체에 대하여 알고 있으면서 굳이 표본을 추출할 이유가 있을까 하는 의문이 들기 때문이다. 그러나 연역적 추론은 그 자체가 통계적으로 의미가 있을 뿐만 아니라 제7장에서 설명하는 귀납적 추론의 바탕이 된다.

6.1절에서는 난수표를 이용하여 확률표본을 추출하는 과정을 Q/A 방식으로 설명하고 있다. 6.2절에서는 통계학에서 제일 중요한 결과라고 알려진 표본평균에 대한 중심극한정리를 설명하고 있다. 6.3절에서는 표본비율에 대한 중심극한정리를 설명하고 있다.

6.1 난수표를 이용한 확률표본

Q 어떻게 표본을 추출해야 모집단을 잘 대표할 수 있는가?

A 모집단을 구성하는 각 개체가 표본으로 추출될 확률이 모두 같도록 해야 할 것이며 이렇게 추출된 표본을 확률표본(Random Sample)이라고 한다. 확률표본을 얻을 수 있는 가장 간편한 방법은 다음에 설명하는 난수표를 이용하는 것이다.

Q 통계학 책마다 부록에 난수표가 있는데 난수표는 어떻게 만든 표인가?

A 항아리 속에 0부터 9까지 각각의 숫자를 쓴 10장의 카드가 들어 있다고 가정해 보자. 난수표는 이 항아리에서 다음에 설명하는 방법대로 카드를 추출하여 그 숫자를 기록한 표이다. 즉, 첫 번째 카드를 추출하여 그 숫자를 기록한 다음에 추출된 카드를 다시 항아리에 넣어 원래대로 복원시킨다. 이제 두 번째 카드를 추출한다고 하면 지금 상황은 첫 번째 카드를 추출할 때 상황과 동일하다. 이러한 상황에서 두 번째 카드를 추출하여 그 숫자를 기록한 다음에 추출된 카드를 다시 항아리에 넣어 원래대로 복원시킨다. 이러한 방법으로 계속 카드를 추출하면 몇 번째 카드를 추출하건 첫 번째 카드를 추출할 때와 동일한 상황에서 추출할 수 있는데 이러한 추출 방법을 복원추출(Sampling with Replacement)이라고 한다. 즉, 난수표는 0부터 9까지 각각의 숫자를 쓴 10장의 카드가 들어 있는 항아리에서 복원추출에 의해 카드를 추출하여 그 숫자를 기록한 표이다.

Q 한 번 추출된 카드를 복원시키지 않고 추출하는 방법도 있는가?

A 물론이다. 복원추출과 대비하여 한 번 추출된 카드를 복원시키지 않고 나머지 중에서 추출하는 방법을 비복원추출(Sampling without Replacement)이라고 한다. 복원추출을 하건 또는 비복원추출을 하건 확률표본을 얻을 수 있다. 그러나 이론적으로는 복원추출에 의한 확률표본에 대하여 다루는 것이 훨씬 쉽기 때문에 이를 단순확률표본(the Simple Random Sample)이라고 한다. 따라서 이 책에서는 별도로 언급하지 않을 경우 확률표본이라고 하면 단순확률표본을 의미한다.

Q 왜 비복원추출에 의한 확률표본은 복원추출에 비해 이론적으로 다루기 어려운가?

A 예를 들어 항아리 속에 0부터 9까지 각각의 숫자를 쓴 10장의 카드가 들어 있다고 가정해 보자. 복원추출의 경우, 몇 번째 추출하건 간에 어떤 특정한 숫자 예컨대 7이 추출될 확률은 언제나 1/10이다. 이러한 단순성은 비복원추출의 경우에는 성립하지 않는다. 비복원추출의 경우, 첫 번째 7이 추출될 확률은 1/10이다. 그러나 두 번째 7이 추출될 확률은 첫 번째 7이 추출되었는지 여부에 따라 그 값이 달라진다. 즉, 두 번째 7이 추출될 확률은 첫 번째 7이 추출되었다면 0이고 그렇지 않다면 1/9이다. 따라서 표본크기가 증가함에 따라 비복원추출의 경우 확률을 구하는 문제는 꿈도 꿀 수 없는 엄청난 일이 된다.

Q 난수표에는 어떠한 성질이 있는가?

A 난수표의 작성 과정을 살펴보면 난수표에서 임의로 한 숫자를 추출할 때 그 숫자가 0부터 9까지 어느 특정한 수일 확률은 모두 1/10이다. 마찬가지로 난수표에서 임의로 두 숫자를 추출하여 십 단위 수를 만들었을 때 그 숫자가 00부터 99까지 어느 특정한 수일 확률은 모두 1/100이다. 이러한 성질 때문에 확률표본을 구할 때 난수표를 이용한다.

Q 언제 난수표를 이용하는가?

A 확률표본을 얻기 위해서 주로 이용한다.

Q 난수표를 이용하여 확률표본을 얻을 수 있는 구체적인 절차는?

A 예를 들어 통계학 수강생 50명 중에서 10명의 확률표본을 추출하는 과정을 생각해 보자. 여기서 모집단은 통계학 수강생 50명이며 이 50명을 모집단 크기(population size)라고 하고 보통 N으로 표시한다. 그와 대비해서 표본으로 추출될 10명을 표본크기(sample size)라고 하고 보통 n으로 표시한다. 이런 경우 고등학교 과정에서는 수강생 50명 각자의 이름이 적힌 50장의 카드를 항아리에 넣고 10장의 카드를 복원추출 한다고 배웠다.

물론 그렇게 할 수도 있지만 대학 과정에서는 좀 더 고상한 방법으로 난수표를 이용할 수 있다. 특히 통계학 수강생의 경우에는 출석부라는 매우 귀중한 자료가 있는데 이 출석부는 모집단 전체를 나타내 줄 뿐만 아니라 수강생들에게 일련번호를 부여하고 있다. 따라서 우리는 모집단을 나타내기 위하여 이용하였던 항아리 대신 출석부를 이용하고자 한다.

우선 표본크기가 1인 경우를 먼저 생각해 보자. 항아리를 이용할 경우, 항아리 속에 있는 50장 카드 중에서 어느 특정한 카드가 추출될 확률은 모두 1/50이다. 이번에는 난수표를 이용해 보자. 난수표에서 임의로 두 숫자를 추출하여 첫 번째 추출된 숫자를 십 단위로 하고 두 번째 추출된 숫자를 일 단위로 하면 그 수가 00부터 99까지 나타날 수 있고 각각의 확률은 모두 1/100이다. 그런데 출석부에는 00번이나 51번 이상은 없으므로 그런 숫자는 버린다고 하면 이렇게 만들어진 십 단위 수기 01에서 50 사이의 어느 특정한 수일 확률은 모두 1/50이다. 즉, 우리는 고등학교 과정에서 다루었던 항아리와 카드 대신에 출석부와 난수표를 이용하여 똑같은 결과를 얻을 수 있다. 만약 난수표에서 얻은 십 단위 수가 35라면 출석부에 있는 35번 학생을 추출하게 된다.

표본크기가 2이상인 경우도 마찬가지로 설명할 수 있다. 왜냐하면 복원추출의 경우에는 표본크기가 얼마이건 간에 처음 추출할 때와 동일한 상황에서 계속 추출하기 때문에 표본크기는 전혀 문제가 되지 않는다. 실제로 난수표를 이용할 경우 모집단 크기가 50이라면 임의로 두 숫자를 추출하여 십 단위 수를 만드는 것이 아니라 맨 왼쪽에 있는 2열을 택하여 십 단위 수를 구성하고 위에서 아래로 읽어 내려가면서 01에서 50 사이에 있는 번호를 추출하는 것이 관례이다. 왜냐하면 이렇게 하여도 01에서 50 사이의 어느 특정한 번호가 추출될 확률은 모두 1/50이기 때문이다. 만약 맨 왼쪽의 2열만 갖고는 원하는 만큼의 표본크기를 채울 수 없다면 그 다음 2열씩 차례로 추가하면 될 것이다. 만약 모집단의 크기가 다섯 자리 수라면 왼쪽에서 5열씩 차례로 택하여 위에서 아래로 읽어 내려가면 될 것이다.

부록 표 1에 있는 난수표의 일부를 아래에 다시 인용하였으며 통계학 수강생 50명 중에서 확률표본으로 추출된 10명의 일련 번호 밑에는 밑줄을 그었다. 이 예에서 3번 학생(03)은 두 번 추출되었는데 이는 복원추출일 경우 있을 수 있는 일이다.

<u>26</u>71	4690	1550	.....
9111	0250	3275	.....
<u>03</u>91	6035	9230	.....
<u>24</u>75	2144	1886	.....
5336	5845	2095	.....
6808	0423	0155	.....
8525	0577	8940	.....
<u>03</u>98	0741	8787	.....
<u>36</u>23	9636	3638	.....
<u>07</u>39	2644	4917	.....
6713	3041	8133	.....
7775	9315	0432	.....
8599	2122	6842	.....
7955	3759	5254	.....
<u>47</u>66	0070	7260	.....
5165	1670	2534	.....
9111	0513	2751	.....
<u>16</u>67	1084	7889	.....
<u>21</u>45	4587	8585	.....
<u>27</u>39	5528	1481	......

Q 실제로 여론조사를 할 때 앞의 예에서와 같이 3번 학생이 두 번 추출된다면 그 학생을 두 번 조사해야 하는가?

A 아무리 복원추출이 좋다고 하여도 같은 사람을 두 번 이상 조사한다는 것은 현실적으로 받아들이기 어려울 것이다. 따라서 실제로 확률표본을 얻을 때는 비복원추출법을 주로 이용한다. 이것이 바로 이론과 현실의 차이이며 이에 관하여 다시 논의할 기회가 있을 것이다.

6.2 표본평균에 대한 중심극한정리

모집단에서 표본을 추출하여 평균을 계산해 보면, 예컨대 76.5와 같이, 특정한 값이 된다. 따라서 표본평균은 어떤 특정한 값이고 변할 수 없는 값이라고 생각하는 학생들이 의외로 많이 있다. 그런 학생들에게는 표본평균의 분포가 의아하게 느껴질 것이다. 왜냐하면 표본평균의 분포라는 것은 표본평균이 여러 값을 갖고 그 확률이 존재한다는 것을 의미하기 때문이다.

이러한 문제의 본질은 결국 표본을 관측하여 그 값이 주어져 있느냐, 아니면 아직까지는 표본을 관측하지 않았지만 앞으로 관측할 예정이냐에 달려 있다. 즉, 표본을 관측하여 그 값이 주어진 경우 표본평균은 변할 수 없는 값이다. 그러나 표본을 관측할 예정일 경우에는 어떠한 표본이 추출되느냐에 따라 그 때마다 표본평균은 달라질 것이다. 이를 표본평균의 분포라고 한다. 또 다른 관점에서 표본평균을 생각해 보자. 만약 여러 사람이 각자 표본을 추출하여 표본평균을 구했다면 표본평균은 달라질 수 있을 것이다.

예컨대 제2장에서 다루었던 라면의 실제 판매가격을 7번 조사한 경우 표본평균은 1140이었다. 이 경우 표본평균은 고정된 값이다. 그러나 라면의 실제 판매가격을 7번 조사할 예정인 경우에는 어떠한 표본이 추출되느냐에 따라 평균은 달라질 것이므로 표본평균의 분포를 생각해 볼 수 있다. 같은 표본이라고 하더라도 표본을 관측했느냐 아니면 관측할 예정이냐에 따라 그 의미는 달라진다.

여기서 통계학에서 일반적으로 통용되는 부호를 표시하는 관례를 소개하고자 한다. 표본을 관측한 경우에는 고정된 값이므로 영어 소문자로 나타낸다. 표본을 관측할 예정인 경우는 각각이 확률변수이므로 영어 대문자로 나타낸다. 그리고 영어 소문자로 표시된 값은 영어 대문자로 표시된 값에 대한 하나의 실현값(a realization)이라고 한다. 이러한 부호 표시에 관한 관례를 〈표 6.1〉에 요약하였다.

쉽게 이야기하면 제2장에서는 실현값으로서 표본을 다루었기 때문에 영어 소문자로 나타내었고 제6장과 제7장에서는 관측할 예정인 경우의 표본을 다루기 때문에 영어 대문자로 나타낸다. 〈표 6.1〉에서 영문자와 그리스 문자의 차이를 알아보자. 표본에서 계산한 값, 즉 통계량은 영문자로 나타내었다. 반면에 모집단에서 계산한 값, 즉 모수는 그리스 문자로 나타내었다.

표 6.1 부호 표시에 관한 관례

	관측값	평균	분산	상관계수
관측한 표본	$y_1, y_2, \cdots, y_n$	$\bar{y}$	s^2	r
관측할 예정인 표본	$Y_1, Y_2, \cdots, Y_n$	$\bar{Y}$	S^2	R
모 집 단	$y_1, y_2, \cdots, y_N$	μ	σ^2	ρ

이제 표본평균의 분포에 대하여 구체적으로 살펴보기로 하자. 예를 들어 4,000만 명 대한민국 국민 전체를 모집단이라고 가정하자. 이 모집단 전체에 대하여 지난달에 피자헛에 간 횟수를 조사하여 〈표 6.2(a)〉를 얻었다고 가정하자. 이 모집단에서 1명을 추출하여 지난달에 피자헛에 간 횟수를 조사하여 그 값을 Y라고 표시하자. 그러면 Y는 확률변수가 될 것이고 그 분포는 〈표 6.2(b)〉와 같을 것이다.

〈표 6.2(b)〉는 두 가지 의미를 갖는다. 첫째, 〈표 6.2(b)〉는 앞에서 설명한 바와 같이 모집단에서 추출된 1명의 분포이다. 둘째, 〈표 6.2(b)〉는 〈표 6.2(a)〉의 도수를 상대도수로 나타냈을 뿐이지 본질은 같다. 따라서 〈표 6.2(b)〉는 모집단의 분포라고 볼 수도 있다. 즉, 〈표 6.2(b)〉는 모집단의 분포이면서도 그 모집단에서 추출된 1명의 분포이기도 하다. 〈예제 4.1〉에서도 480만장의 주택복권 전체를 모집단이라고 간주하면 모집단에서 당첨금의 분포와 모집단에서 추출된 주택복권 1장의 당첨금의 분포가 같다는 것을 알 수 있었다. 저자는 이것이야말로 통계학의 본질이라고 생각한다. 그래서 영어의 "population"을 동양권에서는 어미 "母"를 써서 모집단(母集團)이라고 번역한 것 같다.

그 이유는 아마 자식은 어미를 닮기 때문이라고 생각한다.

표 6.2 피자헛에 간 횟수에 대한 분포

(a) 도수분포표

횟수(y)	도수(f)
0	2500만명
1	500만명
2	500만명
3	500만명
합계	4000만명

(b) 모집단의 분포

횟수(Y)	확률(Pr)
0	5/8
1	1/8
2	1/8
3	1/8
합계	1

이러한 모집단에서 추출한 표본크기 n인 확률표본을 $Y_1, Y_2, ..., Y_n$이라고 표시하자. 그러면 첫 번째 관측값 Y_1의 분포는 모집단의 분포인 〈표 6.2(b)〉와 같다. 왜냐하면 Y_1이 0일 확률은 2500만/4000만=5/8이며, 마찬가지로 Y_1이 3일 확률은 500만/4000만=1/8이기 때문이다. 이제 첫 번째 관측값 Y_1을 얻은 다음에 그 사람을 모집단에 복원시키고 두 번째 관측값 Y_2를 얻었다고 가정해 보자. 이 경우 두 번째 관측값 Y_2를 얻을 때 상황은 첫 번째 관측값 Y_1을 얻을 때와 똑같기 때문에 Y_2의 분포는 Y_1의 분포와 같다. 이와 같이 복원추출을 계속한다면 n번째 관측값 Y_n의 분포 역시 Y_1의 분포와 같을 것이고 결국 $Y_1, Y_2, ..., Y_n$ 각각의 분포는 모두 모집단의 분포인 〈표 6.2(b)〉와 같다.

이제 표본크기 n이 증가함에 따라 표본평균의 분포가 어떻게 달라지는지 살펴보기로 하자.

① n=1인 경우

Y_1 하나만 관측할 경우 관측값 자체가 표본평균이 되므로 표본평균의 분포는 모집단의 분포인 〈표 6.2(b)〉가 된다.

② n=2인 경우

〈그림 6.1〉은 표본크기 $n=2$인 경우 확률나무를 이용하여 표본평균의 분포를 구하는 과정을 보여주고 있고 이를 정리하면 표본평균의 분포는 〈표 6.3〉이 된다. 〈표 6.3〉

의 두 번째 행에 있는 $64 \times \mathrm{Pr}$은 확률 값에다 64를 곱해서 자연수로 표시한 것이다. 왜 냐하면 같은 값이면 분수로 표시하는 것보다 자연수로 표시하는 것이 훨씬 편리하기 때 문이다. 이 책에서는 확률분포를 표시할 때 가능하면 이와 같이 표시하고자 한다.

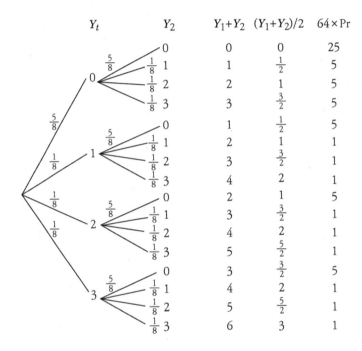

그림 6.1 $n=2$인 경우의 확률나무

표 6.3 $(Y_1 + Y_2)/2$의 분포

$(Y_1 + Y_2)/2$	0	1/2	1	3/2	2	5/2	3
$64 \times \mathrm{Pr}$	25	10	11	12	3	2	1

③ $n=3$인 경우

앞에서 그린 확률나무를 한 단계 더 발전시켜서 잎의 개수가 $4^3 = 64$인 확률나무를 그려보면 표본평균의 분포는 〈표 6.4〉가 된다.

표 6.4 $(Y_1 + Y_2 + Y_3)/3$의 분포

$(Y_1 + Y_2 + Y_3)/3$	0	1/3	2/3	1	4/3	5/3	2	7/3	8/3	3
$512 \times \Pr$	125	75	90	106	48	36	22	6	3	1

④ $n=4$인 경우

앞에서 그린 확률나무를 한 단계 더 발전시켜서 잎의 개수가 $4^4 = 256$인 확률나무를 그려보면 표본평균의 분포는 〈표 6.5〉가 된다.

표 6.5 $(Y_1 + Y_2 + Y_3 + Y_4)/4$의 분포

$(Y_1 + Y_2 + Y_3 + Y_4)/4$	0	1/4	2/4	3/4	1	5/4	6/4	7/4	2	9/4	10/4	11/4	3
$4096 \times \Pr$	625	500	650	820	511	424	300	136	79	36	10	4	1

〈그림 6.2〉는 〈표 6.2〉부터 〈표 6.5〉까지 나타난 표본평균의 분포를 질량함수로 표시하여 비교한 것이다. 이 그림에 의하면 $n = 1$인 경우 표본평균의 분포, 즉 모집단의 분포는 전혀 대칭이 아니지만, n이 증가함에 따라 표본평균의 분포는 점점 대칭에 가까워짐을 알 수 있다. 이 그림에서는 $n = 4$인 경우까지 살펴보았으나 n이 더 커질 경우 표본평균의 분포는 더욱더 대칭에 가까워 질 것 같은 예감이 든다.

이를 확인하기 위하여 $n = 4, 8, 16, 32, 64$인 경우 컴퓨터를 이용하여 확률나무를 그려서 표본평균의 분포를 구하였다. 그 결과는 〈그림 6.3〉에 나타나 있다. 〈그림 6.3〉에 의하면 $n = 16$인 경우만 하더라도 표본평균의 분포는 거의 대칭을 이루는 것으로 보이며 $n = 32$인 경우는 더 말할 나위가 없다.

이러한 사실을 수리적으로 증명하기 위하여 18세기부터 수많은 수학자들과 확률론자들은 피나는 노력을 했다. 그 결과가 바로 중심극한정리(Central Limit Theorem: CLT)이며 식 (6.1)에 요약되어 있다.

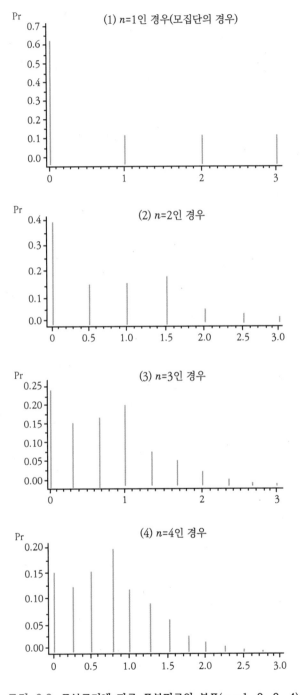

그림 6.2 표본크기에 따른 표본평균의 분포($n = 1, 2, 3, 4$)

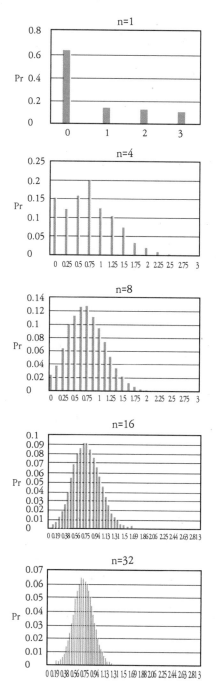

그림 6.3 표본크기에 따른 표본평균의 분포(n = 1, 4, 8, 16, 32)

표본평균에 대한 중심극한정리: 평균이 μ이고 분산이 σ^2인 어떤 모집단에서
표본크기 n인 확률표본을 추출하면 표본크기 n이 증가함에 따라,
표본평균 $\overline{Y}$의 분포는 $N(\mu, \sigma^2/n)$에 한없이 가까워진다.

6.1

**예제
6.1**

피자헛 예를 다시 생각해 보자.

(1) 〈표 6.2(b)〉에 있는 모집단의 분포에서 모평균 μ와 모분산 σ^2을 구하여라.

(2) $n = 2$인 경우 〈표 6.3〉에 있는 표본평균의 분포에서 $E(\overline{Y})$와 $Var(\overline{Y})$를 구하여라.

(3) (1)과 (2)의 결과를 비교하여라.

풀이

(1) $\mu \equiv E(Y) = 0(5/8) + 1(1/8) + 2(1/8) + 3(1/8) = 3/4$

$E(Y^2) = 0^2(5/8) + 1^2(1/8) + 2^2(1/8) + 3^2(1/8) = 7/4$

$\sigma^2 \equiv Var(Y) = E(Y^2) - (E(Y))^2 = 7/4 - 9/16 = 19/16$

(2) $E(\overline{Y}) = \{0(25) + 1/2(10) + 1(11) + 3/2(12) + 2(3) + 5/2(2) + 3(1)\}/64 = 3/4$

$E(\overline{Y^2}) = \{0^2(25) + (1/2)^2(10) + 1^2(11) + (3/2)^2(12) + 2^2(3) + (5/2)^2(2) + 3^2(1)\}$
$/64 = 37/32$

$Var(\overline{Y}) = E(\overline{Y^2}) - (E(\overline{Y}))^2 = 37/32 - (3/4)^2 = 19/32$

(3) 기댓값을 비교해 보면 $E(\overline{Y}) = \mu$

분산을 비교해 보면 $Var(\overline{Y}) = \sigma^2/2$

〈예제 6.1〉에서 $n=2$일 때 표본평균 $\overline{Y}$의 기댓값은 모평균 μ와 같은 3/4이고, $\overline{Y}$의 분산은 $\sigma^2/2 = 19/32$임을 확인하였다. 마찬가지로 $n=4$일 때 〈표 6.5〉에서 $\overline{Y}$의 기댓값을 구해 보면 모평균 μ와 같은 3/4일 것이고 $\overline{Y}$의 분산은 $\sigma^2/4 = 19/64$이 될 것이다. 여기서는 표본평균의 기댓값과 분산에 대하여만 언급하였으나 중심극한정리는 이에 덧붙여 표본평균의 분포가 근사적으로 정규분포임을 알려주고 있다.

중심극한정리에 대하여 몇 가지 의문이 남아 있다. 첫째, 표본크기가 어느 정도 커야 표본평균의 분포가 정규분포에 가깝다고 할 수 있느냐는 점이다. 이는 표본크기 뿐만 아니라 모집단의 분포와도 관련이 된다. 즉, 모집단의 분포가 대칭에 가까울수록 표본평균의 분포는 더 빨리 정규분포에 가까워 질 것으로 예상할 수 있다. 어떠한 경우이건 표본크기가 30이상이면 중심극한정리를 현실적으로 이용하기에 큰 무리가 없다고 알려져 있다.

둘째, 모집단의 분포가 정규분포일 경우에도 중심극한정리에 의해 표본평균의 분포가 정규분포에 가까울 것인가 라는 의문을 갖게 된다. 이 경우 표본평균의 분포는 중심극한정리와 무관하게 정확히 정규분포라는 사실이 알려져 있으며 이를 식 (6.2)에 요약하였다.

모집단의 분포가 $N(\mu, \sigma^2)$일 경우 표본크기 n인 확률표본을 추출하면, 표본평균 $\overline{Y}$의 분포는 정확히 $N(\mu, \sigma^2/n)$이다.

6.2

6.1 참조

예제 6.2

종합강의동을 이용하는 사람들의 몸무게 평균은 65kg이고 표준편차는 7kg이라고 가정하자. 종합강의동에 있는 승강기는 하중이 700kg을 초과하면 경고음이 울린다고 한다. 어느 날 10명이 승강기에 탔는데 경고음이 울릴 확률을 구하여라.

> **풀이**
>
> 승강기에 탄 10명을 확률표본이라 하고 표본평균을 $\overline{Y}$라고 표시하자. 중심극한정리에 의해 $\overline{Y}$의 분포는 근사적으로 $N(65, 4.9)$임을 알 수 있다. 따라서
>
> $$\begin{aligned} \Pr(10명 \ 몸무게의 \ 합 > 700\text{kg}) &= \Pr(\overline{Y} > 70) \\ &= \Pr(\frac{\overline{Y}-65}{\sqrt{4.9}} > \frac{70-65}{\sqrt{4.9}}) \\ &\simeq \Pr(Z > 2.26) \\ &= 0.01 \end{aligned}$$
>
> 즉, 승강기에 10명이 탔을 때 경고음이 울릴 확률은 근사적으로 1%이다.

〈예제 6.2〉는 매우 특이한 문제이다. 왜냐하면 지금까지 우리가 본 확률 구하는 문제는 사전에 확률에 대한 정보를 주고 그것을 이용하여 다른 확률을 구하였으나 〈예제 6.2〉에서는 사전에 확률에 대한 정보가 전혀 없기 때문이다. 〈예제 6.2〉에서 사전에 확률에 대한 정보는 없었지만 중심극한정리에 의해 표본평균의 분포를 알 수 있기 때문에 표본평균에 대한 확률을 구할 수 있었다.

6.3 표본비율에 대한 중심극한정리

예를 들어 통계학 수강생 50명을 모집단이라 하고 그 중 여학생이 15명이라고 가정하자. 그러면 여학생의 비율은 15/50=0.3이다. 이제 수강생 50명 각각에 대하여 남학생이면 0값을 대응시키고 여학생이면 1값을 대응시켜 보자. 그러면 수강생 50명이 갖고 있는 숫자의 평균은 {0(35)+1(15)}/50=0.3이며 이는 여학생의 비율과 같다. 일반적으로 비율이란 우리가 관심을 두는 쪽을 성공이라고 하고 1값을 대응시키고, 우리가 관심을 두지 않는 쪽을 실패라고 하고 0값을 대응시킬 때의 평균인 것이다. 즉, 비율은 평균의

특수한 경우이므로 6.2절에서 설명한 표본평균에 대한 중심극한정리는 표본비율에 대하여도 마찬가지로 성립한다.

모집단의 성별에 대한 도수분포표는 〈표 6.6(a)〉에 나타나 있다. 이제 이 모집단에서 추출된 한 사람의 성별을 Y라고 표시하면 Y는 확률변수가 될 것이다. 확률변수 Y의 분포는 〈표 6.6(b)〉에 나타나 있으며 이를 모집단의 분포라고 한다.

표 6.6 경영통계학 수강생의 남녀 성별: 남학생(0), 여학생(1)

(a) 도수분포표

성별(y)	도수(f)
남학생(0)	35명
여학생(1)	15명
합계	50명

(b) 모집단의 분포

성별(Y)	확률(Pr)
남학생(0)	0.7
여학생(1)	0.3
합계	1

〈표 6.6(b)〉에 있는 모집단의 분포에 대하여 식 (4.4)를 이용하여 평균과 분산을 구하면 다음과 같고 관례적으로 비율에 대하여는 "모평균 μ"라는 용어 대신에 "모비율 θ"라고 한다.

$$\theta \equiv E(Y) = 0(0.7) + 1(0.3) = 0.3$$
$$E(Y^2) = 0(0.7) + 1(0.3) = 0.3$$
$$\sigma^2 \equiv Var(Y) = E(Y^2) - (E(Y))^2 = 0.3 - 0.3^2 = 0.3(1 - 0.3)$$

〈표 6.6(a)〉에 있는 모집단의 도수분포표에서 식 (2.1)을 이용하여 평균을 구하면 그 값은 위에서 구한 모비율 $\theta = 0.3$과 같다. 또한 식 (2.4)를 이용하여 분산을 구하되 모집단인 경우이므로 자유도 대신 모집단의 크기로 나눈 값은 모분산 $\sigma^2 = 0.3(1 - 0.3)$과 같다는 것을 알 수 있다.

일반적으로 모비율이 θ라면 모분산은 $\theta(1 - \theta)$가 된다. 왜냐하면 위에 세 식에서 0.3 대신에 θ를 대입하여도 똑같이 성립하기 때문이다. 따라서 표본비율에 대한 중심극한정리는 표본평균에 대한 중심극한정리인 식 (6.1)에서 모평균 μ 대신에 모비율 θ를 대입하고 모분산 σ^2 대신에 $\theta(1 - \theta)$를 대입하면 된다. 이를 식 (6.3)에 요약하였다.

표본비율에 대한 중심극한정리: 모비율이 θ인 어떤 모집단에서 표본크기 n인 확률표본을 추출하면 표본크기 n이 증가함에 따라, 표본비율 $\overline{Y}$의 분포는 $N(\theta, \dfrac{\theta(1-\theta)}{n})$에 한없이 가까워진다.

6.3

6.1 참조

예제
6.3

지난 4.11 총선거에서 지상파 TV 3사는 공동으로 선거구마다 약 500명의 출구조사를 실시하였고 그 결과를 바탕으로 투표 마감 직후 당선 예상자를 발표한 바 있다. 그러나 실제와 너무 많이 달라서 큰 물의를 일으킨 바 있다. 이 문제를 다음과 같이 정리해 보자. 어느 선거구에 갑과 을이 치열한 접전을 벌이고 있으며 개표결과 갑과 을의 지지율은 각각 0.52, 0.48이라서 갑이 당선되었다고 가정하자. 투표를 마친 유권자 500명을 추출하여 출구조사를 했을 경우 갑이 열세를 보일 확률을 구하여라.

풀이

표본크기 $n = 500$인 확률표본에서 갑의 표본지지율을 $\overline{Y}$라고 표시하자. 표본비율에 대한 중심극한정리에 의해 $\overline{Y}$의 분포는 근사적으로 $N(0.52, \dfrac{0.52(0.48)}{500})$이다. 따라서

$$\Pr(500\text{명 중 갑이 열세}) = \Pr(\overline{Y} < 0.5)$$
$$= \Pr\left(\frac{\overline{Y} - 0.52}{\sqrt{\dfrac{0.52 \cdot 0.48}{500}}} < \frac{0.50 - 0.52}{\sqrt{\dfrac{0.52 \cdot 0.48}{500}}}\right)$$
$$\simeq \Pr(Z < -0.90) = 0.1841$$

즉, 실제로는 갑이 당선되었는데도 500명 출구조사에서 갑이 열세로 나타날 확률은 약 18.4%이다.

01 아래 사항이 사실인지 거짓인지 구별하여라. 만약 사실이면 "True"라고 적어라. 만약 거짓이면 "False"라고 적고 그 이유를 간략히 설명하여라.

1) 중심극한정리에 의하면 표본의 크기가 증가할수록 모집단의 분포는 정규분포에 가까워진다.

2) 비율은 평균의 특수한 경우이다.

02 확률표본을 추출할 때 난수표를 이용하는 것보다 더 고상한 방법은 없는가?

03 표본평균이 고정된 값이 아니라 분포를 가질 수 있는 근거를 2가지 제시하여라.

04 〈그림 6.2〉에서 맨 위 질량함수는 3가지 의미로 해석할 수 있다. 어떤 3가지 의미일까?

05 아래 상자에서 카드를 복원추출한다고 하자.

| ⓪ ① ① ② ③ ③ ③ |

1) 확률나무를 이용하여 표본크기 $n = 2$인 경우 표본평균의 분포를 구하여라.

2) 난수표를 이용하여 표본크기 $n = 5$인 확률표본을 추출하여라.

3) 표본크기 $n = 100$인 경우 표본평균의 기댓값과 분산을 구하여라.

06 어떤 도시에 거주하는 초등학생 1,000명을 모집단이라고 하자. 이 모집단에 대하여 주당 TV 시청 시간을 조사하였더니 0시간 100명, 1시간 100명, …, 9시간 100명이었다고 하자.

1) 모집단의 분포를 그려라.

2) 난수표를 이용하여 표본크기 5인 확률표본을 구하고 그 값을 1)에 표시하여라.

3) 2)에서 구한 확률표본의 평균을 구하여 그 값을 1)에 표시하여라. 표본평균은 개별적인 관측값보다 모평균에 더 가깝다고 할 수 있는가?

07 문제 6을 다시 생각해 보자.

1) 표본크기 5인 확률표본의 평균을 20번 반복하여 구하고 히스토그램을 그려라.

2) 표본크기 5인 확률표본의 평균을 100번 반복하여 구하고 히스토그램을 그려라.

3) 표본크기 20인 확률표본의 평균을 100번 반복하여 구하고 히스토그램을 그려라.

4) 1)과 2)의 히스토그램을 비교해 보아라.

5) 2)와 3)의 히스토그램을 비교해 보아라.

08 어떤 모집단의 분포가 아래와 같다. ($N = 1,000$)

Y	0	1	2
Pr	0.5	0.2	0.3

1) 이 모집단에서 표본크기 $n = 10$인 확률표본을 얻을 수 있는 방법을 기술하여라.

2) 이 모집단의 평균과 분산을 구하여라.

3) 확률나무를 이용하여 $n = 2$인 표본평균의 분포를 구하여라.

4) 표본크기 $n = 20$인 표본평균의 기댓값과 분산을 구하여라.

09 500명이 수강하는 대단위 강의에서 수강생의 중간시험 성적 분포를 $N(70, 64)$라고 가정하자.

1) 1명을 랜덤 추출할 때 그 학생의 성적이 80점 이상일 확률을 구하여라.

2) 10명을 랜덤 추출할 때 10명의 평균 성적이 80점 이상일 확률을 구하여라.

3) 만약 성적의 분포가 정규분포는 아니지만 평균이 70이고 분산이 64라고 가정할 경우 1)과 2)에서 구한 확률을 어떻게 해석해야 하는가?

10 다음은 1995년 통계청에서 실시한 인구주택총조사에서 경기도에 있는 31개 시·군의 인구를 발췌한 것이다(단위는 천명). 31개 시·군을 모집단이라고 간주하면 모평균 $\mu = 246.8$이고 모표준편차 $\sigma = 232.2$이다.

수원시 756	성남시 869	의정부 276	안양시 591	부천시 779	광명시 351
평택시 313	동두천 72	안산시 510	고양시 518	과천시 68	구리시 142
남양주 229	오산시 70	시흥시 133	군포시 235	의왕시 109	하남시 116
양주군 95	여주군 92	화성군 159	파주군 163	광주군 86	연천군 52
포천군 119	가평군 50	양평군 71	이천군 155	용인군 243	안성군 120
김포군 108					

1) 31개 시·군 인구를 시각적으로 표현해 보아라.

2) k표준편차구간에 속한 비율을 구하여라.(k = 1, 2, 3)

3) 난수표를 이용하여 표본크기 5인 확률표본을 구하여 표본평균을 구하여라.

4) 3)에서 구한 5개 표본 관측값과 표본평균을 점그림표로 나타내어라. 표본평균이 표본 관측값에 비해 모평균에 더 가깝다고 할 수 있는가?

5) 3)과 같은 표본추출 과정을 100번 반복하여 표본평균 100개의 히스토그램을 그리면 그 분포는 어떠할 것으로 예상하는가?

6) 3)에서 구한 표본평균을 이용하여 경기도의 총인구를 추정하여라.

11 자동차 엔진 오일 교환을 전문으로 하는 정비업소가 있다. 과거 자료를 바탕으로 조사해 보니 자동차 1대의 엔진 오일을 교환하는 데 걸리는 시간의 분포가 다음과 같다.

소요시간(분)	20	30	40	50
상대도수	0.1	0.5	0.3	0.1

1) 자동차 1대의 엔진 오일을 교환하는 데 걸리는 시간의 평균과 표준편차를 구하여라.

2) 이 업소에는 4명의 정비사가 하루 8시간 근무한다고 한다. 또한 하루에 적어도 50대의 엔진 오일을 교환해야 수지가 맞는다고 한다. 초과근무를 하지 않고 하루에 50대의 엔진 오일을 교환할 확률을 구하여라.

12 S전자에서 생산한 256M IC칩의 불량률은 5%라고 하자. 생산한 제품 더미 속에서 20개를 랜덤 추출하여 검사하였을 때 표본불량률이 10% 이상일 확률을 아래 두 가지 경우에 대하여 구하고 그 결과를 비교하여라.

1) 이항분포를 이용하여라.

2) 중심극한정리를 이용하여라.

13 매우 중요한 문제에 대한 국민투표 결과 지지율이 55%이었다. 국민투표를 실시하기 전에 표본크기 2,000명인 확률표본을 추출하여 여론조사를 하였을 때 표본 지지율이 50% 이하일 확률을 구하여라.

14 K항공 점보기 좌석은 450석이지만 예약을 하고 아무런 통보도 없이 나타나지 않는 손님을 대비해서 500석까지 예약을 받으며 이를 Overbooking이라 한다. 예약한 손님이 아무런 통보도 없이 나타나지 않을 확률(no show rate)을 20%라고 하자. 어느 날 미국으로 가는 점보기에 예약을 하고도 타지 못하는 손님이 있을 확률을 중심극한 정리를 이용하여 근사값을 구하여라.

점 추 정

점추정

Q 불편추정량(Unbiased Estimator)이란?

A 추정량은 모수를 추정하는 값으로서 모수보다 클 수도 있고 작을 수도 있다. 여러 번 반복 추출하여 그 때마다 추정량을 계산했을 때, 추정량들의 평균이 모수와 같다면 이런 추정량을 불편추정량이라고 한다. 다른 관점에서 살펴보자. 만약 추정량의 분포를 알 수 있다면 추정량의 기댓값을 구할 수 있을 것이다. 이 때 추정량의 기댓값이 모수와 같다면 이런 추정량을 불편추정량이라고 한다.

Q 어떤 추정량이 좋은 추정량인가?

A 추정량의 평균과 모수의 차이를 편향(Bias)이라고 하는데 편향이 작을수록 좋은 추정량이라고 할 수 있다. 다른 관점에서 살펴보면 추정량의 분산이 작을수록 좋은 추정량이라고 할 수 있다.

Q 왜 오차제곱평균(Mean Squared Error)이라는 새로운 개념을 도입할 필요가 있는가?

A 추정량은 편향이 작을수록 좋고 분산도 작을수록 좋은 추정량이다. 따라서 편향과 분산을 종합하여 추정량의 성능을 측정할 필요가 있기 때문이다. 일반적으로 오차제곱평균이 작을수록 좋은 추정량이라고 한다.

제1장에서 모집단과 표본의 관계를 설명하면서 통계학의 존재 의미는 표본을 이용하여 모집단의 특성을 파악하는 데 있다고 하였다. 다시 말하면, 모집단의 특성이란 모집단에서 계산한 값이라고 할 수 있으며 이를 모수(Parameter)라고 한다. 한편 표본에서 계산한 값은 통계량(Statistics)이라고 한다. 특히 통계량 중에서 모수를 추정하기 위해 계산한 통계량을 추정량(Estimator)이라고 한다.

통계적 추론(Statistical Inference)이란 통계량을 이용하여 모수에 대하여 추론하는 것이며 점추정(Point Estimation), 구간추정(Interval Estimation), 가설검정(Hypothesis Testing)으로 이루어진다. 점추정은 모수를 하나의 값으로 추정하는 것이며 제7장에서 설명한다. 구간추정은 모수를 하나의 구간으로 추정하는 것이며 제8장에서 설명한다. 가설검정은 모수와 관련된 두 가지 가설 중에서 어느 가설이 더 타당한지를 검정하는 것이며 제9장에서 설명한다.

제7장에서는 모수를 하나의 값으로 추정하는 점추정에 대하여 설명한다. 일반적으로 모수를 점추정하는 가장 손쉬운 방법은 모집단에서 모수를 계산한 것과 똑같은 방법으로 표본에서 계산하는 것이다. 예컨대 모집단의 평균은 표본평균으로, 모집단의 분산은 표본분산으로, 모집단의 상관계수는 표본상관계수로 추정하면 될 것이다.

> 모수를 추정하는 가장 손쉬운 방법은,
> 모집단에서 모수를 계산한 것과 똑같이 표본에서 계산하는 것이다.   **7.1**

점추정에 대하여 설명하기 전에 먼저 모수와 추정량(또는 통계량)의 관계를 생각해 보기로 하자. 모수는 모집단에서 계산한 값이므로 변하지 않는 값이다. 반면에 추정량은 표본에서 계산한 값이므로 어떠한 표본이 추출되었느냐에 따라 그 때마다 달라지는 값이다.

예를 들어 모평균 μ를 표본평균 $\overline{Y}$로 추정하는 경우를 생각해 보자. 우리는 $\overline{Y}$가 μ와 같기를 바랄 수 없다. 왜냐하면 모평균 μ는 변하지 않는 값이지만 표본평균 $\overline{Y}$ 표본을 추출할 때마다 달라지는 값이기 때문이다. 이 경우 우리는 표본평균 $\overline{Y}$에 대하여 아래 두 가지 사항이 만족되길 바랄 수 있다. 첫 번째 희망 사항을 불편성(Unbiased-ness)이라고 하고 두 번째 희망 사항을 효율성(Efficiency)이라고 한다.

① 불편성: $\overline{Y}$가 μ 주위에서 변하는데 때로는 μ보다 크고 때로는 μ보다 작겠지만 평균적으로 μ와 같기를 바랄 수 있다. 즉, $E(\overline{Y}) = \mu$이길 바란다.

② 효율성: $\overline{Y}$는 표본을 추출할 때마다 달라지는 값이지만 변동의 폭이 작기를 바랄 수 있다. 즉, $Var(\overline{Y})$가 작은 값이길 바란다.

또 다른 예로서 활쏘기를 생각해 보자. 이 경우 표적을 모수에 비유한다면 탄착점은 추정량이라고 할 수 있다. 왜냐하면 표적을 맞추려고 쏜 화살이 꽂힌 곳이 탄착점이듯이, 모수를 추정하려고 구한 값이 추정량이기 때문이다. 활쏘기에서도 표적은 변하지 않지만 탄착점은 화살을 쏠 때마다 달라지는 것이다. 만약 세 명의 궁수(弓手) 갑, 을, 병이 표적을 향해 10발씩 쏜 결과가 〈그림 7.1〉과 같다고 가정해 보자. 갑이 쏜 10발은 표적에 집중하고 있기 때문에 셋 중 가장 나은 궁수라는 점에 이의가 없다. 그러나 을이 쏜 10발은 표적을 향하고 있으나 흩어져 있고 병이 쏜 10발은 표적에서 벗어나 있으나 집중하고 있다. 을과 병 중에서 누가 더 나은 궁수인지는 판단하기 쉽지 않다.

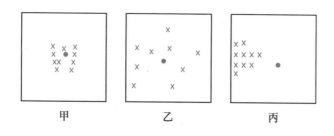

그림 7.1 궁수(弓手) 甲, 乙, 丙의 표적지

통계학적 관점에서 보면, 甲은 불편성과 효율성이 모두 우수하다고 할 수 있다. 반면에 乙은 불편성은 좋은데 효율성이 모자라고, 丙은 효율성은 좋은데 불편성이 모자란다고 할 수 있다. 7.1절에서는 불편성(Unbiasedness)에 대하여 설명하고 7.2절에서는 효율성(Efficiency)에 대하여 설명한다.

7.1 불편성(Unbiasedness)

일반적으로 모수 θ에 대한 추정량 W를 생각해 보자. 추정량 W의 편향(bias)은 식 (7.2)와 같이 정의한다. 이 때 편향이 0인 추정량을 불편추정량(Unbiased Estimator)이라고 하고 편향이 0이 아닌 추정량을 편향추정량(Biased Estimator)이라고 한다. 예컨대 〈예제 6.1〉에서 $E(\overline{Y}) = \mu$이므로 표본평균 $\overline{Y}$는 모평균 μ에 대한 불편추정량이 된다.

$$W\text{의 편향} \equiv E(W) - \theta \qquad \boxed{7.2}$$

이제 모집단의 분산 σ^2을 표본분산 S^2으로 점추정하는 경우를 생각해 보자. 식 (2.4)에 의하면 표본분산 s^2은 편차제곱합을 자유도 $n-1$로 나눈 것으로 정의하였다. 거기서는 편차제곱합을 표본크기 n으로 나누지 않고 자유도 $n-1$로 나눈 이유를 설명할 수 없었지만 이제는 설명할 수 있다. 그 이유는 편차제곱합을 자유도 $n-1$로 나누면 불편추정량을 얻을 수 있기 때문이며 〈예제 7.1〉에서 이를 확인할 수 있다.

예제 7.1

제6장에서 설명한 피자헛 예를 다시 생각해 보자. 즉, 4,000만 명 대한민국 국민 전체를 모집단이라고 하고, 이 모집단 전체에 대하여 지난달에 피자헛에 간 횟수를 조사하여 〈표 6.2(b)〉를 얻었다고 가정하자. 모집단의 분산 σ^2을 추정하기 위하여 표본크기 $n=3$인 단순무작위 표본 Y_1, Y_2, Y_3을 추출하였다. 이 경우 추정량 $S^2 = \sum_{i=1}^{3}(Y_i - \overline{Y})^2 / (3-1)$의 편향을 구하여라.

풀이

표본크기 $n=3$인 경우, S^2의 편향을 구하려면 우선 S^2의 분포를 알아야 한다.

S^2의 분포는 제6장 피자헛의 예에서 설명한 것과 같이 확률나무를 그려서 구할 수 있다. Y_1, Y_2, Y_3에 대하여 잎이 $4^3 = 64$개 있는 확률나무를 그려보면 그 결과는 아래 표와 같다. 이 표에서 네 번째 칸의 P는 〈표 6.4〉와 마찬가지로 확률 ($\Pr$)에 512를 곱해서 자연수로 나타낸 것이다. 즉, $P \equiv 512 \times \Pr$이다. 또한 다섯 번째 칸의 합은 편차 제곱합에 9를 곱해서 자연수로 나타낸 것이다. 즉, 합 $\equiv 9 \times \sum_{i=1}^{3} (Y_i - \overline{Y})^2$이므로 $S^2 = $합$/18$이다.

Y_1	Y_2	Y_3	P	합	Y_1	Y_2	Y_3	P	합	Y_1	Y_2	Y_3	P	합	Y_1	Y_2	Y_3	P	합
0	0	0	125	0	1	0	0	25	6	2	0	0	25	24	3	0	0	25	54
0	0	1	25	6	1	0	1	5	6	2	0	1	5	18	3	0	1	5	42
0	0	2	25	24	1	0	2	5	18	2	0	2	5	24	3	0	2	5	42
0	0	3	25	54	1	0	3	5	42	2	0	3	5	42	3	0	3	5	54
0	1	0	25	6	1	1	0	5	6	2	1	0	5	18	3	1	0	5	42
0	1	1	5	6	1	1	1	1	0	2	1	1	6	3	1	1	1	24
0	1	2	5	18	1	1	2	1	6	2	1	2	1	6	3	1	2	1	18
0	1	3	5	42	1	1	3	1	24	2	1	3	1	18	3	1	3	1	24
0	2	0	25	24	1	2	0	5	18	2	2	0	5	24	3	2	0	5	42
0	2	1	5	18	1	2	1	1	6	2	2	1	1	6	3	2	1	1	18
0	2	2	5	24	1	2	2	1	6	2	2	2	2	0	3	2	2	1	6
0	2	3	5	42	1	2	3	1	18	2	2	3	1	6	3	2	3	1	6
0	3	0	25	54	1	3	0	5	42	2	3	0	5	42	3	3	0	5	54
0	3	1	5	42	1	3	1	1	24	2	3	1	1	18	3	3	1	1	24
0	3	2	5	42	1	3	2	1	18	2	3	2	1	6	3	3	2	1	6
0	3	3	5	54	1	3	3	1	24	2	3	3	1	6	3	3	3	1	0

이 표에서 S^2의 분포를 구하면 다음과 같다.

S^2	0	6/18	18/18	24/18	42/18	54/18
$\Pr$	128/512	102/512	36/512	96/512	60/512	90/512

확률변수의 기댓값을 구하는 식 (4.5)에 의하면, $E(S^2) = \dfrac{5472}{4608} = \dfrac{19}{16}$이다. 한편 〈예제 6.1〉에서 구한 모집단의 분산 $\sigma^2 = 19/16$이므로 S^2은 불편추정량이다. 참고로 편차제곱합을 표본크기로 나눈 $S_*^2 = \sum_{i=1}^{3}(Y_i - \overline{Y})^2/3$의 분포를 구하면 다음

과 같고 식 (4.5)에 의해 기댓값을 구하면 $E(S_*^2) = \dfrac{3648}{4608} = \dfrac{19}{24}$ 이다.

S_*^2	0	6/27	18/27	24/27	42/27	54/27
Pr	128/512	102/512	36/512	96/512	60/512	90/512

결론적으로 분산을 구할 때 편차제곱합을 자유도로 나눈 S^2은 불편추정량이다. 반면에 편차제곱합을 표본크기로 나눈 S_*^2은 편향추정량이다. 그렇기 때문에 분산을 구할 때 편차제곱합을 자유도로 나눌 것을 권장한다.

7.2 효율성(Efficiency)

불편추정량이라고 해서 무조건 편향추정량보다 더 좋은 추정량이라고 말할 수는 없다. 왜냐하면 추정량은 편향이 작을수록 좋겠지만 분산 역시 작을수록 좋기 때문이다. 〈그림 7.1〉에서 본 바와 같이 갑이 가장 우수한 궁수라는 점에 대해서는 이론의 여지가 없다. 그러나 을과 병 중에서 누가 더 나은 궁수인지는 판단하기 쉽지 않다. 통계학적 관점에서 보면 을은 불편성은 좋은데 효율성이 모자라고 반면에 병은 효율성은 좋은데 불편성이 모자라기 때문이다. 7.2절에서는 을과 병 중에서 누가 더 나은 궁수인지 측정할 수 있는 기준을 제시하고자 한다.

일반적으로 모수 θ에 대한 추정량 U와 V 중에서 어느 쪽이 더 좋은 추정량인지를 판단해 보자. 만약 두 추정량의 편향이 같다면 분산이 작은 추정량이 더 좋은 추정량이라고 할 수 있다. 즉, 분산이 작은 추정량을 효율성이 좋은 추정량이라고 한다. 그러나 두 추정량의 편향이 같지 않다면 편향과 분산을 종합하여 추정량의 성능을 측정할 필요가 있으며 이러한 목적으로 개발된 척도가 오차제곱평균(Mean Square Error: MSE)이다. 즉, 오차제곱평균이 작은 추정량을 효율성이 좋은 추정량이라고 한다.

일반적으로 모수 θ에 대한 추정량 W를 생각해 보자. 추정량 W의 오차제곱평균을 기호로 $MSE(W)$라고 표시하며 식 (7.3)과 같이 정의한다.

7.3
4.6 참조

$$W의 \ 오차제곱평균 \equiv MSE(W) = E(W - \theta)^2$$

오차제곱평균의 정의인 식 (7.3)와 분산의 정의인 식 (4.6)을 비교해 보자. 두 식은 모두 편차 제곱의 기댓값이다. 차이가 있다면 편차를 구할 때 식 (7.3)에서는 모수를 기준으로 구하고 식 (4.6)에서는 기댓값(평균)을 기준으로 구하는 것이 다를 뿐이다. 따라서 W가 불편추정량이라면, 즉 $E(W) = \theta$, 불편추정량 W의 오차제곱평균과 분산은 같다. 이러한 관점에서 오차제곱평균은 분산을 확장시킨 개념이라고 할 수 있다. 이와 비슷한 사례가 제5장에서도 있었다. 즉, 공분산은 분산을 확장한 개념이라고 했는데 참고하기 바란다.

이제 식 (7.3)의 우변의 괄호 안에서 W의 기대값을 빼주고 더해주고 나서 전개하면 아래와 같이 표시되며 이를 식 (7.4)에 요약하였다. 이 과정에서 교차항은 0이 되기 때문에 생략하였다. 식 (7.4)를 이용하면 오차제곱평균을 쉽게 구할 수 있다. 또한 식 (7.4)에서 불편추정량의 오차제곱평균은 분산과 같다는 것을 재확인 할 수 있다. 일반적으로 오차제곱평균이 작을수록 더 효율적인 추정량이라고 한다. 특히 오차제곱평균이 가능한 한 작은 추정량을 효율추정량(Effecient Estimator)이라고 하고 이러한 성질을 효율성(Efficiency)이라고 한다.

$$
\begin{aligned}
MSE(W) &\equiv E(W - \theta)^2 \\
&= E[(W - E(W)) + (E(W) - \theta)]^2 \\
&= E[W - E(W)]^2 + E[E(W) - \theta]^2 + 2E[(W - E(W))(E(W) - \theta)] \\
&= (W의 \ 분산) + (W의 \ 편향)^2
\end{aligned}
$$

$$MSE(W) = (W의 \ 분산) + (W의 \ 편향)^2$$

7.4

이 책에서는 추정량에 대하여 불편성과 효율성에 대하여 설명하였다. 이 밖에 일치성(Consistency)에 대하여 생각해 볼 수 있다. 일치성이란 표본크기가 증가할수록 추정량이 모수에 수렴하는 것을 뜻한다. 일치성은 이 책의 범위를 벗어나기 때문에 다루지 않는다.

예제 7.2

한 번의 시행에서 성공할 확률이 θ인 시행을 n번 독립적으로 반복할 때, 성공한 횟수를 S라고 표시하자. θ에 대한 두 가지 추정량 U와 V를 아래와 같이 정의하자. 즉, 추정량 U는 표본에서 성공한 비율로 θ를 추정하는 것이고, 추정량 V는 표본과 무관하게 언제나 1/2이라고 추정하는 것이다.

$$U = S/n, \quad V = 1/2$$

1) U의 오차제곱평균, $MSE(U)$을 구하여라.
2) V의 오차제곱평균, $MSE(V)$을 구하여라.
3) U, V의 오차제곱평균을 하나의 그래프에 그려서 두 추정량의 오차제곱평균을 비교하여라.

풀이

1) 이항분포의 평균과 분산을 구하는 식 (4.9)에 의해 $E(S) = n\theta$, $Var(S) = n\theta(1-\theta)$이다.
   그런데 U는 S의 선형변환이므로 식 (4.19)에 의해
   $E(U) = E(S)/n = (n\theta)/n = \theta$, $Var(U) = \theta(1-\theta)/n$이다.
   U의 편향은 0이므로 식 (7.4)에 의해, $MSE(U) = Var(U) = \theta(1-\theta)/n$이다.

2) $E(V) = 1/2$, $Var(V) = 0$이다. 따라서 V의 편향 $= E(V) - \theta = 1/2 - \theta$이다.
   식 (7.4)에 의해 $MSE(V) = (V의 \ 분산) + (V의 \ 편향)^2 = (1/2 - \theta)^2$이다.

3) $MSE(U)$와 $MSE(V)$의 그래프를 다음에 나타내었다. 이 그래프에 의하면 θ가 1/2 근방일 때는 $MSE(U) > MSE(V)$이므로 V가 U보다 효율적이라고

할 수 있다. 두 그래프의 교점을 구하면 $n = 20$인 경우 V가 U보다 효율적이라고 할 수 있는 구간은 $(0.39,\ 0.61)$이다. $n = 100$인 경우 이 구간은 $(0.43,\ 0.57)$로 줄어든다. 즉, 표본크기가 증가할수록 V가 U보다 효율적이라고 할 수 있는 구간은 줄어들게 된다.

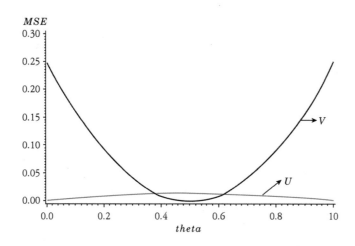

K NOW 알고 넘어 갑시다

어떤 모집단의 분포가 $N(\mu, \sigma^2)$라고 가정하자. 이 모집단에서 표본크기 n인 표본을 추출하여 모평균 μ를 추정한다고 하자. 이 경우 μ에 대한 점추정으로서 표본평균과 표본중위수를 비교해 보자. 표본평균과 표본중위수는 모두 불편추정량이라고 알려져 있기 때문에 두 추정량의 오차제곱평균은 분산과 같다. 따라서 두 추정량의 분산을 비교해 보면 표본평균의 분산이 표본중위수의 분산보다 작다고 알려져 있다. 이것이 모평균에 대한 추정량으로서 표본평균을 선호하는 근거가 된다. 그러나 모집단의 분포가 정규분포가 아닐 경우에는 경우마다 다른 결론을 얻게 된다.

E XERCISE 연습문제

01 아래 문항의 괄호를 채워라.

1) 모수(parameter)와 통계량(statistics)을 비교하면, 모수는 (   )에서 계산한 값이고 통계량은 (   )에서 계산한 값으로서 (   )은/는 (   )을/를 추정해 준다.

2) 통계적 추론의 3가지는 (   ), (   ), (   )이다.

02 표본을 추출하지 않고 모평균 μ를 언제나 10이라고 추정한다면 이 추정량의 오차제곱평균은?

03 모비율 θ에 대한 추정량 U를 생각해 보자. 추정량 U는 표본을 추출하는 대신에 동전을 던져서 앞면이 나오면 $\theta = \frac{1}{3}$이라고 추정하고 뒷면이 나오면 $\theta = \frac{2}{3}$라고 추정한다. 이 추정량 U에 대한 오차제곱평균을 구하고 그래프로 표시하여라.

04 두 추정량 U와 V가 있다. 아래 빈 칸을 채우고 두 추정량 U와 V를 비교하여라.

	편향	분산	오차제곱평균
U	0	600	
V	12		400

Chapter 08

구간추정

구간추정

Q 점추정과 구간추정의 관계는?

A 〈그림 8.1〉과 같이 점추정은 모수를 수직선 위의 한 점으로 추정하는 것이고 구간추정은 모수를 점추정 값을 중심으로 구간으로 추정하는 것이라고 할 수 있다. 한편 제2장에서 설명한 일변량 데이터의 요약이라는 관점에서 점추정과 구간추정을 비교해 보자. 일변량 데이터를 대푯값 하나로 요약하는 것이 점추정이라면, 대푯값과 산포도로 요약하는 것이 구간추정이라고 할 수 있다.

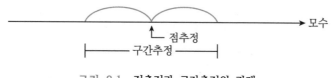

그림 8.1 **점추정과 구간추정의 관계**

Q 예컨대 모평균 μ에 대한 95% 신뢰구간이 10보다 크고 30보다 작다고 한다. 이 신뢰구간의 의미는?

A 모평균 μ는 얼마인지 모르는 값이므로 이 신뢰구간이 모평균 μ를 포함하는지 여부는 알 수 없다. 여기서 95%의 의미는 독립적인 표본을 100번 추출하여 그때마다 95% 신뢰구간을 만들었다면 이렇게 만들어진 100개의 신뢰구간 중에서 평균적으로 95개의 신뢰구간에는 모

평균이 포함될 것이나 나머지 신뢰구간에는 모평균이 포함되지 않을 수도 있다는 상대도수
적 의미이다.

Q 모평균 μ에 대한 100% 신뢰구간은 만들 수 없을까?

A 모평균 μ는 얼마인지 모르는 값이므로 신뢰구간이 언제나 모평균 μ를 포함하려면 그 신뢰
구간은 $-\infty$보다 크고 ∞보다 작아야 할 것이다. 따라서 이러한 신뢰구간은 의미가 없다.

예를 들어 미국에 있는 모든 대학교를 모집단이라 하고 모집단 전체에서 계산한 연
간 기숙사 비용의 평균을 μ라고 표시하자. 이제 모평균 μ에 대한 추론을 생각해 보자.
만약 모집단 전체에 대하여 연간 기숙사 비용을 조사해서 평균을 계산할 수만 있다면 그
값이 바로 모평균 μ이므로 모평균 μ에 대하여 더 이상 논란의 여지가 없을 것이다. 그
러나 미국에 있는 모든 대학교의 연간 기숙사 비용을 모두 조사한다는 것이 현실적으로
가능하지 않기 때문에 대안으로서 표본을 추출하게 된다. 〈표 8.1〉은 50개 미국 대학교
의 연간 기숙사비(annual cost of room and board)를 조사한 것이다. 그러면 표본평균
$\bar{y}=\$3,658$이다. 이때 모평균 μ를 하나의 값으로 추론한다면 우리는 표본평균인 \$3,658
이라고 할 것이다. 이와 같이 모평균 μ를 하나의 값으로 추론하는 과정을 점추정이라고
한다.

대부분의 경우 우리는 점추정만으로는 만족하지 못하며 모평균 μ에 대하여 더 많은
것을 알고자 한다. 그 이유는 표본평균 \$3,658로 모평균 μ을 추정할 경우 표본평균은
모평균에 가까울 것으로 예상되나 결코 같을 수는 없기 때문이다. 따라서 표본평균이 모
평균에 얼마나 가까울 것인가에 대하여 알고자 한다. 이러한 과정을 통계학에서는 구간
추정이라고 하고 여기서는 구간추정의 가장 대표적인 예로서 신뢰구간에 대하여 중점적
으로 다루고자 한다.

한편 제2장에서 설명한 일변량 데이터의 요약이라는 관점에서 점추정과 구간추정을
비교해 보자. 일변량 데이터를 대푯값 하나로 요약하는 것이 점추정이라면, 대푯값과 산
포도로 요약하는 것이 구간추정이라고 할 수 있다. 그런데 일변량 데이터의 요약에서 강
조한 바와 같이 대푯값은 산포도와 짝을 이루었을 때 비로소 강력한 힘을 발휘할 수 있

표 8.1 50개 미국 대학의 연간 기숙사비(U.S News & World Report, 1992. 6. 5)

College	Annual Cost of Room and Board	College	Annual Cost of Room and Board
Aubum University	3,167	University of Missouri	3,004
University of Alaska, Fairbanks	2,860	Montana State University	3,278
Northern Arizona University	2,800	University of Nebraska	2,800
University of Arkansas	3,150	University of Nevada at Las Vegas	4,850
California State University, Fullerton	3,249	University of New Hampshire	3,600
Colorado State University	3,462	Fairleigh Dickinson	5,166
University of Connecticut	4,522	University ofNew Mexico	3,274
University of Delaware	3,540	Syracuse University	5,860
Georgetown University	5,732	Duke University	4,960
Howard University	4,040	North Dakota State University	2,436
University of Florida	3,790	Ohio State University	3,639
University of Georgia	2,988	University of Oklahoma	3,000
University of Hawaii at Manoa	3,072	Oregon State University	2,950
DePaul University	4,333	University of Pittsburgh	3,514
Indiana University	3,730	Providence College	5,000
Iowa State University	2,850	Clemson University	3,153
University of Kansas	2,684	University of South Dakota	2,302
University of Kentucky	3,734	University of Tennessee	3,166
Tulane University	5,505	University of Texas	3,300
University of Maine	4,241	University of Vermont	4,358
University of Maryland	4,712	University of Virginia	3,312
Amherst College	4,400	University of Washington	3,684
University of Michigan	3,853	West Virginia University	3,846
University of Minnesota	3,400	University of Wisconsin	3,721
University of Mississippi	3,004	University of Wyoming	3,262

었다. 따라서 대표값만 이용하는 점추정에 비해 대푯값과 산포도를 이용하여 신뢰구간을 구하면 훨씬 더 많은 것을 알 수 있게 된다.

8.1절에서는 표본크기가 큰 경우 중심극한정리를 이용하여 하나의 모평균(비율)과 두 모평균(비율) 차이에 대한 신뢰구간을 다루고 있다. 8.2절은 표본크기가 작은 경우 t분포를 이용하여 하나의 모평균과 두 모평균 차이에 대한 신뢰구간을 다루고 있다. 8.1절과 8.2절을 비교하면, 하나의 모평균과 두 모평균 차이에 대한 신뢰구간에 있어서는 서로 대응하지만 8.1절에서는 비율에 대한 신뢰구간을 다루고 있는 데 반하여 8.2절에서는 비율에 대해서는 다루지 않는다. 표본크기가 큰지 작은지에 대한 판정은 매우 주관적

이다. 그러나 표본크기가 30이상일 경우는 크다고 말하기에 충분하고 10미만일 경우는 작다고 말하기에 충분하다고 생각된다. 만약 표본크기가 10이상 30미만이라면 주관적 판단에 의지할 수밖에 없을 것이다.

두 모집단에서 독립적으로 표본을 추출할 경우 모평균 차이에 대한 신뢰구간을 8.1절과 8.2절에서 다루는데 두 모평균의 차이를 보다 정밀하게 비교할 수 있는 방안으로 대응비교(Paired Comparison)를 생각해 볼 수 있으며 이를 8.3절에서 다루고 있다. 8.4절에서는 신뢰구간의 한 쪽 끝이 무한대인 단측신뢰구간을 다루고 있다. 8.5절에서는 제8장의 방대한 내용을 요약하고 있다.

8.1 표본크기가 큰 경우의 신뢰구간

1) 하나의 모평균에 대한 신뢰구간

어떤 모집단의 모평균을 μ라고 표시하고 모분산을 σ^2이라고 표시하자. 대부분의 경우 모평균 μ와 모분산 σ^2은 모두 모르는 값일 것이다. 설명의 편의상 일단 모분산 σ^2은 알고 있는 값이라고 가정하고 모평균 μ에 대한 추론을 생각해 보기로 하자. 누가 뭐라해도 모평균 μ를 가장 잘 나타내 줄 수 있는 것은 모집단에서 추출한 표본의 평균일 것이다. 즉, 모집단에서 추출한 확률표본을 $Y_1, Y_2, \cdots, Y_n$이라고 표시하고 그 평균을 $\overline{Y}$라고 표시하자. 이 경우 모평균 μ를 하나의 값으로 추정한다면 표본평균 $\overline{Y}$라고 할 것이다.

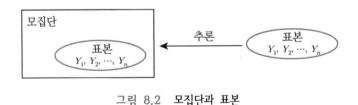

그림 8.2 모집단과 표본

한편 표본의 크기가 충분히 크다면, $\overline{Y}$의 분포는 중심극한정리에 의해 모집단의 분포가 어떠하건 관계없이 $N(\mu, \sigma^2/n)$에 근사할 것이다. 따라서 $\overline{Y}$를 표준화시키면 근사적인 표준정규분포가 되고 1.96 표준편차 구간에 속할 확률은 근사적으로 95%임을 알게 된다. 이 결과를 식 (8.1)에 요약하였다.

$$\overline{Y}\text{에 대한 1.96 표준편차 구간:}$$
$$\Pr\left(-1.96 < \frac{\overline{Y}-\mu}{\frac{\sigma}{\sqrt{n}}} < 1.96\right) \simeq 0.95$$

8.1

이제 식 (8.1)의 괄호 안에 있는 부등식을 다음과 같은 부등식의 성질 ① ② ③을 이용하여 μ에 관하여 표시해 보기로 하자. 이러한 과정은 식 (8.2)에 나타나 있다.

① 부등식 양변에 음이 아닌 수 $\sigma/\sqrt{n}$를 곱해도 부등식은 역시 성립할 것이다.

② 부등식 양변에서 $\overline{Y}$를 빼주어도 부등식은 역시 성립할 것이다.

③ 부등식 양변에 -1을 곱하면 부등호 방향이 바뀔 것이다.

$$-1.96 < \frac{\overline{Y}-\mu}{\frac{\sigma}{\sqrt{n}}} < 1.96$$

$$① \quad \Leftrightarrow \quad -1.96\frac{\sigma}{\sqrt{n}} < \overline{Y}-\mu < 1.96\frac{\sigma}{\sqrt{n}}$$

$$② \quad \Leftrightarrow -\overline{Y}-1.96\frac{\sigma}{\sqrt{n}} < -\mu < -\overline{Y}+1.96\frac{\sigma}{\sqrt{n}}$$

$$③ \quad \Leftrightarrow \quad \overline{Y}-1.96\frac{\sigma}{\sqrt{n}} < \mu < \overline{Y}+1.96\frac{\sigma}{\sqrt{n}}$$

8.2

식 (8.2)에 있는 4가지 부등식은 동치이므로 이 4가지 부등식에 대한 확률은 모두 95%이다. 특히 맨 마지막에 μ에 관하여 표시된 부등식을 μ에 관한 95% 신뢰구간 (Confidence Interval)이라고 하고 이를 간략히 식 (8.3)과 같이 표시한다. 식 (8.3)에 있는 '±' 부호는 이차방정식의 근의 공식에서 배운 복부호를 의미하는 것이 아니라 식 (8.2)에서 ③을 간략히 표시한 것일 뿐이다. 식 (8.3)에 있는 신뢰구간을 다시 살펴보면 이는 $\overline{Y}$를 기준으로 $1.96\sigma/\sqrt{n}$ 만큼 빼준 값을 하한으로 하고 그만큼 더해준 값을 상한으로 하는 구간임을 알 수 있다.

> 표본크기가 큰 경우 모평균 μ에 대한 근사적인 95% 신뢰구간:
>
> $$\mu = \overline{Y} \pm 1.96 \frac{\sigma}{\sqrt{n}}$$

8.3

모평균 μ에 대한 95% 신뢰구간을 구할 때 식 (8.3)을 이용하기 위해서는 모분산 σ^2을 알아야 할 것이나 현실적으로 모평균을 모르면서 모분산을 아는 경우는 극히 드물 것이다. 한편 식 (8.3)은 표본크기가 큰 경우 중심극한정리에 바탕을 둔 근사적 신뢰구간이므로 모분산 σ^2의 값을 모를 경우에는 모분산 σ^2대신에 표본분산 s^2을 대입하여 사용하여도 큰 무리는 없을 것이다. 왜냐하면 표본크기가 큰 경우 표본평균은 모평균에 가까울 것으로 예상되고 표본분산 역시 모분산에 가까울 것으로 예상되기 때문이다.

예제 8.1

미국에 있는 모든 대학교를 모집단이라 하고 모집단 전체에서 계산한 연간 기숙사 비용의 평균을 μ라고 표시하자. 〈표 8.1〉에 있는 50개 대학교가 확률표본이라고 가정하자. 50개 대학교의 연간 기숙사 비용의 표본통계량은 $\overline{Y} = 3,685$, $S^2 = 849^2$이다. 모평균 μ에 대한 95% 신뢰구간을 구하여라.

풀이

식 (8.3)에 $n = 50$, $\overline{Y} = 3,685$, $S = 849$를 대입하면,

$$\mu = 3,685 \pm 1.96(849/\sqrt{50})$$
$$= 3,685 \pm 235$$

즉, 모평균 μ에 대한 95% 신뢰구간은 $3,450 < \mu < 3,920$이다.

〈예제 8.1〉에서 구한 95% 신뢰구간의 의미를 살펴보기로 하자. 많은 학생들이 이

구간의 의미를 $\Pr(3450 < \mu < 3920) \simeq 0.95$라고 잘못 해석하고 있다. 왜냐하면 μ는 모르기는 하지만 변하지 않는 값이고 구간 역시 3450보다 크고 3920보다 작다고 고정되어 있으므로 여기에는 더 이상 확률을 부여할 수 없기 때문이다.

그러면 식 (8.2)에 있는 4가지 부등식에 대한 확률은 모두 95%라는 것은 무슨 뜻일까? 이는 어디까지나 $\overline{Y}$에 대한 확률인 것이다. 그런데 $\overline{Y}$대신에 표본에서 구한 하나의 값 3685를 대입하게 되면 이제 더 이상 확률변수는 존재하지 않게 된다.

〈예제 8.1〉에서 구한 95% 신뢰구간을 다음과 같이 상대도수적으로 해석할 수 있다. 즉, 모평균 μ는 얼마인지 모르는 값이므로 이 신뢰구간이 모평균 μ를 포함하는지 여부는 알 수 없다. 만약 50개 대학을 표본추출하는 과정을 독립적으로 100번 반복하여 그때마다 95% 신뢰구간을 만들었다고 가정하자. 이렇게 만들어진 100개의 신뢰구간 중에는 모평균을 포함하는 신뢰구간도 있을 것이고 모평균을 포함하지 않는 신뢰구간도 있을 것이다. 그런데 100개의 신뢰구간 중에서 평균적으로 95개의 신뢰구간에는 모평균이 포함될 것이나 나머지 신뢰구간에는 모평균이 포함되지 않을 수도 있다는 뜻이다.

지금까지는 표본크기 n은 주어진 값이라고 가정하였으나 현실적으로는 표본크기를 얼마로 할 것인지를 결정해야 한다. 일반적으로 표본크기가 증가할수록 비용은 많이 들지만 신뢰구간의 정밀도는 높아지게 된다. 예컨대 95% 신뢰구간을 구한다고 가정해 보자. 식 (8.3)에 의하면 표본크기를 4배로 늘리면 신뢰구간의 폭은 1/2로 줄어들고, 표본크기를 100배로 늘리면 신뢰구간의 폭은 1/10로 줄어들게 된다. 이와 같이 표본크기를 먼저 정하면 그에 따라서 신뢰구간의 폭이 결정된다.

반면에 우리가 허용할 수 있는 신뢰구간의 폭을 먼저 정하고 나서 그에 따른 표본크기를 결정할 수도 있을 것이다. 예컨대 95% 신뢰구간의 폭이 우리가 미리 정한 값 d보다 작기를 원한다고 하자. 식 (8.3)에 의하면 95% 신뢰구간의 폭은 $2(1.96)(\sigma/\sqrt{n})$이므로 $2(1.96)(\sigma/\sqrt{n}) \leq d$이 만족되어야 한다. 이 부등식을 n에 관하여 표시하면 식 (8.4)와 같다. 식 (8.4)는 95% 신뢰구간의 폭이 d보다 작아지기 위한 최소한의 표본크기를 나타내주고 있다.

> 95% 신뢰구간의 폭을 d보다 작게 하려면 표본크기는
> $$n \geq (2 \cdot 1.96 \cdot \sigma/d)^2$$
>
> 8.4

식 (8.4)를 이용하기 위해서는 모집단의 표준편차 σ를 알아야 한다. 만약 이 값을 모를 경우 표본크기를 작게 해서 표본을 추출하고 그 표본에서 구한 표본표준편차를 대입하여 사용하게 된다. 이와 같이 본 조사에 앞서서 표본크기를 작게 해서 일단 표본을 추출해 보는 것을 사전조사(pilot study)라고 한다. 사전조사는 여러 가지 목적으로 이용될 수 있다. 예컨대 여론조사의 경우에는 질문지를 완성하기 전에 질문에 대하여 어떠한 응답이 나올 수 있는지를 파악하기 위해서 이용하기도 한다.

예제 8.1 (계속)

〈예제 8.1〉에서 표본크기 $n = 50$인 경우 95% 신뢰구간의 폭은 $470이었다. 만약 95% 신뢰구간의 폭을 반으로 줄여서 $235보다 작게 하려면 표본크기는 적어도 얼마이어야 하는가?

풀이

식 (8.4)에 $d = 235$, 모표준편차 σ 대신 표본표준편차 $s = 849$를 대입하면,

$$n \geq (2 \cdot 1.96 \cdot 849/235)^2 = 200.56.$$

즉, 신뢰구간의 폭을 반으로 줄이려면 표본크기는 4배 늘려야 한다는 것을 확인할 수 있다.

2) 독립표본에서 두 모평균 차이에 대한 신뢰구간

〈예제 8.1〉에서는 미국에 있는 모든 대학교를 모집단이라 보고 모집단 전체의 연간 기숙사비의 평균 μ에 대한 95% 신뢰구간을 구해 보았다. 이제 모집단을 사립대학교와 주립대학교로 구분하여 두 모집단의 평균의 차이에 대하여 추론해 보고자 한다.

일반적으로 두 모집단에서 추출한 표본을 부호로 표시하는 방법은 두 가지가 있

다. 첫 번째 방법은 모집단을 나타내는 문자를 달리하는 것이다. 예컨대 첫 번째 모집단에서 추출한 m개 표본은 $X_1, X_2, \cdots, X_m$으로 나타내고 두 번째 모집단에서 추출한 n개 표본은 $Y_1, Y_2, \cdots, Y_n$으로 나타내는 것이다. 두 번째 방법은 모집단을 나타내기 위해 첨자를 도입하는 것이다. 예컨대 첫 번째 모집단에서 추출한 n_1개 표본은 $Y_{11}, Y_{12}, \cdots, Y_{1n_1}$으로 나타내고 두 번째 모집단에서 추출한 n_2개 표본은 $Y_{21}, Y_{22}, \cdots, Y_{2n_2}$로 나타내는 것이다.

이와 같이 첨자를 2개 도입하는 것을 이중첨자법(Double Subscription)이라고 한다.

만약 두 모집단을 비교하는 것이 궁극적인 목적이라면 새로운 문자를 도입하는 것이 이중첨자법을 도입하는 것보다 편리할 수 있고 또한 대부분의 통계학 교재는 새로운 문자를 도입하여 설명하고 있다. 그러나 제10장의 분산분석법이라는 것이 기본적으로는 셋 이상의 모집단에 대한 비교이므로 그때 가서는 모든 통계학 교재가 필연적으로 이중첨자법을 도입할 수밖에 없다.

이 책에서는 두 모집단을 비교하는 단계에서 이중첨자법을 도입하는데 그 이유는 다음과 같다. 첫째, 어차피 맞을 매라면 미리 맞아 두는 것이 낫다고 생각한다. 둘째, 이 책에서는 분산분석법에 의한 결론은 두 모집단을 비교해서 얻어진 결론의 일반화(generalization)라는 것을 강조하고 있다. 일반화를 설명하기 위해서는 두 모집단을 비교하건 분산분석을 하건 동일한 문자를 사용해야 가능해진다.

이 책에서 사용하는 이중첨자법은 첫 번째 첨자로 모집단을 나타내고, 두 번째 첨자로 관측값의 순서를 나타낸다. 예컨대 μ_1은 첫 번째 모집단의 평균을 나타내며, σ_2^2는 두 번째 모집단의 분산을 나타내고, Y_{23}는 두 번째 모집단에서 추출한 세 번째 관측값을 나타낸다. 일반적으로 Y_{ij}는 i번째$(i = 1, 2)$ 모집단에서 추출된 j번째$(j = 1, 2, \cdots, n_i)$ 관측값을 나타낸다. 이중첨자법을 처음 사용할 때는 다소 생소하지만 조금만 익숙해지면 매우 편리한 방법이라는 것을 알 수 있으며 〈표 8.2〉에 요약하였다.

표 8.2 하나의 모집단과 두 모집단에서 부호 표시

	하나의 모집단	두 모집단
모평균	μ	μ_1, μ_2
모분산	σ^2	σ_1^2, σ_2^2
표본크기	n	n_1, n_2
표본관측값	$Y_1, Y_2, \cdots, Y_n$	$Y_{11}, Y_{12}, \cdots, Y_{1n_1}$ $Y_{21}, Y_{22}, \cdots, Y_{2n_2}$
표본평균	$\overline{Y}$	$\overline{Y}_1$, $\overline{Y}_2$
표본분산	S^2	S_1^2, S_2^2

예제
8.2

첫 번째 모집단에서 5개 확률표본을 추출하여 $Y_{11}, Y_{12}, Y_{13}, Y_{14}, Y_{15}$ 라고 하고, 두 번째 모집단에서 4개 확률표본을 추출하여 $Y_{21}, Y_{22}, Y_{23}, Y_{24}$ 라고 하자. $\overline{Y}_1$, $\overline{Y}_2$, S_1^2, S_2^2 을 표시하여라.

풀이

$\overline{Y}_1 = (Y_{11} + Y_{12} + Y_{13} + Y_{14} + Y_{15})/5$

$\overline{Y}_2 = (Y_{21} + Y_{22} + Y_{23} + Y_{24})/4$

$S_1^2 = [(Y_{11} - \overline{Y}_1)^2 + (Y_{12} - \overline{Y}_1)^2 + (Y_{13} - \overline{Y}_1)^2 + (Y_{14} - \overline{Y}_1)^2 + (Y_{15} - \overline{Y}_1)^2]/4$

$S_2^2 = [(Y_{21} - \overline{Y}_2)^2 + (Y_{22} - \overline{Y}_2)^2 + (Y_{23} - \overline{Y}_2)^2 + (Y_{24} - \overline{Y}_2)^2]/3$

이제 미국에 있는 모든 사립대학교를 모집단1이라고 하고 모집단1 전체를 조사한 연간 기숙사 비용의 평균을 μ_1이라고 하자. 마찬가지로 미국에 있는 모든 주립대학교를 모집단2라고 하고 모집단2 전체를 조사한 연간 기숙사 비용의 평균을 μ_2라고 하자. 이 경우 우리의 가장 큰 관심은 두 모평균의 차이$(\mu_1 - \mu_2)$에 대한 추론이다. 두 모평균 차이$(\mu_1 - \mu_2)$에 대한 추론은 μ_1에 대한 추론과 μ_2에 대한 추론에 바탕을 두게 된다. 우선 μ_1과 μ_2 각각에 대한 추론은 하나의 모평균에 대한 경우이므로 〈예제 8.1〉에서 설명한 것과 같이 할 수 있을 것이다.

일반적으로 모집단1에서의 평균과 분산을 각각 μ_1, σ_1^2이라고 표시하자. 그리고 모집단1에서 추출한 n_1개 확률표본을 $Y_{11}, Y_{12}, \cdots, Y_{1n_1}$이라고 표시하고 표본평균과 표본분산을 각각 $\overline{Y}_1$, S_1^2이라고 표시하자. 마찬가지로 모집단2에서의 평균과 분산을 각각 μ_2, σ_2^2이라고 표시하자. 그리고 모집단2에서 추출한 n_2개 확률표본을 $Y_{21}, Y_{22}, \cdots, Y_{2n_2}$라고 표시하고 표본평균과 표본분산을 각각 $\overline{Y}_2$, S_2^2이라고 표시하자. 또한 두 모집단에서 추출한 n_1개 확률표본 $Y_{11}, Y_{12}, \cdots, Y_{1n_1}$과 n_2개 확률표본 $Y_{21}, Y_{22}, \cdots, Y_{2n_2}$이 독립적으로 추출되었다고 가정하자.

점추정에 대하여 먼저 생각해 보자. 모집단1의 평균 μ_1을 하나의 값으로 추론한다면 우리는 표본평균인 $\overline{Y}_1$라고 할 것이다. 마찬가지로 모집단2의 평균 μ_2에 대해서는 표본평균 $\overline{Y}_2$라고 할 것이다. 따라서 $\mu_1 - \mu_2$를 하나의 값으로 추론한다면 우리는 표본에서 계산한 평균의 차이인 $\overline{Y}_1 - \overline{Y}_2$라고 할 것이다.

이제 $\mu_1 - \mu_2$에 대한 신뢰구간을 구해 보기로 하자. 모평균 차이에 대한 신뢰구간 역시 하나의 모평균에 대한 신뢰구간과 마찬가지로 구할 수 있다. 중심극한정리에 의해 $\overline{Y}_1$의 분포는 근사적으로 $\overline{Y}_1 \simeq N(\mu_1,\ \sigma_1^2/n_1)$이 될 것이다. 마찬가지로 $\overline{Y}_2$의 분포는 근사적으로 $\overline{Y}_2 \simeq N(\mu_2,\ \sigma_2^2/n_2)$이 될 것이다. 따라서 두 확률변수의 선형결합인 $\overline{Y}_1 - \overline{Y}_2$의 분포는 근사적으로 $N(\mu_1 - \mu_2,\ \sigma_1^2/n_1 + \sigma_2^2/n_2)$이라고 알려져 있다. 이제 $\overline{Y}_1 - \overline{Y}_2$의 분포에 대하여 표준화를 적용하여 1.96 표준편차 구간을 구하면 식 (8.5)를 얻게 된다. 식 (8.5)는 하나의 모평균에 대한 신뢰구간을 구할 때 가장 핵심적인 결과인 식 (8.1)과 대응하게 된다.

$$\overline{Y}_1 - \overline{Y}_2 \text{에 대한 } 1.96 \text{ 표준편차구간:}$$

$$\Pr\left(-1.96 < \frac{(\overline{Y}_1 - \overline{Y}_2) - (\mu_1 - \mu_2)}{\sqrt{\dfrac{\sigma_1^2}{n_1} + \dfrac{\sigma_2^2}{n_2}}} < 1.96\right) \simeq 0.95$$

8.5

8.1 참조

하나의 모평균에 대한 신뢰구간을 얻기 위한 식 (8.2)의 과정을 똑같이 거쳐서 식 (8.5)를 $\mu_1 - \mu_2$ 에 관하여 표시하면 식 (8.6)을 얻게 된다. 식 (8.6)을 모평균의 차이인 $\mu_1 - \mu_2$ 에 대한 95% 신뢰구간이라고 한다.

$$\mu_1 - \mu_2 \text{에 대한 근사적인 } 95\% \text{ 신뢰구간:}$$

$$\mu_1 - \mu_2 = (\overline{Y}_1 - \overline{Y}_2) \pm 1.96 \sqrt{\frac{\sigma_1^2}{n_1} + \frac{\sigma_2^2}{n_2}}$$

8.6

8.3 참조

식 (8.6)을 이용하기 위해서는 두 모집단의 분산인 σ_1^2과 σ_2^2을 알아야 할 것이나 현실적으로 모평균을 모르면서 모분산을 아는 경우는 극히 드물 것이다. 그러나 식 (8.6)은 표본크기가 큰 경우 중심극한정리에 바탕을 둔 근사적 신뢰구간이므로 두 모분산 σ_1^2과 σ_2^2의 값을 모를 경우에는 표본분산 s_1^2과 s_2^2을 각각 대입하여 사용하여도 큰 무리는 없을 것이다. 왜냐하면 표본크기가 큰 경우 표본평균은 모평균에 가까울 것으로 예상되고 표본분산 역시 모분산에 가까울 것으로 예상되기 때문이다.

예제
8.3

미국에 있는 모든 사립대학교를 모집단1이라고 하고 모집단1 전체를 조사한 연간 기숙사 비용의 평균을 μ_1이라고 하자. 모집단1에서 추출된 28개 사립대학교의 표본통계량은 $\overline{Y}_1 = 4300$, $S_1^2 = 925^2$이었다. 마찬가지로 미국에 있는 모든 주립대학교를 모집단2라고 하고 모집단2 전체를 조사한 연간 기숙사 비용의 평균을 μ_2라고 하자. 모집단2에서 추출된 22개 주립대학교의 표본통계량은 $\overline{Y}_2 = 3100$, $S_2^2 = 820^2$이었다. $\mu_1 - \mu_2$에 대한 95% 신뢰구간을 구하여라.

풀이

식 (8.6)에 $n_1 = 28$, $n_2 = 22$, $\overline{Y}_1 = 4300$, $\overline{Y}_2 = 3100$, $S_1^2 = 925^2$, $S_2^2 = 820^2$ 를 대입하면,

$$\begin{aligned}\mu_1 - \mu_2 &= (4300 - 3100) \pm 1.96\sqrt{\frac{925^2}{28} + \frac{820^2}{22}}\\ &= 1200 \pm 1.96(247.23)\\ &= 1200 \pm 485\end{aligned}$$

즉, $\mu_1 - \mu_2$에 대한 95% 신뢰구간은 $715 < \mu_1 - \mu_2 < 1685$이다.

3) 하나의 모비율에 대한 신뢰구간

비율은 평균이므로 비율에 대한 중심극한정리를 이용하면 모평균에 대하여 성립한 식 (8.1)부터 식 (8.6)은 비율에 대하여도 마찬가지로 성립한다. 다만 이 식에서 모분산 σ^2 대신에 비율에서의 모분산인 $\theta(1-\theta)$의 추정값 $\overline{Y}(1-\overline{Y})$를 대입하면 된다.

모비율 θ에 관한 근사적인 95% 신뢰구간:
$$\theta = \overline{Y} \pm 1.96\sqrt{\frac{\overline{Y}(1-\overline{Y})}{n}}$$

8.7

8.3 참조

예제 8.4

새로운 제품에 대한 소비자 선호도를 알아보고자 45명의 확률표본을 조사하였고 그 중 36명이 새로운 제품에 대해 만족하였다. 모집단에서 새로운 제품에 대해 만족하는 모비율

θ에 대한 95% 신뢰구간을 구하여라.

풀이

식 (8.7)에 $n=45$, $\overline{Y}=36/45=0.8$ 을 대입하면,

$$\theta = 0.8 \pm 1.96 \sqrt{\frac{0.8 \cdot 0.2}{45}}$$
$$= 0.8 \pm 0.1169$$

즉, 모비율 θ에 대한 95% 신뢰구간은 $0.6831 < \theta < 0.9169$이다.

모평균에 대한 신뢰구간을 구할 때는 식 (8.4)에 나타난 바와 같이 신뢰구간의 폭을 먼저 정하고 그에 따른 표본크기를 결정할 수 있었으며 모비율에 대하여도 마찬가지로 할 수 있다. 즉, 95% 신뢰구간의 폭이 우리가 미리 정한 값 d보다 작기를 원한다고 하자. 식 (8.7)에 의하면 95% 신뢰구간의 폭은 $2(1.96)\sqrt{\dfrac{\overline{Y}(1-\overline{Y})}{n}}$ 이므로 $2(1.96)\sqrt{\dfrac{\overline{Y}(1-\overline{Y})}{n}} \leq d$이 만족되어야 한다. 이 부등식을 n에 관하여 표시하면 식 (8.8)과 같다. 식 (8.8)은 95% 신뢰구간의 폭이 d보다 작아지기 위한 최소한의 표본크기를 나타내주고 있다. 식 (8.8)을 이용하기 위해서는 표본비율 $\overline{Y}$를 알아야 하나 표본이 얻어지기 전에는 이 값을 미리 알 수 없기 때문에 앞에서 설명한 바와 같이 사전조사에 의해 $\overline{Y}$를 추정하여 이용하게 된다.

95% 신뢰구간의 폭을 d보다 작게 하려면 표본크기 n은   **8.8**
$$n \geq (2 \cdot 1.96/d)^2 \, \overline{Y}(1-\overline{Y})$$ **8.4** 참조

예제
8.4 (계속)

〈예제 8.4〉에서 95% 신뢰구간의 폭은 0.2338이었다. 만약 95% 신뢰구간의 폭을 반으로 줄여서 0.1169보다 작게 하려면 표본크기는 적어도 얼마이어야 하는가?

풀이

식 (8.8)에 $d = 0.1169$, $\overline{Y} = 0.8$ 을 대입하면,

$$n \geq (2 \cdot 1.96/0.1169)^2 \cdot 0.8 \cdot 0.2 = 180.0$$

즉, 신뢰구간의 폭을 반으로 줄이려면 표본크기는 4배 늘려야 한다는 것을 확인할 수 있다.

4) 독립표본에서 두 모비율 차이에 대한 신뢰구간

비율은 평균이므로 두 모비율의 차이에 대한 신뢰구간은 두 모평균의 차이에 대한 신뢰구간과 마찬가지 과정을 거쳐 구해진다. 두 모비율의 차이에 대한 95% 신뢰구간은 식 (8.9)에 나타나 있다. 두 모비율의 차이에 대한 신뢰구간을 나타내는 식 (8.9)와 두 모평균의 차이에 대한 신뢰구간을 나타내는 식 (8.6)을 비교해 보자. 식 (8.9)는 식 (8.6)에서 첫 번째 모집단의 분산인 σ_1^2 대신에 비율에서의 분산인 $\theta_1(1-\theta_1)$의 추정값 $\overline{Y}_1(1-\overline{Y}_1)$을 대입하였다. 마찬가지로 두 번째 모집단의 분산인 σ_2^2 대신에 비율에서의 분산인 $\theta_2(1-\theta_2)$의 추정값 $\overline{Y}_2(1-\overline{Y}_2)$을 대입하였다.

$\theta_1 - \theta_2$에 대한 근사적인 95% 신뢰구간:

$$\theta_1 - \theta_2 = (\overline{Y}_1 - \overline{Y}_2) \pm 1.96 \sqrt{\frac{\overline{Y}_1(1-\overline{Y}_1)}{n_1} + \frac{\overline{Y}_2(1-\overline{Y}_2)}{n_2}}$$

8.9

8.6 참조

예제 8.5

신라면의 선호도가 성별에 따라 차이가 나는지 알아보고자 한다. 남성 소비자를 모집단1 이라고 하고 모집단1 전체를 조사한 신라면 선호도 비율을 θ_1이라고 하자. 남성 소비자 100명의 표본 선호도는 $\overline{Y}_1 = 0.6$이었다. 마찬가지로 여성 소비자를 모집단2라고 하고 모집단2 전체를 조사한 신라면 선호도 비율을 θ_2라고 하자. 여성 소비자 100명의 표본 선호도는 $\overline{Y}_2 = 0.7$이었다. $\theta_1 - \theta_2$에 대한 95% 신뢰구간을 구하여라.

풀이

식 (8.9)에 $n_1 = 100$, $n_2 = 100$, $\overline{Y}_1 = 0.6$, $\overline{Y}_2 = 0.7$ 을 대입하면,

$$\begin{aligned} \theta_1 - \theta_2 &= (0.6 - 0.7) \pm 1.96 \sqrt{\frac{0.6 \cdot 0.4}{100} + \frac{0.7 \cdot 0.3}{100}} \\ &= -0.1 \pm 1.96 \sqrt{\frac{0.45}{100}} \\ &= -0.1 \pm 0.1315 \end{aligned}$$

즉, $\theta_1 - \theta_2$에 대한 95% 신뢰구간은 $-0.2315 < \theta_1 - \theta_2 < 0.0315$이다.

지금까지 우리는 95% 신뢰구간을 구했다. 만약 95% 신뢰구간 대신 90% 신뢰구간을 구한다면 식 (8.1)부터 식 (8.9)까지가 어떻게 바뀔지 생각해 보자. 우선 식 (8.3)에 나타난 95% 신뢰구간은 표본평균에 대한 중심극한정리를 바탕으로 1.96 표준편차구간에 속할 확률이 95%라는 성질을 이용하여 얻어진 것이다. 따라서 90% 신뢰구간을 원한다면 1.96 표준편차구간 대신에 1.64 표준편차구간을 이용하면 될 것이다. 왜냐하면 〈예제 4.5〉의 (5)에서 설명한 것과 같이 그 구간에 속할 확률이 90%가 되기 때문이다. 결론적으로 95% 신뢰구간 대신 90% 신뢰구간을 원한다면 식 (8.1)부터 식 (8.9)에 있는 1.96

을 1.64로 바꾸어 주면 된다.

8.2 표본크기가 작은 경우의 신뢰구간

1) t분포의 유래와 t분포표 찾는 법

제4장에서 연속확률변수의 분포 중에서 제일 유명한 정규분포를 소개하였다. 여기서는 연속확률변수의 분포 중에서 두 번째로 유명한 t분포를 소개하고자 한다.

t분포는 1908년 영국의 통계학자 William S. Gosset이 발견하였다. Gosset은 t분포를 세상에 처음 알린 논문에서 저자 이름으로 Student라는 가명을 썼다. 후세 사람들은 가명인 Student와 진짜 이름인 Gosset이 모두 t로 끝나는 것에 착안하여 이를 t분포라고 부르게 되었다. 이러한 사실을 강조하기 위해 t분포를 Gosset's Student t분포라고도 하고 Student's t분포라고도 한다.

정규분포는 평균과 분산에 의해 표시된다. 일반적으로 평균이 μ이고 분산이 σ^2인 정규분포를 $N(\mu, \sigma^2)$라고 표시했다. 한편 t분포는 하나의 자유도에 의해 표시된다. 일반적으로 자유도가 ν인 t분포를 $t(\nu)$라고 표시한다. 여기서 ν는 영어의 v가 아니고 "nu"라고 읽는 그리스 문자이다.

〈그림 8.3〉은 $t(3)$, 즉 자유도가 3인 t분포의 밀도함수와 표준정규분포의 밀도함수를 대비한 것이다. 〈그림 8.3〉에 의하면 $t(3)$의 밀도함수는 표준정규분포의 밀도함수가 지닌 일반적인 특성을 모두 갖추고 있는 것을 확인할 수 있다.

1) 세로축에 대하여 대칭이다.
2) 원점에서 최대값을 갖고 원점에서 멀어질수록 0에 수렴한다.

다만 차이가 있다면, 원점 근방에서는 $t(3)$의 밀도함수가 표준정규분포의 밀도함수보다 높이가 낮다. 반면에 원점에서 멀어지면 $t(3)$의 밀도함수가 표준정규분포의 밀도함수보다 높이가 높아진다. 이러한 현상을 이론통계학에서는 $t(3)$의 밀도함수는 표준정규분포의 밀도함수보다 꼬리가 두텁다(heavy tail)라고 한다. t분포에서 자유도가 증가할수록 밀도함수의 꼴은 표준정규분포의 밀도함수 꼴에 수렴한다고 알려져 있다. 즉, $t(\infty) = N(0,1)$

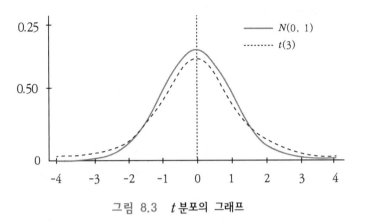

그림 8.3 t 분포의 그래프

또한 $t(\nu)$에서 오른쪽 꼬리 부분의 확률이 α인 값을 $t(\nu;\alpha)$라고 표시한다. 즉, 확률변수 X의 분포가 $t(\nu)$일 때 $\Pr(X \geq t(\nu;\alpha)) = \alpha$이다. 〈부록 표 3. t분포표〉는 자유도 ν와 오른쪽 꼬리 부분의 확률 α 값에 따른 $t(\nu;\alpha)$ 값을 나타내고 있다. 예컨대 자유도가 9인 t분포에서 상위 제 2.5백분위수는 2.262이다. 즉, $t(9;0.025) = 2.262$이다.

2) 하나의 모평균에 대한 신뢰구간

중심극한정리가 성립하기 위해서는 표본크기가 대략 30 이상이어야 하므로 표본크기가 10 이하인 경우는 대안을 생각하게 된다. 우리는 모집단의 분포가 $N(\mu, \sigma^2)$라고 가정하고 그 모집단에서 n개 확률표본 $Y_1, Y_2, \cdots, Y_n$을 추출하였다고 가정한다. 이 경우 모평균 μ에 대한 95% 신뢰구간은 식 (8.10)과 같이 표시된다. 식 (8.10)에서 $t(n-1;0.025)$는 자유도가 $n-1$인 t분포에서 상위 제2.5백분위수를 나타낸다. 식 (8.10)을 식 (8.3)과 비교하면 식 (8.3)에 있던 1.96 대신에 $t(n-1;0.025)$가 사용되었음을 알 수 있다. 즉, 표준정규분포에서 상위 제 2.5백분위수인 1.96 대신에 자유도가 $n-1$인 t분포에서 상위 제 2.5백분위수를 사용하였다.

표본크기가 작은 경우 모평균 μ에 대한 95% 신뢰구간:
$$\mu = \overline{Y} \pm t(n-1;0.025)\frac{S}{\sqrt{n}}$$

8.10

8.3 참조

예제
8.6

고고학적 유물의 연대를 측정하는 방법 중에 방사선 탄소 연대 측정법이 있다. 즉, 유물에 방사선을 쬐여 유물에 남아 있는 C-14를 이용하여 연대를 측정하는 것이다. 미국 Wisconsin 대학교 R. Steventon 교수가 고대 이집트 유적지를 발굴하면서 목조건물의 잔해로 추정되는 나무토막을 수집하여 방사선 탄소 연대를 측정한 결과 다음과 같았다. 목조건물의 연대를 추정하여라.

4900 4750 4820 4710 4300 4570 4680 4800 4670

풀이

나무토막의 방사선 탄소 연대의 분포가 $N(\mu, \sigma^2)$라고 가정하자. 표본통계량을 구하면 $\overline{Y} = 4688.89$, $S^2 = 30511.11$이다.

식 (8.10)에 $n = 9$, $\overline{Y} = 4688.89$, $S = 174.67$ 그리고 $t(8; 0.025) = 2.306$을 대입하면

$$\mu = 4688.89 \pm (2.306)(174.67)/3$$
$$= 4688.89 \pm 134.26$$

즉, 이 목조건물의 연대에 대한 95% 신뢰구간은 $4554.63 < \mu < 4823.15$이다. 다시 말하면 이 목조건물은 4689년 전에 지어졌을 것으로 예상되는데 짧게 보면 4555년 전에 지어졌고 길게 보면 4823년 전에 지어졌을 것으로 예상된다는 뜻이다. 우리는 여기서 매우 재미있는 사실을 발견하게 된다. 이 목조건물이 지어진 시기는 단군 왕검의 고조선 건국 시기와 매우 유사하다는 점이다. 그 시기에 이집트에서는 목조건물을 짓고 살았다는 점은 매우 흥미롭다.

3) 독립표본에서 두 모평균 차이에 대한 신뢰구간

표본크기가 작은 경우 두 모평균을 비교할 때 우리는 모집단1의 분포가 $N(\mu_1, \sigma^2)$ 라고 가정하고 그 모집단에서 n_1개 확률표본 $Y_{11}, Y_{12}, \cdots, Y_{1n_1}$을 추출하였다고 가정한다. 마찬가지로 모집단2의 분포가 $N(\mu_2, \sigma^2)$라고 가정하고 그 모집단에서 n_2개 확률표본 $Y_{21}, Y_{22}, \cdots, Y_{2n_2}$을 추출하였다고 가정한다. 즉, 두 모집단은 평균은 다르지만 분산이 같은 정규분포라는 것이다. 여기서 모집단1의 분산＝모집단2의 분산＝σ^2에 주목하여야 하고 이를 공통분산이라고 한다. 이 경우 두 모평균의 차이 $\mu_1 - \mu_2$에 대한 95% 신뢰구간은 식 (8.11)과 같이 표시된다. 식 (8.11)을 식 (8.6)과 비교하면 식 (8.6)에 있던 1.96 대신에 $t((n_1-1)+(n_2-1);0.025)$가 사용되었음을 알 수 있다.

표본크기가 작은 경우 $\mu_1 - \mu_2$에 대한 95% 신뢰구간:

$$\mu_1 - \mu_2 = (\overline{Y}_1 - \overline{Y}_2) \pm t((n_1-1)+(n_2-1);0.025) S_p \sqrt{\frac{1}{n_1} + \frac{1}{n_2}}$$

8.11

8.6 참조

식 (8.11)에 있는 S_p는 식 (8.12)에 정의된 합동분산(Pooled Sample Variance) S_p^2의 제곱근이다. 합동분산 S_p^2는 통계이론에서 매우 중요한 역할을 하므로 좀 더 자세히 알아보기로 하자.

합동분산

$$S_p^2 = \frac{\sum(Y_{1j} - \overline{Y}_1)^2 + \sum(Y_{2j} - \overline{Y}_2)^2}{(n_1-1)+(n_2-1)}$$
$$= \frac{(n_1-1)}{(n_1-1)+(n_2-1)} S_1^2 + \frac{(n_2-1)}{(n_1-1)+(n_2-1)} S_2^2$$

8.12

여기서 용어를 다시 한 번 확인해 보자. 모집단1의 분산＝모집단2의 분산이라고 가정했고 그 값을 σ^2이라고 표시했다. σ^2을 공통분산이라고 부른다. 공통분산 σ^2는 모르는 값이므로 추정을 해야 하는데 그 추정값을 합동분산이라고 하고 S_p^2이라고 표시한다. 그러면 왜 공통분산 σ^2을 합동분산 S_p^2으로 추정할까? 여기에는 이론이 있을 수 있다. 즉, 공통분산 σ^2은 모집단1의 분산이므로 S_1^2으로 추정할 수 있고, 모집단2의 분산이므로 S_2^2으로 추정할 수 있다. 만약 공통분산 σ^2을 S_1^2으로 추정하면 S_2^2은 이용하지 않는 것이고, S_2^2로 추정하면 S_1^2는 이용하지 않는 것이 된다. 따라서 S_1^2과 S_2^2을 통합하여 공통분산 σ^2을 추정하는 것이 효율적일 거라는 생각이 든다. 제7장 점추정의 효율성의 관점에서 이론적으로 검증을 해 보면 이 말이 사실이라는 것을 밝힐 수 있다. 따라서 공통분산 σ^2을 합동분산 S_p^2으로 추정한다. 식 (8.12)에서 $n_1 = n_2$이면 $S_p^2 = (S_1^2 + S_2^2)/2$ 이다.

예제 8.7

어느 생산 공장에서 낮 근무와 밤 근무에 따른 생산량의 차이를 알아보고자 한다. 모든 생산직 근로자가 낮에 근무했을 때 생산량의 분포를 $N(\mu_1, \sigma^2)$라고 가정하자. 마찬가지로 모든 생산직 근로자가 밤에 근무했을 때 생산량의 분포를 $N(\mu_2, \sigma^2)$라고 가정하자. 생산직 근로자 중에서 15명을 표본추출하여 낮 근무조에 배정하였을 때의 생산량과 또 다른 생산직 근로자 15명을 표본추출하여 밤 근무조에 배정하였을 때의 생산량이 아래와 같다. $\mu_1 - \mu_2$에 대한 95% 신뢰구간을 구하여라.

Shift 1(낮): 250 269 264 246 252 253 244 255 245 255 244 245 249 256 257
Shift 2(밤): 252 241 251 239 251 259 243 258 261 251 253 248 233 251 241

풀이

낮 근무조의 표본통계량은 $\overline{Y}_1 = 252.27$, $S_1^2 = 54.78$이고,
밤 근무조의 표본통계량은 $\overline{Y}_2 = 248.80$, $S_2^2 = 63.31$이다.
식 (8.12)에 의해 합동분산을 구하면, $S_p^2 = (S_1^2 + S_2^2)/2 = 59.05$이고 $S_p = 7.68$ 이다.

이제 식 (8.11)에 $n_1 = 15$, $n_2 = 15$, $\overline{Y}_1 = 252.27$, $\overline{Y}_2 = 248.80$, $S_p = 7.68$을 대입하면,

$$\mu_1 - \mu_2 = (252.27 - 248.80) \pm t(14 + 14 ; 0.025)(7.68)\sqrt{1/15 + 1/15}$$
$$= 3.47 \pm 2.048(7.68)(0.37)$$
$$= 3.47 \pm 5.82$$

즉, $\mu_1 - \mu_2$에 대한 95% 신뢰구간은 $-2.35 < \mu_1 - \mu_2 < 9.29$이다.

8.3 대응비교에서 신뢰구간

8.1절에서는 표본크기가 큰 경우 모평균의 차이에 대한 신뢰구간을 설명하였고, 8.2절에서는 표본크기가 작은 경우 모평균의 차이에 대한 신뢰구간을 설명하였다. 여기서는 모평균의 차이에 대하여 더 정밀하게 추론할 수 있는 대응비교(Paired Comparison)에 대해 설명하고자 한다. 즉, 대응비교는 가능한 한 동일하다고 볼 수 있는 두 개체를 쌍(pair)으로 묶어서 두 개체에서 나타난 차이를 비교하는 것이다. 예를 들어 〈예제 8.7〉에서 낮 근무와 밤 근무에 따른 생산량의 차이를 비교하는 경우를 생각해 보자. 좀 더 구체적으로 살펴보면 생산량은 낮 근무와 밤 근무에 따라 차이가 날 수 있지만 근로자의 숙달정도에 따라 더 많이 차이가 날 수 있다. 그러므로 숙달정도가 동일하다고 볼 수 있는 두 근로자를 쌍으로 묶어서 그 중 한 근로자를 낮에 근무시키고 다른 근로자를 밤에 근무시켜서 생산량의 차이를 비교한다면 이 차이는 근무 조에 따른 차이라고 볼 수 있을 것이다. 이와 같이 두 모평균을 비교할 때 n개 쌍을 만들어서 그 차이를 비교하는 방법을 대응비교라고 한다. 대응비교에서는 두 모집단의 차이에 대해서만 고려하기 때문에 하나의 모집단의 경우로 귀착된다.

대응비교에서 쌍으로 묶는 방법은 3가지 있다.

첫째, 유전적으로 동일하다고 알려진 일란성 쌍둥이를 찾아서 쌍으로 묶는다.

둘째, 가능한 한 동일하다고 볼 수 있는 두 개체를 쌍으로 묶는다.

셋째, 한 개체를 1인 2역을 하게 한다. 예컨대 〈예제 8.7〉에서 한 근로자를 낮에도 근무하고 밤에도 근무하게 한다.

일반적으로 j번째$(j = 1, \cdots, n)$ 쌍에서, 모집단1에서 추출된 표본을 Y_{1j}라고 하고, 모집단2에서 추출된 표본을 Y_{2j}라고 표시하자. 그리고 그 차이를 $D_j = Y_{1j} - Y_{2j}$라고 표시하자. 모집단1에서 추출한 확률표본 $Y_{11}, Y_{12}, \cdots, Y_{1n}$의 평균을 $\overline{Y}_1$라고 하면 $\overline{Y}_1$는 모집단1의 평균인 μ_1을 추정해 줄 것이다. 마찬가지로 모집단2에서 추출한 확률표본 $Y_{21}, Y_{22}, \cdots, Y_{2n}$의 평균을 $\overline{Y}_2$라고 하면 $\overline{Y}_2$는 모집단2의 평균인 μ_2을 추정해 줄 수 있을 것이다.

	쌍1 쌍2	쌍n

모집단 1: $\quad Y_{11}, Y_{12}, \cdots, Y_{1n} \Rightarrow \quad \overline{Y}_1 \sim \mu_1$

모집단 2: $\quad Y_{21}, Y_{22}, \cdots, Y_{2n} \Rightarrow \quad \overline{Y}_2 \sim \mu_2$

$D_j = Y_{1j} - Y_{2j}$: $\quad D_1, D_2, \cdots, D_n \Rightarrow \quad \overline{D} \sim \mu_1 - \mu_2$

이제 n개 쌍에서 차이를 $D_1, D_2, \cdots, D_n$이라고 표시하고 그 평균을 $\overline{D}$, 분산을 S_D^2라고 표시하자. 그러면 $\overline{D} = \overline{Y}_1 - \overline{Y}_2$이므로 $\overline{D}$는 $\mu_1 - \mu_2$를 추정해 줄 수 있을 것이다. 대응표본의 경우 $\mu_1 - \mu_2$에 대한 95% 신뢰구간은 식 (8.13)에 나타나 있다.

대응비교에서 $\mu_1 - \mu_2$에 대한 95% 신뢰구간:

$$\mu_1 - \mu_2 = \overline{D} \pm t(n-1; 0.025) \frac{S_D}{\sqrt{n}}$$

8.13

8.10 참조

예제 8.8

신입 사원 16명을 대상으로 경력이 비슷한 사람을 두 사람씩 쌍으로 묶어서 두 교육 방법의 효과를 비교한 것이다. 교육을 마친 후 하나의 완성품을 조립할 때까지 시간을 측정하였다. 두 교육 방법에 따른 평균 조립 시간 차이에 대하여 95% 신뢰구간을 구하여라.

| 종래 방법 | 42 | 38 | 41 | 37 | 43 | 44 | 45 | 36 |
| 새 방법 | 34 | 35 | 35 | 36 | 39 | 37 | 38 | 34 |

풀이

종래 방법을 모집단1이라 하고 모평균을 μ_1, 확률표본을 $Y_{11}, \cdots, Y_{18}$이라고 하자. 마찬가지로 새 방법을 모집단2라고 하고 모평균을 μ_2, 확률표본을 $Y_{21}, \cdots, Y_{28}$이라고 하자. j번째$(j = 1, \cdots, n)$ 쌍에서 차이 $D_j = Y_{1j} - Y_{2j}$를 구하면 8, 3, 6, 1, 4, 7, 7, 2이고 $\overline{D} = 4.75$, $S_D = 2.60$이다.

식 (8.13)에 $n = 8$, $\overline{D} = 4.75$, $S_D = 2.60$을 대입하면

$$\mu_1 - \mu_2 = 4.75 \pm 2.365(2.60)/\sqrt{8}$$
$$= 4.75 \pm 2.17$$

즉, $\mu_1 - \mu_2$에 대한 95% 신뢰구간은 $2.58 < \mu_1 - \mu_2 < 6.92$이다.

8.4 단측신뢰구간

경우에 따라서는 $a < \mu < b$로 표시되는 신뢰구간 대신에 $\mu < b$ 형태의 추론을 원하는 경우도 있다. 예를 들면 어떤 방법의 효과 μ는 아무리 커도 얼마보다는 작다고 말하고 싶은 경우이다. 이와 같은 추론을 단측신뢰구간이라고 한다.

표본크기가 충분히 크다고 가정하고 모집단에서 확률표본 $Y_1, Y_2, \cdots, Y_n$을 추출하

여 모평균 μ에 대하여 $\mu < b$ 형태의 단측신뢰구간을 구해보자. 표준정규분포에서 -1.645 보다 클 확률이 95%이므로 식 (8.14)와 같은 단측구간을 생각할 수 있다.

$$P_r\left(\frac{\overline{Y} - \mu}{\sigma/\sqrt{n}} > -1.645\right) = 0.95$$

8.14
8.1 참조

이제 식 (8.14)에 있는 부등식을 μ를 중심으로 표시하면 식 (8.15)가 되며 이를 μ에 대한 95% 단측신뢰상한이라고 한다.

표본크기가 큰 경우 모평균 μ에 대한 95% 단측신뢰상한:

$$\mu < \overline{Y} + 1.645\frac{S}{\sqrt{n}}$$

8.15
8.3 참조

마찬가지로 표준정규분포에서 1.645보다 작을 확률이 95%이므로 식 (8.16)과 같은 단측구간을 생각할 수 있다.

$$P_r\left(\frac{\overline{Y} - \mu}{\sigma/\sqrt{n}} < 1.645\right) = 0.95$$

8.16
8.14 참조

이제 식 (8.16)에 있는 부등식을 μ를 중심으로 표시하면 식 (8.17)이 되며 이를 μ에 대한 95% 단측신뢰하한이라고 한다.

표본크기가 큰 경우 모평균 μ에 대한 95% 단측신뢰하한:

$$\mu > \overline{Y} - 1.645\frac{S}{\sqrt{n}}$$

8.17
8.15 참조

마찬가지로 표본크기가 작은 경우에도 식 (8.10)을 이용하여 단측신뢰구간을 구할 수 있다. 다만 차이점은 식 (8.15)나 식 (8.17)에 있는 1.645 대신에 $t(n-1, 0.05)$를 대입하면 된다.

예제
8.6 (계속)

목재건물 연대에 대한 95% 단측신뢰하한을 구하여라.

풀이

$n = 9$는 표본크기가 작은 경우이므로 식 (8.17)에서 1.645 대신 $t(8; 0.05) = 1.86$을 대입하면

$$\mu > 4688.89 - (1.86)(174.67)/3$$
$$\mu > 4688.89 - 108.30$$

즉, 목재건물 연대에 대한 95% 단측신뢰하한은 $\mu > 4580.59$이다. 다시 말하면 이 목재건물은 적어도 4581년 전에 지어졌을 것으로 예상된다는 뜻이다.

8.5 신뢰구간에 대한 요약

Large Sample	Small Sample

① 하나의 모집단의 평균

$\overline{Y} \simeq N(\mu, \sigma^2/n)$ by C.L.T. $\qquad$ $\overline{Y} \sim N(\mu, \sigma^2/n)$ by assumption

$\dfrac{\overline{Y}-\mu}{\sigma/\sqrt{n}} \simeq Z, \quad \dfrac{\overline{Y}-\mu}{S/\sqrt{n}} \simeq Z$ $\qquad$ $\dfrac{\overline{Y}-\mu}{\sigma/\sqrt{n}} \sim Z, \quad \dfrac{\overline{Y}-\mu}{S/\sqrt{n}} \sim t$ by Gosset

$\mu \simeq \overline{Y} \pm 1.96\, S/\sqrt{n}$ 식 (8.3) $\qquad$ $\mu = \overline{Y} \pm t_{0.025}\, S/\sqrt{n}$ 식 (8.10)

② 두 모집단 평균의 차이

$\overline{Y}_1 \simeq N(\mu_1, \sigma_1^2/n_1)$ by C.L.T. $\qquad$ $\overline{Y}_1 \sim N(\mu_1, \sigma^2/n_1)$ by assumption

$\overline{Y}_2 \simeq N(\mu_2, \sigma_2^2/n_2)$ by C.L.T. $\qquad$ $\overline{Y}_2 \sim N(\mu_2, \sigma^2/n_2)$ by assumption

$\overline{Y}_1 - \overline{Y}_2 \simeq N\left(\mu_1 - \mu_2, \dfrac{\sigma_1^2}{n_1} + \dfrac{\sigma_2^2}{n_2}\right)$ $\qquad$ $\overline{Y}_1 - \overline{Y}_2 \sim N\left(\mu_1 - \mu_2, \sigma^2\left(\dfrac{1}{n_1} + \dfrac{1}{n_2}\right)\right)$

$\mu_1 - \mu_2 \simeq (\overline{Y}_1 - \overline{Y}_2) \pm 1.96 \sqrt{\dfrac{S_1^2}{n_1} + \dfrac{S_2^2}{n_2}}$ $\qquad$ $\mu_1 - \mu_2 = (\overline{Y}_1 - \overline{Y}_2) \pm t_{0.025}\, S_p \sqrt{\dfrac{1}{n_1} + \dfrac{1}{n_2}}$

식 (8.6) $\qquad\qquad\qquad\qquad\qquad\qquad$ 식 (8.11)

③ 하나의 모집단의 비율

$\theta \simeq \overline{Y} \pm 1.96 \sqrt{\dfrac{\overline{Y}(1-\overline{Y})}{n}}$ 식 (8.7) $\rightarrow$ Not Applicable(Use Nonparametrics)

④ 두 모집단 비율의 차이

$\theta_1 - \theta_2 = (\overline{Y}_1 - \overline{Y}_2) \pm 1.96 \sqrt{\dfrac{\overline{Y}_1(1-\overline{Y}_1)}{n_1} + \dfrac{\overline{Y}_2(1-\overline{Y}_2)}{n_2}}$ 식 (8.9) $\rightarrow$ Not Applicable

(Use Nonparametrics)

01 아래 사항이 사실인지 거짓인지 구별하여라. 만약 사실이면 "True"라고 적어라. 만약 거짓이면 "False"라고 적고 그 이유를 간략히 설명하여라.

1) 모평균에 대한 신뢰구간에서 표본크기를 4배 늘리면 신뢰구간의 폭은 반으로 준다.

2) 95% 신뢰구간이 $\mu = 70 \pm 20$이면 μ가 이 구간에 속할 확률이 95%이다.

3) t분포를 처음 발견한 사람은 Sir Ronald A. Fisher이다.

4) ν가 어떤 값이든, $t(\nu ; 0.025) < t(\nu ; 0.05)$이다.

5) 자유도가 1인 t 분포는 표준정규분포와 같다.

02 모평균의 신뢰구간을 구할 때 신뢰구간의 폭은 모집단의 크기 N과는 무관하고 오직 표본크기 n에 의해 좌우된다. 왜 그럴까?

03 어떤 모집단에서 표본을 추출하여 모평균에 대한 신뢰구간을 구할 때 90% 신뢰구간과 95% 신뢰구간의 관계는?

04 한국 중년여성 100명을 추출하여 가슴둘레를 측정한 결과 표본평균은 93cm이고 표본분산은 100cm이었다. 한국중년여성 전체의 가슴둘레 평균에 대한 95% 신뢰구간을 구하여라.

05 95년말 기준으로 연간 매출액이 3억 원 이하인 중소업체 100개를 무작위 추출하여 매출액 증가율을 조사하였더니 표본평균은 6.5%, 표본표준편차는 4%이었다. 95년말 기준 국내 중소기업체 매출액 증가율의 평균에 대한 95% 신뢰구간을 구하여라.

06 S전자에서 생산한 PCB 10,000개 중 100개를 무작위 추출하여 검사하였더니 그중 20개가 불량품이었다. PCB 10,000개의 불량률에 대한 95% 신뢰구간을 구하고 이 구간의 의미를 간략히 설명하여라.

07 어느 과목의 시험 문제가 100개의 4지 선다형 문제가 있고 정답은 +2점, 오답이면 −1점으로 처리한다. 갑돌이는 40개 문제의 정답은 알 수 있었으나 나머지 60개 문제는 무작위로 답했다. 갑

돌이 점수는 몇 점일 것으로 예상하는가?

1) 갑돌이 점수를 점추정하라.

2) 갑돌이 점수에 대한 95% 신뢰구간을 구하여라.

08 출구조사(出口調査)란 투표를 마치고 나오는 유권자들을 대상으로 투표 내용을 면접조사하는 여론 조사 방법이다. 지난 6월 2일 서울시장 선거에서 출구조사 결과 오세훈 후보의 특표율이 47.4% 이었다. 공교롭게도 이 수치는 실제 득표율과 소숫점 첫째 자리까지 정확히 일치하였다. 이 현상이 우연일지 필연일지 자신의 의견을 기술하여라. 단 출구조사에 응한 유권자들이 진실을 기술했고 표본크기는 40,000명이었다고 가정하여라.

09 어느 선거구에는 오직 두 명의 후보만 출마하였다. 투표를 마치고 나온 유권자 1,000명을 무작위 표본으로 택하여 조사한 결과 갑의 득표율은 40%이며 10%는 기권이었다.

1) 갑의 실제득표율(모비율)에 대한 95% 신뢰구간을 구하여라.

2) 을의 실제득표율(모비율)에 대한 95% 신뢰구간을 구하여라.

3) 1)과 2)의 결과를 종합하면 갑이 당선될 가능성은 어느 정도라고 생각되는가?

4) 이 문제에서 갑의 당선 가능성을 알아보고자 할 때 3)의 방법 대신에 두 집단 간의 비교공식을 이용할 수 있겠는가?

데이터 분석
REAL DATA ANALYSIS

아래 데이터는 Berger et al.(1988) Test and confidence sets for comparing two mean residual life functions, Biometrics, 44, pp. 103–115에서 발췌하였다. 실험용 쥐를 대상으로 음식을 조절하여 먹도록 한 그룹 A(Restricted Diet)와 마음대로 먹도록 한 그룹 B(Ad libitum diet)의 생존 일수를 조사한 것이다.

1) 이 데이터를 표현하고 요약하여 보아라.

2) 1)에서 얻은 결론을 기술하여라.

3) 그룹 A와 그룹 B의 생존 일수의 차이가 있다고 할 수 있는가? 이 문제에서 두 모평균의 정확한 의미는 무엇인가?

그룹 A														
105	193	211	236	302	363	389	390	391	403	530	604	605	630	716
718	727	731	749	769	770	789	804	810	811	833	868	871	875	893
897	901	906	907	919	923	931	940	957	958	961	962	974	979	982
1001	1008	1010	1011	1012	1014	1017	1032	1039	1045	1046	1047	1057	1063	1070
1073	1076	1085	1090	1094	1099	1107	1119	1120	1128	1129	1131	1133	1136	1138
1144	1149	1160	1166	1170	1173	1181	1183	1188	1190	1203	1206	1209	1218	1220
1221	1228	1230	1231	1233	1239	1244	1258	1268	1294	1316	1327	1328	1369	1393	1435

그룹 B

89 104 387 465 479 494 496 514 532 536 545 547 548 582 606 609 619 620 621 630
635 639 648 652 653 654 660 665 667 668 670 675 677 678 678 681 684 688 694 695
697 698 702 704 710 711 712 715 716 717 720 721 730 731 732 733 735 736 738 739
741 743 746 749 751 753 764 765 768 770 773 777 779 780 788 791 794 796 799 801
806 807 815 836 838 850 859 894 963

가설검정

가설검정

Q 두 가설 중에서 어느 가설을 귀무가설로 정하나?

A 두 가설 중에서 표본에서 얻은 정보를 통해 새롭게 밝히고자 하는 가설을 대립가설이라고 하고, 다른 하나를 귀무가설이라고 한다. 가설검정의 기본 원리는 표본에서 얻은 정보가 귀무가설에 대한 명백한 반증이 되지 않으면 귀무가설을 고수하겠다는 것이다.

Q Neyman-Pearson Lemma의 기본 원리는?

A 가설검정에서는 필연적으로 두 종류의 오류 중 한 종류의 오류를 범할 수 있다. 그런데 두 종류의 오류를 동시에 줄일 수는 없다. 왜냐하면 한 종류의 오류를 줄이면 다른 종류의 오류는 반드시 늘어나기 때문이다. Neyman-Pearson Lemma의 기본 원리는 두 종류의 오류 중에서 더 심각한(critical) 오류를 일정한 수준으로 통제하면서 나머지 한 종류의 오류를 최소화 할 수 있는 방법을 찾자는 것이다.

Q p값이란?

A p값을 구하는 방법은 귀무가설에 따라 경우마다 다르기 때문에 일률적으로 설명할 수 없다. 그러나 p값의 의미는 어느 경우에나 분명하다. 가설검정에서 p값은 관측한 데이터가 어느 정도 귀무가설에 적합하지 않는지를 반증(反證)하는 지표이며, p값이 작을수록 귀무가설은 사실이 아니라는 것을 나타낸다.

제7장에서는 모수를 하나의 점으로 추정하는 점추정에 대하여 설명하였고, 제8장에서는 모수를 구간으로 추정하는 구간추정에 대하여 설명하였다. 여기서는 모수에 대해 상반되는 두 가설 중에서 표본 데이터가 어느 가설에 더 부합하는지 양단간에 결정하는 문제를 설명하고자 하며 이를 가설검정이라고 한다. 9.1절에서는 Neyman－Pearson Lemma의 기본 원리를 설명한다. 9.2절에서는 신뢰구간과 가설검정의 이원성을 설명하고 신뢰구간과 가설검정이 동전의 양면과 같다는 것을 설명한다. 9.3절에서는 가설검정의 꽃인 p값의 의미를 설명한다.

9.1 Neyman-Pearson Lemma

〈예제 8.7〉에서 낮 근무조와 밤 근무조의 생산량을 비교하는 문제를 다시 생각해 보자. 모든 생산직 근로자가 낮에 작업했을 때 평균 생산량을 μ_1이라 하고 모든 생산직 근로자가 밤에 작업했을 때 평균 생산량을 μ_2라고 표시하자. 두 모평균 μ_1, μ_2에 대하여 $\mu_1 = \mu_2$인지 $\mu_1 \neq \mu_2$인지 양단간의 결정을 해야 한다고 가정하자.

이와 같이 확인되지 않은 사실이나 주장을 가설(Hypothesis)이라고 한다. 우리는 $\mu_1 = \mu_2$인지 $\mu_1 \neq \mu_2$인지 알 수 없기 때문에 $\mu_1 = \mu_2$라는 주장도 하나의 가설이 되고 $\mu_1 \neq \mu_2$라는 주장도 하나의 가설이 된다. 어떠한 경우라도 두 가설 중 어느 하나가 사실이라면 두 가설은 서로 배반(mutually exclusive)이라고 한다.

두 가설 중에서 표본에서 얻은 정보를 통해 새롭게 밝히고자 가설을 대립가설(Alternative Hypothesis: K)이라고 하고, 다른 하나를 귀무가설(Null Hypothesis: H)이라고 한다. 가설검정의 기본 원리는 표본에서 얻은 정보가 귀무가설에 대한 명백한 반증이 되지 않으면 귀무가설을 고수하겠다는 것이다.

가설검정에서는 다음과 같이 두 종류의 오류 중 한 가지 오류를 범할 수 있다.

제1종 오류(Type I Error): 실제로는 H가 사실인데 결정은 H를 기각하는 오류
제2종 오류(Type II Error): 실제로는 H가 사실이 아닌데 결정은 H를 기각하지 않는 오류

실제 ＼ 결정	H를 기각하지 않음	H를 기각
H가 사실	옳은 결정	제1종 오류(type Ⅰ error)
H가 사실이 아님	제2종 오류(type Ⅱ error)	옳은 결정

이 표에는 매우 생소하고 딱딱한 용어가 등장한다. 그 이유는 가설검정의 기본 원리는 귀무가설 H를 기각할지 기각하지 않을지를 결정하는 것이기 때문이다. 그러나 현실적으로는 어느 정도 논리적 오류를 감수하면서 다음과 같이 해석하기도 한다.

H가 사실이 아님   ⇒ K가 사실
H를 기각하지 않음   ⇒ H를 채택
H를 기각   ⇒ K를 채택

가설검정에서는 두 종류의 오류를 동시에 줄일 수는 없다. 왜냐하면 한 종류의 오류를 줄이면 다른 종류의 오류는 반드시 늘어나기 때문이다. 예를 들어 살인 사건 용의자에 대한 재판에서 아래 두 가설을 설정해 보자.

H: 용의자는 살인범이 아니다. K: 용의자는 살인범이다.

판사는 앞에서 설명한 두 가지 오류 중 한 가지 오류를 필연적으로 범할 수 있다.

제1종 오류: 실제로 용의자가 살인범이 아닌데도 살인범이라고 판결하는 오류
제2종 오류: 실제로 용의자가 살인범인데도 살인범이 아니라고 판결하는 오류

이 경우 제1종 오류를 줄이려면 아주 명백한 증거가, 예컨대 살인 현장을 녹화한 비디오 테이프가 없다면 살인범이 아니라고 판결해야 한다. 그럴 경우 제2종 오류는 늘어나게 된다. 마찬가지로 제2종 오류를 줄이려면 제1종 오류는 늘어나게 된다.

통계적 가설검정에서는 필연적으로 두 종류의 오류 중 한 종류의 오류를 범할 수 있

으며 두 종류의 오류를 동시에 줄일 수는 없다. 이러한 문제에 대한 합리적인 해결책은 Jerzy Neyman & Egon S. Pearson(1933) "On the problem of the most efficient tests of statistical hypotheses"에 의해 제시되었다. 이 이론을 Neyman—Pearson Lemma라고 한다.

Neyman—Pearson Lemma의 기본 원리는 두 종류의 오류 중에서 더 심각한 (critical) 오류를 일정한 수준으로 통제하면서 나머지 한 종류의 오류를 최소화 할 수 있는 방법을 찾자는 것이다. 여기서 더 심각한 오류를 제 1종 오류라고 하고 이 오류를 통제하는 수준을 유의수준(level of significance)이라고 한다. 다시 말하면 Neyman—Pearson Lemma의 기본 원리는 제 1종 오류를 유의수준 이내로 통제하면서 제 2종 오류를 최소화 할 수 있는 방안을 찾자는 것이다.

이 원리를 적용하면 두 가설 중에서 어느 가설이 귀무가설이 되고 어느 것이 대립가설이 되어야 하는지 명확해진다. 이런 관점에서 살인 용의자의 경우 두 가설 H와 K가 제대로 설정되었는지 확인해 보자. 두 종류의 오류는 다음과 같다.

실제로 용의자가 살인범이 아닌데도 살인범이라고 판결하는 오류
실제로 용의자가 살인범인데도 살인범이 아니라고 판결하는 오류

두 오류 중에서 실제로 용의자가 살인범이 아닌데도 살인범이라고 판결하는 오류가 더 심각하기 때문에 이것이 제1종 오류가 된다. 따라서 앞에서 설정한 귀무가설 H가 타당하다는 것을 확인할 수 있다.

9.2 신뢰구간과 가설검정의 이원성(Duality)

〈예제 8.7〉에서 낮 근무조와 밤 근무조의 생산량을 비교하는 문제를 다시 생각해 보자.

모든 생산직 근로자가 낮에 근무했을 때 생산량의 분포를 $N(\mu_1, \sigma^2)$라고 가정하자. 마찬가지로 모든 생산직 근로자가 밤에 근무했을 때 생산량의 분포를 $N(\mu_2, \sigma^2)$라고 가

정하자. 생산직 근로자 중에서 15명을 표본추출하여 낮 근무조에 배정하였을 때의 생산량과 또 다른 생산직 근로자 15명을 표본추출하여 밤 근무조에 배정하였을 때의 생산량을 수집하였다. 이 경우 $\mu_1 - \mu_2$에 대한 신뢰구간이 $(-2.35, 9.29)$라고 가정해 보자.

이런 상황에서 귀무가설 H: $\mu_1 = \mu_2$와 대립가설 K: $\mu_1 \neq \mu_2$ 중 양단간의 결정을 하라고 하면 귀무가설 H: $\mu_1 = \mu_2$가 더 타당하다고 결정할 수 있을 것이다. 왜냐하면 $\mu_1 - \mu_2$에 대한 신뢰구간에는 0이 포함되어 있기 때문에 $\mu_1 - \mu_2 = 0$이라고 할 수 있고, μ_2를 우변으로 이항하면 $\mu_1 = \mu_2$라고 할 수 있다. 즉, 가설 H: $\mu_1 = \mu_2$ 가 타당하다고 결정할 수 있다. 만약 $\mu_1 - \mu_2$에 대한 신뢰구간에 0이 포함되지 않으면 $\mu_1 - \mu_2 \neq 0$라고 할 수 있고 따라서 가설 K: $\mu_1 \neq \mu_2$가 타당하다고 결정할 수 있다.

양단간의 결정에 있어서 이러면 이렇게 하고, 저러면 저렇게 한다고 이중으로 표현하는 것보다는 어느 한 쪽을 택해서 표현하는 것이 더 분명해진다. 예를 들어 "내일 비가 안 오면 등산을 하고, 내일 비가 오면 등산하지 말자."고 하는 대신에 간략히 "내일 비가 오면 등산하지 말자."라고 하는 것이 더 분명하다. 통계적 가설검정에서는 주로 후자로 표현한다. 즉, $\mu_1 - \mu_2$에 대한 신뢰구간에 0이 포함되지 않으면 가설 K: $\mu_1 \neq \mu_2$가 타당하다고 결정한다. 이를 식 (9.1)에 요약하였고 이를 신뢰구간과 가설검정의 이원성(Duality)이라고 한다. 여기서 말하는 이원성이란 신뢰구간 이론과 가설검정 이론이 동전의 양면처럼 연결되어 있다는 뜻이다.

$\mu_1 - \mu_2$에 대한 95% 신뢰구간에 0이 포함되지 않으면,
5% 유의수준에서 K: $\mu_1 \neq \mu_2$라고 결정한다.

9.1

제8장에서 표본크기가 작은 경우 독립표본에 의한 두 모평균 차이 $\mu_1 - \mu_2$에 대한 95% 신뢰구간은 식 (8.11)에 나타나 있으며 다시 아래 나타내었다.

$$\mu_1 - \mu_2 = (\overline{Y}_1 - \overline{Y}_2) \pm t((n_1-1)+(n_2-1);0.025) S_p \sqrt{\frac{1}{n_1} + \frac{1}{n_2}}$$

이 신뢰구간에 0이 포함되지 않으려면 〈그림 9.1〉과 같이 신뢰구간의 하한이 0보다

그림 9.1 $\mu_1 - \mu_2$에 대한 95% 신뢰구간에 0이 포함되지 않을 조건

크거나 또는 신뢰구간의 상한이 0보다 작아야 한다. 식 (9.2)는 신뢰구간에 0이 포함되지 않을 조건을 정리한 것이다.

$$\mu_1 - \mu_2\text{에 대한 95\% 신뢰구간에 0이 포함되지 않는다}$$
$$\Leftrightarrow |\overline{Y}_1 - \overline{Y}_2| > t((n_1-1)+(n_2-1);0.025)S_p\sqrt{\frac{1}{n_1}+\frac{1}{n_2}}$$
$$\Leftrightarrow \frac{|\overline{Y}_1 - \overline{Y}_2|}{S_p\sqrt{\dfrac{1}{n_1}+\dfrac{1}{n_2}}} > t((n_1-1)+(n_2-1);0.025)$$

9.2

식 (9.1)과 식 (9.2)를 종합하면, 두 가설 H와 K에 대한 가설검정을 식 (9.3)과 같이 할 수 있다. 식 (9.3)은 Neyman–Pearson Lemma에 의한 결과와 일치한다.

$$\frac{|\overline{Y}_1 - \overline{Y}_2|}{S_p\sqrt{\dfrac{1}{n_1}+\dfrac{1}{n_2}}} > t((n_1-1)+(n_2-1);0.025))\text{이면}$$

9.3

5% 유의수준에서 $K: \mu_1 \neq \mu_2$ 라고 결정한다.

여기서 식 (9.3)의 의미를 알기 위하여 〈예제 8.7〉에서 낮 근무조와 밤 근무조의 생산량을 비교하는 문제를 다시 생각해 보자. 모든 생산직 근로자가 낮에 근무했을 때 생산량의 분포를 $N(\mu_1, \sigma^2)$라고 가정했고 마찬가지로 모든 생산직 근로자가 밤에 근무했을 때 생산량의 분포를 $N(\mu_2, \sigma^2)$라고 가정했다. 만약 귀무가설 $H: \mu_1 = \mu_2$가 사실이라면 낮 근무조 모집단과 밤 근무조 모집단의 분포는 같아진다. 따라서 $\overline{Y}_1$ 과 $\overline{Y}_2$에 대하여 한 모집단에서 n_1개 확률표본을 추출하여 표본평균 $\overline{Y}_1$을 구했고 같은 모집단에서 n_2개 확

률표본을 추출하여 표본평균 $\overline{Y}_2$를 구했다고 볼 수 있다. 만약 귀무가설 $H: \mu_1 = \mu_2$ 이 사실이라면 $\overline{Y}_1$와 $\overline{Y}_2$의 차이, 즉 $|\overline{Y}_1 - \overline{Y}_2|$는 작을 것으로 예상된다. 이것이 식 (9.3) 좌변의 분자이다. 한편, 귀무가설 $H: \mu_1 = \mu_2$ 가 사실이더라도 모집단의 공통분산인 σ^2이 큰 값이면 표본평균의 차이는 크게 나타날 것이다. 그런데 모집단의 공통분산인 σ^2은 합동분산 S_p^2으로 추정되므로 σ^2의 영향을 상쇄하기 위하여 합동분산의 제곱근인 S_p로 나눈 것이 식 (9.3) 좌변의 분모이다. 결론적으로 만약 귀무가설 $H: \mu_1 = \mu_2$ 가 사실이라면 모집단의 공통분산인 σ^2이 어떤 값이건 식 (9.3)의 좌변은 작을 것으로 예상된다. 역으로 좌변이 크다면 귀무가설 $H: \mu_1 = \mu_2$ 가 사실이 아니라는 것에 대한 반증이 된다.

그러면 좌변이 얼마나 커야 귀무가설 $H: \mu_1 = \mu_2$ 를 기각할 것이냐 하는 문제가 남게 된다. 이 책의 범위를 벗어나지만 귀무가설 $H: \mu_1 = \mu_2$ 가 사실인 경우, 식 (9.3)의 좌변의 분포는 $t((n_1 - 1) + (n_2 - 1))$라는 사실이 알려져 있다. 따라서 식 (9.3)과 같이 가설검정을 하면 유의수준은 5%가 된다. 왜냐하면 아래 등식에 의해 식 (9.3)의 좌변이 우변보다 클 확률은 5%이기 때문이다.

$$\Pr\left(\frac{|\overline{Y}_1 - \overline{Y}_2|}{S_p\sqrt{\dfrac{1}{n_1} + \dfrac{1}{n_2}}} > t((n_1 - 1) + (n_2 - 1);0.025)\right) = 0.05$$

이 책에서는 표본크기가 작은 경우 두 모평균 차이에 대한 신뢰구간, 식 (8.11)을 이용하여 두 모평균이 같은지 여부에 대한 가설검정을 설명하였다. 이러한 가설검정 방법은 원리는 8.5절에서 요약한 모든 신뢰구간을 구하는 공식에 적용될 수 있다.

예를 들어 식 (8.7)을 이용하여 모비율 θ에 대한 아래 가설을 검정해 보자.

귀무가설 $H: \theta = 0.6$ 대립가설 $K: \theta \neq 0.6$

이 경우 모비율 θ에 대한 신뢰구간에 0.6이 포함되는지 여부에 따라 결정하면 된다. 일반적으로 모비율 θ에 대한 신뢰구간에 0.6이 포함되지 않을 조건은 $|\overline{Y} - 0.6| > 1.96\sqrt{\overline{Y}(1 - \overline{Y})/n}$ 이다. 따라서 $\dfrac{|\overline{Y} - 0.6|}{\sqrt{\overline{Y}(1 - \overline{Y})/n}} > 1.96$이면 5% 유의수준에서 $K: \theta \neq 0.6$

라고 결정한다. 이 결과도 Neyman–Pearson Lemma에 의한 결과와 일치한다는 것을 확인할 수 있다.

9.3 p값의 의미

몇 해 전에 학생들에게 도서관에 있는 통계학 책 중에서 2권을 골라서 그 책에서 p값을 어떻게 설명하는지 조사해 보라는 과제를 준 적이 있다. 책마다 설명이 달랐으며 그중 일부를 아래 소개한다.

p값을 구하는 방법은 귀무가설에 따라 경우마다 다르기 때문에 일률적으로 설명할 수 없을 뿐만 아니라 이 책의 범위를 벗어난다. 그리고 p값을 구하는 방법을 안다고 하더라도 컴퓨터를 이용하지 않고는 그 값을 구할 수 없기 때문에 이 책에서는 p값을 어떻게 구하는지는 설명하지 않고 p값의 의미에 대해서만 설명하고자 한다.

가설검정에서 p값의 의미는 어느 경우에나 분명하다. p값은 귀무가설의 타당성을 반증(反證)하는 지표(Indicator)이다. 우리 주위에는 여러 가지 지표가 있다. 예를 들면 pH는 용액의 산도를 나타내는 지표이다. 즉, pH = 7이면 중성이고 pH가 작을수록 산도가 높고 클수록 염기성이라 한다. 또 다른 예로서 상관계수는 이변량 데이터에서 두 변량의 선형성을 나타내는 지표이다. 즉, 상관계수의 절대값이 1에 가까울수록 두 변량은 선형성을 띄게 된다.

가설검정에서 p값은 관측한 데이터가 어느 정도 귀무가설에 적합하지 않는지를 반증(反證)하는 지표이며 p값이 작을수록 귀무가설은 사실이 아니라는 것을 나타낸다. 이 책에서는 p값에 대한 Erich L. Lehmann(1974) Nonparametrics의 설명을 소개하고자 한다.

> The smaller is the p–value, the stronger evidence against the null hypothesis. **9.4**

식 (9.4)는 "p값이 작으면 작을수록 귀무가설은 더욱더 사실이 아니다"라고 의역할 수 있을 것 같다. 특히 가설검정 이론에 의하면 p값이 정해진 유의수준보다 작을 때 귀무가설을 기각하게 된다. 이를 식 (9.5)에 요약하였다.

> 유의수준이 5%인 경우,
> p값이 5%보다 작으면 귀무가설을 기각한다

9.5

〈다른 통계학 교재에서 p값을 설명한 사례〉

- p값은 표본으로부터 얻은 통계량보다 더 큰 값을 표본으로부터 얻을 수 있는 확률이다.
- p값은 표본결과가 귀무가설을 입증하는 정도를 의미한다.
- p값이란 귀무가설을 기각할 수 있게 하는 최소의 유의수준이다.
- p값은 귀무가설이 사실일 때 관찰된 표본값보다 더 극단적인 검정통계량을 얻을 확률이다.
- p값은 귀무가설이 사실일 때 표본으로부터 구한 검정통계량 값이 귀무가설을 기각시킬 수 있는 유의확률을 말하며, 꼬리확률이라고도 한다.
- p값은 귀무가설이 사실일 때 주어진 표본관측결과 이상으로 귀무가설에서 먼 방향의 값이 나올 확률이다.
- p값이란 귀무가설이 옳다고 가정할 때 실제로 제1종 오류를 범할 확률이다.
- p값은 모수의 추정값이 귀무가설에서 주어진 모수의 값으로부터 대립가설 방향으로 멀어질수록 강해진다.
- p값이란 귀무가설이 부정될 수 있는 가장 작은 유의수준을 말한다.
- p값이란 표본으로부터 계산된 검정통계량의 값이 귀무가설의 가정으로부터 얼마만큼 벗어나 있는지 그 정도를 표현한 수치로 자료로부터 관측된 유의수준을 의미한다.
- p값이란 검정통계량이 실제 관측된 값보다 대립가설을 지지하는 방향으로 더욱 치우칠 확률로서 귀무가설 하에서 계산된 값이며, 유의확률이 작을수록 귀무가설에 대한 반증이 강한 것을 뜻한다.
- p값이란 유의확률이라고도 하며 검정통계량의 값으로부터 계산된 확률로서 귀무가설을 기각하는 최소의 유의수준을 말한다.
- p값이란 검정통계량의 관측값에 대해 귀무가설을 기각할 수 있는 최소의 유의수준을

말한다.

- p값이란 표본으로부터 계산된 검정통계량의 값이 귀무가설의 가정으로부터 얼마만큼 벗어나 있는지 그 정도를 표현한 수치로 자료로부터 관측된 유의수준을 의미한다.
- p값이란 검정통계량에 해당되는 넓이(확률)라고 생각하면 된다.
- p값이란 귀무가설이 사실이 아니라는 증거를 수집해서 제시하는 것이다.
- The p-value (also sometimes called observed significance level) is a measure of inconsistency between the hypothesized value for a population characteristic and observed sample.
- The probability of obtaining a value of test statistic that is as likely or more likely to reject H as the actual observed value of the test statistic. This probability is computed assuming that null hypothesis is true.
- The probability of observing a sample value as extreme as, or more extreme than, the value observed, given that the null hypothesis is true.

KNOW 알고 넘어 갑시다

"산토끼 잡으려다 집토끼 놓친다."라는 우리 속담이 있다. 그런데 Neyman-Pearson Lemma의 기본 원리는 두 종류의 오류 중 더 중요한 오류를 일정한 수준으로 통제하면서 나머지 오류를 최소화 할 수 있는 방안을 찾자는 것이다. 그러고 보면 Neyman-Pearson Lemma의 기본 원리는 "산토끼 잡으려다 집토끼 놓친다."라는 우리 속담과 일맥상통한다고 할 수 있다.

01 아래 사항이 사실인지 거짓인지 구별하여라. 만약 사실이면 "True"라고 적어라. 만약 거짓이면 "False"라고 적고 그 이유를 간략히 설명하여라.

1) 가설검정에서 제1종 오류와 제2종 오류의 합은 언제나 1이다.

2) Neyman－Pearson Lemma에서 제2종 오류는 제1종 오류보다 더 심각한 것이라고 한다.

3) p값이 작을수록 귀무가설의 타당성이 입증된다.

4) 만약 p값이 2%라면, 5%유의수준에서 귀무가설은 기각되지 않는다.

02 아래 문항의 괄호를 채워라.

1) $|\overline{Y}_1 - \overline{Y}_2|$의 의미를 일상용어로 설명하면 두 (　　　)의 (　　　)이다.

2) 유의수준이 10%인 경우, p값이 (　　　　　　　) 귀무가설을 기각한다.

03 Neyman-Pearson 가설검정의 원리와 일맥상통할 수 있는 우리 속담이 있다. 이를 인용하여 Neyman-Pearson 가설검정의 원리를 설명하여 보아라.

04 교재에서 판사가 판결할 때 두 종류의 오류를 범할 수 있다고 설명하였다.

1) 일상생활에서 두 종류의 오류를 범할 수 있는 사례를 하나 들어라.

2) 1)에서 제1종 오류와 제2종 오류를 구체적으로 기술하여라.

3) 2)에서 왜 제1종 오류가 제2종 오류보다 심각하다고 생각하는가?

05 기존 전구의 평균 수명은 2,000시간인데, 새로 발명한 음극 전구의 평균 수명은 기존 전구의 수명의 10배 이상이라고 한다. 음극 전구 100개를 무작위 추출하여 수명을 측정하였더니 $\overline{Y}= 22,000$, $S= 8,000$이었다. 신뢰구간을 이용하여 두 가설 H와 K에 대하여 5% 유의수준에서 검정하여라.

$$H:\mu = 20,000, \quad K:\mu \neq 20,000$$

06 S전자에서는 하청업체로부터 PCB를 10,000개 단위로 납품받고 있으며 10,000개 PCB의 불량률이 2% 이상일 경우 10,000개 전체를 반품시킨다. 어느 날 납품받은 PCB 중에서 100개를 단순 무작위표본으로 하여 검사하였더니 3개가 불량품이었다. 신뢰구간을 이용하여 두 가설 H와 K에 대하여 5% 유의수준에서 검정하여라.

$$H : \theta = 0.02, \quad K : \theta \neq 0.02$$

Chapter **10**

일원분산분석
(One-Way ANOVA)

일원분산분석
(One-Way ANOVA)

Q 일원분산분석이란?

A 셋 이상의 모집단에서 각각 표본을 추출하여 모평균이 모두 같은지를 검정하는 통계적 방법이다.

Q 분산분석과 ANOVA가 같은 것인가?

A 분산분석은 영어의 Analysis of variance를 번역한 것이다. 그런데 Analysis of Variance를 약자로 표시할 때 각 단어 앞에 밑줄 친 부분을 따서 ANOVA라고 한다. 따라서 분산분석, Analysis of Variance, ANOVA는 같은 것이다.

Q 분산분석표란?

A 판사는 판결문으로 모든 것을 말하듯이 분산분석에 관한 모든 것은 분산분석표에 요약된다.

Q 일원분산분석에서 셋 이상의 모평균이 모두 같은지를 어떻게 검정하나?

A 분산분석표(ANOVA table)를 작성해서 검정한다. 분산분석표에서 마지막에 계산한 F 비율 값이 F 분포표에서 찾은 값보다 크면 셋 이상의 모평균이 모두 같다는 가설을 기각한다.

Q 일원분산분석에서 모평균이 모두 같은지를 검정하는 것으로 끝나나?

A 모평균이 모두 같다는 가설을 기각하지 않을 경우, 더 이상 탐색할 여지가 없다. 그러나 모평균이 모두 같다는 가설을 기각할 경우, 어느 모평균이 같지 않은지 동시신뢰구간 (simultaneous confidence interval)을 구해서 탐색해야 한다.

지금까지 하나 또는 두 모평균에 대하여 점추정, 구간추정, 그리고 가설검정을 설명하였다. 통계학 이론의 관점에서 보면, 모집단의 개수가 하나인 경우, 둘인 경우 그 다음은 셋 이상인 경우로 확장하는 것이 자연스러워 보인다. 이는 데이터 분석에서 일변량 데이터, 이변량 데이터 그 다음은 다변량 데이터로 확장해 나가는 것과 마찬가지이다.

〈예제 10.1〉에서 보듯이 셋 이상의 모집단에 대하여 추론할 때도 흔히 있으며 이러한 경우의 분석방법을 총칭하여 분산분석(The Analysis of Variance, ANOVA)이라고 한다. 기본적으로 제10장 일원분산분석은 모집단의 수를 둘에서 셋 이상으로 확장시킨 것이다. 이렇게 작은 바람에서 시작한 이론이지만 그 뒤로 무궁무진한 새로운 분야가 펼쳐지게 된다. amazon.com에서 "analysis of variance"를 검색해 보면 이와 관련된 교재가 무려 41,000권이나 된다.

10.1절에서는 일원분산분석의 기본 바탕을 정리하였다. 10.1절의 제목 "두 모집단에서 새로운 세상으로: The Chickens Voyage to a New World"에서 영어 표현은 저자에게 분산분석을 가르쳐 주신 교수님의 말씀인데 너무 멋있어서 그대로 옮겨 적었다. 10.2절에서는 변동의 분해부터 시작해서 분산분석표를 작성하는 과정을 설명한다. 10.3절에서는 F분포의 유래와 F분포표 찾는 방법에 대하여 설명한다. 10.4절에서는 일원분산분석의 결론으로서 가설검정과 동시신뢰구간을 설명한다. 10.5절에서는 새로운 세상은 두 모집단의 일반화(generalization) 또는 확장(extension)이라는 것을 설명한다. 끝으로 10.6절에서는 그 밖의 못다 한 이야기를 묶어서 무궁무진한 분산분석 분야에서 꼭 알아둬야 할 몇 가지 기본 사항을 설명한다.

역사적 관점에서 살펴보면, 분산분석은 제1차 세계대전 이후에 개발된 통계적 방법으로서 제11장에서 배울 회귀분석보다 나중에 개발되었다. 분산분석에 관한 이론은 Sir Ronald A. Fisher(1890-1962)에 의해 주도적으로 개발되었으며 그는 통계학의 Einstein

(1879－1955)이라고 알려져 있다.

10.1 두 모집단에서 새로운 세상으로: The Chickens Voyage to a New World

우선 셋 이상의 모평균에 대하여 추론하기 위해서는 두 모평균에 대한 추론보다 더 정교한 이론이 필요할 것으로 예상된다. 두 모평균에 대해서는 모집단의 분포에 대한 가정없이 중심극한정리를 이용하여 추론할 수 있었다(식 (8.6) 참조). 또는 두 모집단의 분포가 평균은 다르지만 분산이 같은 정규분포라고 가정하고 t분포를 이용하여 추론할 수도 있었다(식 (8.11) 참조). 그러나 셋 이상의 모평균에 대해서는 모집단의 분포가 평균은 다르지만 분산이 모두 같은 정규분포라고 가정해야만 추론이 가능해진다. 이러한 가정을 〈예제 10.1〉을 통하여 살펴보기로 하자.

예제 10.1

P화장품 회사에서는 새로운 판매 촉진 전략을 고려하고 있다. 전략1은 제품 가격을 20% 인하하는 것이다. 전략2는 10,000원 매상마다 2,500원 상당의 샘플을 제공하는 것이다. 전략3은 종전대로 판매하는 방안이다. 영업본부장은 3가지 판매 전략의 효과를 알아보기 위하여 전국에 있는 매장 중에서 24개 매장을 무작위로 선정하여 8개씩 3그룹(A, B, C)으로 구분하였다. 또한 3그룹에 대하여 A그룹은 전략1대로, B그룹은 전략2대로, C그룹은 전략3대로 판매하도록 하였다. 아래 데이터는 3가지 판매 전략에 따른 월간 매출액(단위는 백만 원)을 나타내고 있다. 3가지 판매 전략에 따라 매출액의 차이가 난다고 할 수 있겠는가?

전략1: 40 36 30 32 34 38 46 34
전략2: 24 20 14 16 36 32 30 28
전략3: 34 28 26 20 22 18 16 12

일원분산분석을 하려면 전국의 모든 P화장품 회사 매장에서 전략1대로 팔았을 때 매출액의 분포를 $N(\mu_1, \sigma^2)$라고 가정한다. 마찬가지로 전략2대로 팔았을 때 매출액의 분포를 $N(\mu_2, \sigma^2)$라고 가정하고, 전략3대로 팔았을 때 매출액의 분포를 $N(\mu_3, \sigma^2)$라고 가정한다. 즉, 판매 전략에 따라 모집단의 평균은 달라지지만 모집단의 분산은 일정하다고 가정하는 것이다. 이러한 가정은 현실적으로 만족되기 어렵겠지만 통계학 이론은 일단 이러한 바탕 위에서 출발한다. 그리고 이 책의 범위는 여기까지이다. 하지만 통계학 이론을 더 배우면 이와 같이 무리한 가정을 하지 않고도 검정할 수 있는 비모수적 방법 (Nonparametric Method)에 대해 알게 된다.

예제 10.1에서 우리의 궁극적인 관심은 세 모집단의 평균인 μ_1, μ_2, μ_3가 모두 같은지 검정하는 것이다. 즉, 가설 $H; \mu_1 = \mu_2 = \mu_3$를 검정하고자 한다. 이를 위하여 세 모집단에서 각각 8개 매장을 표본으로 추출하여 월매출액을 조사했다고 간주하는 것이다.

일반적으로 일원분산분석에서 나타나는 부호와 가정을 〈표 8.2〉에서 소개한 이중첨자법을 이용하여 정리해 보자. 추론해야 할 모집단의 개수를 k라고 하자. 이제 i번째 $(i = 1, 2, \cdots, k)$ 모집단의 분포를 $N(\mu_i, \sigma^2)$라고 가정하자. 또한 i번째 모집단에서 추출한 n_i개 확률표본을 $Y_{i1}, Y_{i2}, \cdots, Y_{in_i}$라고 하고 이들의 평균을 $\overline{Y}_i$라고 표시하자. 전체 관측값의 개수를 $n = n_1 + n_2 + \cdots + n_k$이라고 표시하고 n개 확률표본의 평균을 $\overline{Y}$라고 표시하자. 이를 요약하면 다음과 같다.

	표본 관측값	모집단	표본평균
모집단1;	$Y_{11}, Y_{12}, \cdots, Y_{1n_1}$	$\sim N(\mu_1, \sigma^2)$	$\overline{Y}_1 = (Y_{11} + Y_{12} + \cdots + Y_{1n_1})/n_1$
모집단2;	$Y_{21}, Y_{22}, \cdots, Y_{2n_2}$	$\sim N(\mu_2, \sigma^2)$	$\overline{Y}_2 = (Y_{21} + Y_{22} + \cdots + Y_{2n_2})/n_2$
$\vdots$	$\vdots$		
모집단k;	$Y_{k1}, Y_{k2}, \cdots, Y_{kn_k}$	$\sim N(\mu_k, \sigma^2)$	$\overline{Y}_k = (Y_{k1} + Y_{k2} + \cdots + Y_{kn_k})/n_k$

$$\text{총평균} \quad \overline{Y} = \sum_{i=1}^{k} \sum_{j=1}^{n_i} Y_{ij} / n$$

10.2 변동의 분해와 분산분석표

식 (2.4)에서 정의한 분산은 편차제곱합(Sum of Squared Deviations: SS)을 자유도로 나눈 값이며 편차제곱합을 줄여서 변동(variation)이라고 한다. 합에 대한 평균의 관계는 변동에 대한 분산의 관계와 같다. 즉, 합을 개수로 나눈 값이 평균이고 변동을 자유도로 나눈 값이 분산이다. 분산분석이란 결국 변동의 분해라고 할 수 있을 만큼 변동의 분해는 분산분석에서 중요한 역할을 한다. 변동의 분해는 식 (10.1)에서부터 시작한다.

식 (10.1)의 우변은 좌변에다 $\overline{Y_i}$를 더하고 나서 다시 $\overline{Y_i}$를 빼준 것이므로 이 등식은 언제나 성립한다. 식 (10.2)는 식 (10.1)의 양변을 제곱하고 나서 첨자 i와 첨자 j에 대하여 합친 것이다. 그런데 우변을 제곱할 때 생기는 교차항(Cross Product Term)은 첨자 i와 첨자 j에 대하여 합치면 0이 되기 때문에 생략하였다. 식 (10.2)를 변동의 분해라고 한다.

$$Y_{ij} - \overline{Y} = (\overline{Y}_i - \overline{Y}) + (Y_{ij} - \overline{Y}_i)$$

10.1

$$\sum_{i=1}^{k}\sum_{j=1}^{n_i}(Y_{ij} - \overline{Y})^2 = \sum_{i=1}^{k}\sum_{j=1}^{n_i}(\overline{Y}_i - \overline{Y})^2 + \sum_{i=1}^{k}\sum_{j=1}^{n_i}(Y_{ij} - \overline{Y}_i)^2$$

$$SST \qquad = \qquad SSM \qquad + \qquad SSE$$

10.2

식 (10.2)에 있는 3개 항 각각은 다음과 같은 매우 중요한 의미를 갖는다.

① 식 (10.2)의 좌변은 모집단을 구분하지 않고 모든 관측값에 대하여 계산한 변동이며 이를 총합의 변동(Sum of Square of Total: SST)이라고 한다. 즉, 총합의 변동(SST)을 자유도 $n-1$로 나누면 모든 관측값에 대한 분산이 된다.

② 식 (10.2)에서 우변의 첫 번째 항은 k개 표본평균에 대한 변동이며 이를 모형의 변동(Sum of Square of Model: SSM)이라고 한다. 즉, 모형의 변동(SSM)을 자유도

$k-1$로 나누면 표본크기에 따라 가중치를 준 표본평균의 분산이 된다. 왜냐하면 SSM은 다음과 같이 표시되기 때문이다.

$$SSM = \sum_{i=1}^{k}\sum_{j=1}^{n_i}(\overline{Y}_i - \overline{Y})^2 = \sum_{i=1}^{k}n_i(\overline{Y}_i - \overline{Y})^2$$

③ 식 (10.2)에서 우변의 두 번째 항은 식 (8.12)에서 합동분산을 구할 때 분자에 나타난 것과 마찬가지 형태이며 이를 오차의 변동(Sum of Square of Error: SSE)이라고 한다. 즉, 오차의 변동(SSE)을 자유도 $n_1 - 1 + n_2 - 1 \cdots + n_k - 1 = n - k$로 나누면 합동분산이 되며 이는 모집단의 공통분산인 σ^2에 대한 점추정량이다.

결국 변동의 분해라는 것은 총합의 변동(SST)이 모형의 변동(SSM)과 오차의 변동(SSE)으로 분해된다는 것이다. 분산분석에서 변동의 분해는 매우 중요한 역할을 한다. 그 이유는 변동의 분해를 알아야만 k개 모평균이 모두 같다는 가설 $H; \mu_1 = \mu_2 = \cdots = \mu_k$을 검정할 수 있기 때문이다.

〈표 10.1〉을 분산분석표(the analysis of variance table: ANOVA table)라고 한다. 판사는 판결문으로 모든 것을 말하듯이 분산분석에 관한 모든 것은 분산분석표에 요약된다. 분산분석표는 변동의 분해에서 나타나는 모형(Model), 오차(Error), 총합(Total) 각각에 대하여 변동(SS), 자유도($d.f.$), 평균변동(MS), F비율을 정리한 표이다.

표 10.1 **일원분산분석에서 분산분석표의 일반적인 형태**

	변동 (SS)	자유도 ($d.f.$)	평균변동 (MS)	F비율
모형(Model)	SSM	$k-1$	$MSM = SSM/(k-1)$	F비율 $= MSM/MSE$
오차(Error)	SSE	$n-k$	$MSE = SSE/(n-k)$	
총합(Total)	SST	$n-1$		

분산분석표를 작성하는 요령은 다음과 같이 열 순서대로 칸을 채우면 된다.

① 첫 번째 열, 변동(SS)의 칸 채우기

변동의 분해에서 설명한 바와 같이 총합의 변동(SST)은 모형의 변동(SSM)과 오차의 변동(SSE)으로 분해되는 것을 보여준다. 즉, $SST = SSM + SSE$.

② 두 번째 열, 자유도($d.f.$)의 칸 채우기

앞에서 설명한 것과 같이 변동(SS)을 자유도로 나누면 분산이 된다. 그래서 총합의 변동(SST)을 자유도 $n-1$로 나누면 모든 관측값에 대한 분산이 되므로 총합의 자유도는 $n-1$이다. 모형의 변동(SSM)을 자유도 $k-1$로 나누면 표본크기에 따라 가중치를 준 표본평균의 분산이 되므로 모형의 자유도는 $k-1$이다. 오차의 변동(SSE)을 자유도 $n-k$로 나누면 합동분산이 되므로 오차의 자유도는 $n-k$이다.

즉, 첫 번째 열, 변동(SS)에서, 총합의 변동(SST) = 모형의 변동(SSM) + 오차의 변동(SSE)이고, 두 번째 열, 자유도($d.f.$)에서, 총합의 자유도($n-1$) = 모형의 자유도($k-1$) + 오차의 자유도($n-k$)이다.

③ 세 번째 열, 평균변동(MS)의 칸 채우기

먼저 모형에 대하여 살펴보자. 모형의 평균변동(Mean Suares of Model: MSM)은 첫 번째 열에 있는 모형의 변동(SSM)을 두 번째 열에 있는 모형의 자유도($k-1$)로 나눈 값이다. 즉, 모형의 평균변동(MSM)은 표본크기에 따라 가중치를 준 표본평균의 분산이 된다. 특히 n_i가 모두 같은 값 n^*라면, 즉 표본크기가 모두 같다면, 모형의 평균변동(MSM)은 표본평균의 분산에 n^*를 곱해준 값이 된다.

이제 오차에 대해 살펴보자. 오차의 평균 변동(Mean Suares of Error: MSE)은 첫 번째 열에 있는 오차의 변동(SSE)을 두 번째 열에 있는 오차의 자유도($n-k$)로 나눈 값이다. 즉, 오차의 평균변동(MSE)은 모집단의 공통분산인 σ^2에 대한 점추정량이다.

④ 네 번째 열, F 비율의 칸 채우기

F 비율은 세 번째 열에 있는 모형의 평균변동(MSM)을 오차의 평균변동(MSE)으로 나눈 값이다.

다시 말하면, 분산분석표는 식 (10.3)과 같이 작성하면 된다.

> 분산분석표를 작성하는 요령:
> ① 변동(SS)을 분해한다.
> ② 변동(SS)의 분해에 따라 자유도($d.f.$)를 분해한다.
> ③ 변동(SS)을 자유도($d.f.$)로 나누어 평균변동(MS)을 구한다.
> ④ 평균변동(MS)의 비율을 구하면 그것이 바로 F비율이다.

10.3

여기서 잠깐 왜 분산분석표를 만드는지 알아보자. 분산분석표를 만드는 궁극적인 목적은 F비율을 계산하는 것이다. 계산기가 없던 시절에 F비율을 계산하는 것은 힘들뿐만 아니라 계산이 맞았는지 알 방법도 없기 때문에 참으로 고단한 과제였다. 그러나 분산분석표를 만들면 단계적으로 빈틈없이 F비율을 계산할 수 있다.

예제 10.2

일원분산분석을 하기 위한 아래 데이터에 대하여 $\overline{Y}_1, \overline{Y}_2, \overline{Y}_3, \overline{Y}, SSM, SSE, SST$를 표시하여라.

Y_{11}, Y_{12}, Y_{13}
Y_{21}, Y_{22}
$Y_{31,} Y_{32,} Y_{33,} Y_{34}$

풀이

$\overline{Y}_1 = (Y_{11} + Y_{12} + Y_{13})/3$
$\overline{Y}_2 = (Y_{21} + Y_{22})/2$
$\overline{Y}_3 = (Y_{31} + Y_{32} + Y_{33} + Y_{34})/4$
$\overline{Y} = (Y_{11} + Y_{12} + Y_{13} + Y_{21} + Y_{22} + Y_{31} + Y_{32} + Y_{33} + Y_{34})/9$

$$SSM=\sum_{i=1}^{k}\sum_{j=1}^{n_i}(\overline{Y}_i-\overline{Y})^2=\sum_{i=1}^{k}n_i(\overline{Y}_i-\overline{Y})^2=3(\overline{Y}_1-\overline{Y})^2+2(\overline{Y}_2-\overline{Y})^2+4(\overline{Y}_3-\overline{Y})^2$$

$$SSE=\sum_{i=1}^{k}\sum_{j=1}^{n_i}(Y_{ij}-\overline{Y}_i)^2$$
$$=(Y_{11}-\overline{Y}_1)^2+(Y_{12}-\overline{Y}_1)^2+(Y_{13}-\overline{Y}_1)^2$$
$$+(Y_{21}-\overline{Y}_2)^2+(Y_{22}-\overline{Y}_2)^2$$
$$+(Y_{31}-\overline{Y}_3)^2+(Y_{32}-\overline{Y}_3)^2+(Y_{33}-\overline{Y}_3)^2+(Y_{34}-\overline{Y}_3)^2$$

$$SST=\sum_{i=1}^{k}\sum_{j=1}^{n_i}(Y_{ij}-\overline{Y})^2$$
$$=(Y_{11}-\overline{Y})^2+(Y_{12}-\overline{Y})^2+(Y_{13}-\overline{Y})^2$$
$$+(Y_{21}-\overline{Y})^2+(Y_{22}-\overline{Y})^2$$
$$+(Y_{31}-\overline{Y})^2+(Y_{32}-\overline{Y})^2+(Y_{33}-\overline{Y})^2+(Y_{34}-\overline{Y})^2$$

10.3 F분포의 유래와 F분포표 찾는 법

　제4장에서 연속확률변수의 분포 중에서 제일 유명한 정규분포를 소개하였고 제8장에서는 두 번째로 유명한 t분포를 소개하였다. 여기서는 세 번째로 유명한 F분포를 소개하려고 한다. F분포는 분산분석의 기본 이론을 처음 개발한 Sir Ronald A. Fisher를 기리기 위하여 Fisher의 첫 자를 따서 F분포라고 부르게 되었다.

　정규분포는 평균과 분산에 의해 표시되고 평균이 μ이고 분산이 σ^2인 정규분포를 $N(\mu,\sigma^2)$라고 표시했다. t분포는 하나의 자유도에 의해 표시되고 자유도가 ν인 t분포를 $t(\nu)$라고 표시했다.

　여기서 소개하는 F분포는 두 자유도 ν_1, ν_2에 의해 표시된다. 두 자유도 중에서 첫 번째 자유도(ν_1)를 분자의 자유도라고 하며, 두 번째 자유도(ν_2)를 분모의 자유도라고 한다. 그리고 두 자유도가 ν_1, ν_2인 F분포를 $F(\nu_1,\nu_2)$라고 표시한다.

　얼핏 생각해 보면 분모에 대한 것이 ν_1이 되고 분자에 대한 것이 ν_2가 되어야 할 것 같은데 순서가 뒤바뀐 데는 이유가 있다. 예컨대 $\frac{3}{4}$을 읽을 때 동양에서는 4분의 3 이라고 분모를 먼저 읽는다. 그러나 서양에서는 "three−quarters"라고 분자를 먼저 읽 는다. 통계학은 서양에서 개발된 학문이기 때문에 분자의 자유도를 ν_1, 분모의 자유도를 ν_2라고 한다.

연속확률변수의 밀도함수로서 앞에서 다루었던 정규분포나 t분포는 전체 구간에서 존재했고 대칭성을 갖고 있었다. 그러나 여기서 다루는 F분포의 밀도함수는 양수 (positive value)일 때만 존재하고 대칭성도 없다. 〈그림 10.1〉은 몇 가지 경우 F분포의 밀도함수를 보여준다.

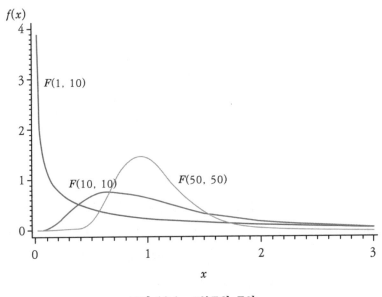

그림 10.1 F분포의 모양

한편 $F(\nu_1, \nu_2)$에서 오른쪽 꼬리 부분의 확률이 α인 값을 $F(\nu_1, \nu_2; \alpha)$라고 표시 한다. 즉, 확률변수 X의 분포가 $F(\nu_1, \nu_2)$일 때 $\Pr(X \geq F(\nu_1, \nu_2; \alpha)) = \alpha$이다. 〈부록 표 4. F분포표〉는 두 자유도 ν_1, ν_2와 오른쪽 꼬리 부분의 확률 α 값에 따른 $F(\nu_1, \nu_2; \alpha)$ 값을 나타내고 있다. 예컨대 분자의 자유도가 2이고 분모의 자유도가 18인 F분 포에서 상위 제5백분위수를 찾으려면 우선 상위 제5백분위수를 나타내는 표를 찾아서

$\nu_1 = 2$, $\nu_2 = 18$에 해당하는 값을 찾으면 된다. 이 값은 $F(2, 18;0.05) = 3.55$임을 알 수 있다.

10.4 가설검정과 동시신뢰구간

이제 k개 모평균이 모두 같다는 가설 $H; \mu_1 = \mu_2 = \cdots = \mu_k$ 을 검정해 보자. Fisher는 k개 모평균이 모두 같다는 가설 $H; \mu_1 = \mu_2 = \cdots = \mu_k$ 가 사실일 경우, 분산분석표에 있는 F비율의 분포는 $F(k-1, n-k)$라는 사실을 발견하였다. 여기서 F비율과 F분포의 "F"는 모두 Fisher의 업적을 기리기 위하여 이름의 첫 자를 딴 것이다. 따라서 분산분석표에 있는 F비율이 F분포표에서 찾은 값보다 클 때 가설 $H; \mu_1 = \mu_2 = \cdots = \mu_k$ 를 기각하는 것이 타당하며 이를 식 (10.4)에 요약하였다.

> 5% 유의수준에서,
> F비율$> F(k-1, n-k;0.05)$일 때 가설 $H; \mu_1 = \cdots = \mu_k$ 를 기각한다.

10.4

여기서 식 (10.4)의 좌변에 있는 F비율$= \dfrac{MSM}{MSE}$을 살펴보자. 분자에 있는 MSM은 표본크기에 따라 가중치를 준 표본평균의 분산이다. 분모에 있는 MSE은 모집단의 공통분산인 σ^2에 대한 점추정량이다. 만약 가설 $H; \mu_1 = \cdots = \mu_k$ 가 사실이라면, k개 모집단의 분포는 모두 같아진다. 따라서 표본평균 $\overline{Y}_1$, $\overline{Y}_2$, $\cdots$, $\overline{Y}_k$는 같은 값은 아닐지라도 넓게 흩어져 있지는 않을 것이다. 즉, 표본평균의 분산은 작을 것이고, 마찬가지로 표본크기에 따라 가중치를 준 표본평균의 분산 MSM도 작을 것이다. 그런데 MSM은 모집단의 공통분산인 σ^2에 영향을 받아서 σ^2이 작은 값이면 MSM도 작아질 것이다. 그래서 모집단의 공통분산인 σ^2의 영향을 상쇄하기 위하여 σ^2에 대한 점추정량인 MSE로 나눈 F비율$= \dfrac{MSM}{MSE}$을 고려하게 된다. 만약 가설 $H; \mu_1 = \cdots = \mu_k$ 가 사실이라면 모집단의 공통분산인 σ^2이 크든 작든 F비율은 작을 것으로 예상된다. 역으로 F비율이 크다면 가설 $H; \mu_1 = \cdots = \mu_k$ 가 사실이 아니라는 것에 대한 반증이 된다.

그러면 F 비율이 얼마나 커야 가설 $H;\mu_1 = \cdots = \mu_k$를 기각할 것이냐 하는 문제가 남게 된다. Sir Ronald A. Fisher는 가설 $H;\mu_1 = \cdots = \mu_k$가 사실인 경우 F 비율의 분포가 $F(k-1, n-k)$라는 사실을 밝혔다. 따라서 가설 $H;\mu_1 = \cdots = \mu_k$가 사실인 경우 $\Pr(F$ 비율 $> F(k-1, n-k;0.05)) = 0.05$이다.

예제 10.1 (계속)

〈예제 10.1〉에 있는 3가지 판매 전략에 따른 매출액 데이터에 대하여 다음 물음에 답하여라.
1) 매출액 데이터를 시각적으로 표현하고 3가지 판매 전략에 따라 매출액에 차이가 나는지 주관적으로 판단해 보아라.
2) 일원분산분석에 의해 3가지 판매 전략에 따라 매출액에 차이가 나는지 5% 유의수준에서 검정하여라.

풀이

1)

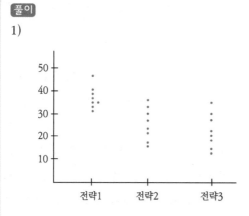

전략1에 의한 매출액이 상대적으로 높아 보인다.

2) 분산분석표를 작성해 보면 다음과 같다. 분산분석표에 있는 F 비율은 9.84이고 F 분포표에서 $F(2, 21;0.05) = 3.47$이다. 식 (10.4)에 의해 F 비율이 F 분포표에서 찾은 값보다 크므로 모평균이 모두 같다는 가설 $H;\mu_1 = \mu_2 = \mu_3$를 5% 유의수준에서 기각한다.

	SS	d.f.	MS	F 비율
모형	903.00	2	451.50	9.84
오차	963.50	21	45.88	
총합	1866.50	23		

만약 일원분산분석에서 가설 $H; \mu_1 = \mu_2 = \cdots = \mu_k$를 기각하지 않는다면 더 이상 탐색해 볼 여지가 없다. 그러나 가설 $H; \mu_1 = \mu_2 = \cdots = \mu_k$를 기각할 경우, 어느 모평균이 같지 않은지 동시신뢰구간(simultaneous confidence interval)을 구해서 탐색해야 한다.

〈예제 10.1〉에서 세 모평균이 모두 같다는 가설 $H; \mu_1 = \mu_2 = \mu_3$를 5% 유의수준에서 기각하였다. 이 경우 μ_1과 μ_2가 같은지 알아보려면 $\mu_1 - \mu_2$에 대한 95% 신뢰구간을 구하고 그 신뢰구간에 원점이 포함되는지를 확인해 보아야 할 것이다. 마찬가지로 $\mu_1 - \mu_3$에 대한 95% 신뢰구간과 $\mu_2 - \mu_3$에 대한 95% 신뢰구간도 구해야 할 것이다. 이 경우 하나의 신뢰구간에 대한 신뢰도는 95%이지만 신뢰구간 3개에 대한 종합적인 신뢰도는 결코 95%가 될 수 없을 것이다. 따라서 신뢰구간 3개에 대한 종합적인 신뢰도가 95%인 새로운 개념의 신뢰구간을 원하며 이를 동시신뢰구간(Simultaneous Confidence Interval)이라고 한다.

동시신뢰구간을 얻을 수 있는 방법은 여러 가지 있는데 이 책에서는 Scheffe 동시신뢰구간에 대해서만 다루고자 한다. 일반적으로 k개 모집단이 있는 경우, i번째 모평균과 i^*번째 모평균의 차이$(\mu_i - \mu_{i^*})$에 대한 95% Scheffe 동시신뢰구간을 식 (10.5)에 요약하였다. 식 (10.5)는 두 모평균 차이에 대한 신뢰구간인 식 (8.11)과 비교될 수 있다.

두 모집단의 경우, 즉 $k=2$인 경우, $t(\nu; 0.025) = \sqrt{F(1, \nu; 0.05)}$ 라는 사실이 알려져 있기 때문에 식 (10.5)는 식 (8.11)과 같아진다. 그러나 $k > 2$인 경우, 식 (10.5)에 의한 신뢰구간의 폭은 식 (8.11)에 비해 늘어나게 된다. 이러한 관점에서 식 (8.11)에 있는 신뢰구간을 동시신뢰구간과 비교하여 개별신뢰구간이라고 한다.

$\mu_i - \mu_{i^*}$에 대한 95% Scheffe 동시신뢰구간:

$$\mu_i - \mu_{i^*} = \overline{Y}_i - \overline{Y}_{i^*} \pm \sqrt{(k-1)F(k-1,n-k;0.05)} \sqrt{MSE} \sqrt{\frac{1}{n_i} + \frac{1}{n_{i^*}}}$$

10.5

8.11 참조

예제 10.1 (계속)

〈예제 10.1〉에 있는 3가지 판매 전략에 따른 매출액 데이터에 대하여 다음 물음에 답하여라.

1) $\mu_1 - \mu_2$, $\mu_1 - \mu_3$, $\mu_2 - \mu_3$ 에 대한 95% 동시신뢰구간을 구하여라.

2) 1)에서 구한 동시신뢰구간의 의미는?

풀이

1) $F(2,21;0.05) = 3.47$이고 $MSE = 45.88$이므로 3가지 판매 전략에 따른 95% 동시신뢰구간은 다음과 같다.

$$\begin{aligned}
\mu_1 - \mu_2 &= \overline{Y}_1 - \overline{Y}_2 \pm \sqrt{2\,F(2,21;0.05)\ MSE\left(\frac{1}{8} + \frac{1}{8}\right)} \\
&= 11.25 \pm \sqrt{2\,(3.47)\,(45.88)\,(0.25)} \\
&= 11.25 \pm 8.92
\end{aligned}$$

$$\mu_1 - \mu_3 = \overline{Y}_1 - \overline{Y}_3 \pm \sqrt{2\,F(2,21;0.05)\ MSE\left(\frac{1}{8} + \frac{1}{8}\right)} = 14.25 \pm 8.92$$

$$\mu_2 - \mu_3 = \overline{Y}_2 - \overline{Y}_3 \pm \sqrt{2\,F(2,21;0.05)\ MSE\left(\frac{1}{8} + \frac{1}{8}\right)} = 3.00 \pm 8.92$$

2) 분산분석표에 의하면 3가지 모평균이 모두 같다는 가설은 기각되지만 어느 모평균이 차이가 있는지는 알 수 없다. 그러나 Scheffe 동시신뢰구간을 구하면 어느 모평균이 차이가 있는지를 알 수 있게 된다. 즉, 3가지 동시신뢰구간 중에서 $\mu_1 - \mu_2$의 신뢰구간은 원점을 포함하지 않기 때문에 μ_1과 μ_2는 차이가 난다고 할 수 있다. 마찬가지로 $\mu_1 - \mu_3$의 신뢰구간도 원점을 포함하지 않기 때문에 μ_1과 μ_3는 차이가 난다고 할 수 있다. 그러나 $\mu_2 - \mu_3$의 신뢰구간은 원점을 포

함하기 때문에 μ_2와 μ_3는 차이가 난다고 할 수 없다. 이를 종합하면 μ_1은 μ_2나 μ_3에 비해 차이가 난다고 할 수 있지만 μ_2와 μ_3는 차이가 난다고 할 수 없다.

10.5 새로운 세상에서 잠깐 두 모집단으로

k개 모평균이 모두 같다는 가설 $H; \mu_1 = \mu_2 = \cdots = \mu_k$는 식 (10.4)에 의해 검정할 수 있다. 그런데 식 (10.4)는 $k = 2$, 즉 두 모집단인 경우도 역시 성립한다. 따라서 두 모평균이 같은지를 검정할 때, 식 (9.3)을 이용하여 검정하는 것과 식 (10.4)를 이용하여 검정하는 것이 상충되지 않을지 관심을 갖게 된다. 여기서 우리는 $k = 2$인 경우 식 (10.4)는 식 (9.3)과 똑같다는 것을 보이려고 한다. 즉, $k = 2$이면

$$\overline{Y} = \frac{n_1 \overline{Y}_1 + n_2 \overline{Y}_2}{n_1 + n_2} \text{이므로 } (\overline{Y}_1 - \overline{Y})^2 = [\frac{n_2(\overline{Y}_1 - \overline{Y}_2)}{n_1 + n_2}]^2, \quad (\overline{Y}_2 - \overline{Y})^2 = [\frac{n_1(\overline{Y}_1 - \overline{Y}_2)}{n_1 + n_2}]^2 \text{이다.}$$

따라서 식 (10.4)의 $MSM = SSM = n_1(\overline{Y}_1 - \overline{Y})^2 + n_2(\overline{Y}_2 - \overline{Y})^2$

$$= n_1[\frac{n_2(\overline{Y}_1 - \overline{Y}_2)}{n_1 + n_2}]^2 + n_2[\frac{n_1(\overline{Y}_1 - \overline{Y}_2)}{n_1 + n_2}]^2$$

$$= \frac{n_1 n_2(\overline{Y}_1 - \overline{Y}_2)^2}{n_1 + n_2}$$

$$= \frac{(\overline{Y}_1 - \overline{Y}_2)^2}{\frac{1}{n_1} + \frac{1}{n_2}}$$

그런데 $MSE = \frac{SSE}{n-2} = \frac{\sum(Y_{1j} - \overline{Y}_1)^2 + \sum(Y_{2j} - \overline{Y}_2)^2}{n-2} \equiv S_p^2$이고

$F(1, n-2; 0.05) = [t(n-2; 0.025)]^2$ 이므로 식 (10.4)는 다음과 같이 표시된다.

$$\frac{(\overline{Y}_1 - \overline{Y}_2)^2}{S_p^2(\frac{1}{n_1} + \frac{1}{n_2})} > [t(n-2; 0.025)]^2$$

위 부등식에서 양변에 제곱근을 취하면 식 (9.3)이 된다. 이를 식 (10.6)에 요약하였다. 식 (10.6)을 설명하려고 제8장에서 미리 이중첨자를 도입하였다

> $k = 2$이면 식 (10.4)는 식 (9.3)과 같다. 따라서 식 (10.4)는 식 (9.3)의 일반화(generalization) 또는 확장(extension)이라고 한다.

10.6

10.6 그 밖에 못 다한 이야기

① **실험단위**(Experimental Units)

실험이 행해지는 대상으로 실험대상이 사람일 경우에는 피실험자라고 한다. 또는 실험에서 관측값을 얻는 대상으로서 실험단위의 개수는 전체 관측값의 개수 n과 같다. 예컨대 〈예제 8.7〉에서는 30명의 생산직 근로자가 실험단위(피실험자)이고 〈예제 10.1〉에서는 24개 매장이 실험단위이다.

② **처리**(Treatment)

비교의 대상을 처리라고 한다. 분산분석이라는 새로운 세상으로 항해하기 위해서는 지금까지 사용한 모집단이라는 용어 대신에 처리라는 용어를 쓴다. 예컨대 〈예제 10.1〉에서는 세 모집단, 3가지 판매전략, 3가지 처리 모두 같은 의미이다.

③ **요인**(Factor)

실험결과(관측값)에 영향을 미치는 변수를 요인이라고 한다. 예컨대 〈예제 10.1〉에서는 판매전략이라는 한 가지 요인을 비교하기 때문에 일원분산분석이라고 한다. 식혜의 맛에 관한 실험에 있어서 엿기름의 양과 발효 온도라는 두 가지 요인을 고려한다면 이는

이원분산분석이라고 한다.

④ 수준(Level)

실험에서 한 요인이 변할 수 있는 범주의 수를 수준이라고 한다. 예컨대 〈예제 10.1〉에서는 3가지 판매전략을 고려하기 때문에 판매전략이라는 요인의 수준은 3이다. 식혜의 맛에 관한 실험에 있어서 엿기름의 양을 60g, 80g, 100g으로 변화시키고 발효 온도를 저온과 고온으로 변화시킨다고 하자. 이 경우 엿기름의 양이라는 요인의 수준은 3이고 발효 온도라는 요인의 수준은 2이다. 따라서 식혜의 맛에 관한 실험에 있어서 비교의 대상이 되는 처리의 개수는 6이다.

⑤ 확률화(Randomization)

실험에서 고려하는 요인 이외의 다른 요인이 실험 결과에 체계적으로 영향을 미치지 못하도록 함으로써 실험의 객관성을 보일 수 있는 유일한 수단이다. 일원분산분석에서는 $n = n_1 + n_2 +, \cdots, + n_k$개 실험단위 중에서 n_1개 실험단위를 임의로 추출하여 처리1에 할당하고, n_2개 실험단위를 임의로 추출하여 처리2에 할당하고, 마찬가지 방법으로 n_k개 실험단위를 임의로 추출하여 처리k에 할당하는 것이다. 더 구체적인 사항은 Henry Scheffe(1959, pp. 105-106)의 "The Analysis of Variance"를 참고하기 바란다.

『大學』에서 인용한 아래 句節은 정성을 다하여 얻고자 하면 비록 그것이 꼭 이루어지지는 않더라도 그리 멀지는 않을 것이라는 뜻이다. 이 句節은 분산분석의 기본개념과 일맥상통한다고 한다고 볼 수 있다. 왜냐하면 만약 가설 $H ; \mu_1 = \cdots = \mu_k$ 가 사실이라면, 즉 모평균이 모두 같다면, 표본평균은 같은 값은 아닐지라도 넓게 흩어져 있지는 않을 것이기 때문이다.

"心誠求之 雖不中 不遠矣"

01 아래 사항이 사실인지 거짓인지 구별하여라. 만약 사실이면 "True"라고 적어라. 만약 거짓이면 "False"라고 적고 그 이유를 간략히 설명하여라.

1) 일원분산분석표에 있는 MSE의 뿌리는 합동분산(S_p^2)이다.
2) Scheffe 동시신뢰구간에서 원점을 포함하지 않는 구간이 적어도 하나 있으면 모평균이 모두 같다는 귀무가설은 언제나 기각된다.

02 아래 문항의 괄호를 채워라.

1) 식 (10.4)는 식 (9.3)의 (　　　)이다.
2) $k = 5$이고 $n_1 = n_2 = n_3 = n_4 = n_5 = 8$인 경우 모평균이 모두 같은지를 검정할 때 F분포의 제95백분위수(상위 5%에 해당되는 값)를 기호로 쓰면 (　　　)이다.

03 〈예제 10.1〉에서는 가설 $H: \mu_1 = \mu_2 = \mu_3$를 검정하고자 한다. 여기서 μ_1은 무엇을 의미하는가?

04 실험용 쥐를 대상으로 음식을 조절하여 먹도록 한 그룹 A와 마음대로 먹도록 한 그룹 B의 생존일수를 조사한 데이터에 대하여 다룬 바 있다. 두 그룹에 대한 산술적 요약은 아래와 같다.

	표본크기	평균	표준편차
그룹 A	100	1000	300
그룹 B	100	700	150

1) 두 모평균이 같다는 가설의 의미를 구체적으로 기술하여라.
2) 두 집단 간의 비교에 의해 가설을 5% 유의수준에서 검정하여라.
3) 이번에는 분산분석법에 의해 가설을 5% 유의수준에서 검정하고자 한다. 아래 순서대로 답하여라.
   ① SSM을 구하기 위한 과정을 구체적으로 기술하여라.
   ② SSE를 구하기 위한 과정을 구체적으로 기술하여라.
   ③ 분산분석표를 완성하여라.
   ④ 분산분석법에 의해 가설을 5% 유의수준에서 검정하여라.

05 요즘 홈쇼핑이 유행하고 있다. 홈쇼핑이란 TV 광고로 제품을 소개하고, 전화로 주문을 받는 것이다. A 회사에서는 새로 개발한 운동기구를 소개하는 비디오 테이프를 3종류 만들었고 각각 5번씩 광고하였다. 광고할 때마다 전화번호를 달리하였으며 주문 받은 건수가 아래 나타나 있다. 일원분산분석을 수행하여라(Hint: SST=9052, SSM=5160).

video 1	172	202	236	213	182	$\bar{y}_1 = 201$
video 2	164	153	180	172	156	$\bar{y}_2 = 165$
video 3	140	160	150	175	168	$\bar{y}_3 = 159$

1) 이 데이터를 시각적으로 표현해 보고 얻은 결론을 기술하여라.

2) 표본평균 $\bar{y}_1$에 대응하는 모평균 μ_1의 의미를 구체적으로 설명하여라.

3) 일원분산분석을 수행하고 거기서 얻은 결론을 기술하여라.

4) 1)과 3)의 결론에는 어떤 차이가 있는가?

REAL DATA ANALYSIS
데이터 분석

마케팅연구 제10권 제2호(1995. 12)에서 발췌한 아래 데이터는 우유와 캔 주스 제품의 매출액이 진열대 높이에 따라 달라지는지 알아보기 위하여 양재역 인근에 있는 매장에서 실제로 데이터를 수집한 것이다. 이 표에서 진열대 높이는 ① 사각범위(180㎝-200㎝) ② 눈높이 상단(150㎝-180㎝) ③ 눈높이 하단(120㎝-150㎝) ④ 유효범위(80㎝-120㎝)이다.

선반 높이에 따른 우유 제품군 매출

	일요일	월요일	화요일	수요일	목요일	금요일	토요일
1주					③ 55,900	③ 74,650	③ 91,700
2주	④ 88,100	④ 91,500	④ 69,650	④ 98,500	① 85,350	① 71,500	① 67,900
3주	① 60,500	② 62,100	② 69,600	② 73,700	② 84,850	③ 76,500	③ 71,900
4주	③ 75,000	③ 91,200					

선반 높이에 따른 캔주스 제품군 매출

	일요일	월요일	화요일	수요일	목요일	금요일	토요일
1주					① 15,540	① 42,710	① 19,220
2주	② 31,770	② 37,310	② 34,420	② 51,310	③ 55,650	③ 55,800	③ 57,270
3주	③ 39,800	④ 19,860	④ 31,200	④ 66,100	④ 36,120	① 22,400	① 32,620
4주	① 22,810	① 23,100					

이 데이터를 요약하면 아래와 같다.

선반 높이에 따른 우유 제품군 매출
① 사각범위(180cm − 200cm)   85,350 71,500 67,900 60,500
② 눈높이 상단(150cm − 180cm)   62,100 69,600 73,700 84,850
③ 눈높이 하단(120cm − 150cm)   55,900 74,650 91,700 76,500 71,900 75,000 91,200
④ 유효범위(80cm − 120cm)   88,100 91,500 69,650 98,500

선반 높이에 따른 캔주스 제품군 매출
① 사각범위(180cm − 200cm)   15,540 42,710 19,220 22,400 32,620 22,810 23,100
② 눈높이 상단(150cm − 180cm)   31,770 37,310 34,420 51,310
③ 눈높이 하단(120cm − 150cm)   55,650 55,800 57,270 39,800
④ 유효범위(80cm − 120cm)   19,860 31,200 66,100 36,120

1) 우유제품군 매출을 시각적으로 표현해 보고 일원분산분석을 해 보아라.
   Hint: $SSM = 603,389,601$ $SSE = 1,948,937,768$

2) 캔주스제품군 매출을 시각적으로 표현해 보고 일원분산분석을 해 보아라.
   Hint: $SSM = 1,858,922,648$ $SSE = 2,107,752,846$

Chapter 11

단순회귀분석

단순회귀분석

Q 단순회귀분석이란?

A 두 변수 x와 y에 대한 이변량 데이터에서 $y = a + bx$ 형태의 직선 관계를 찾고 이를 바탕으로 변수 x값이 정해질 때 변수 y값을 예측하는 통계적 방법이다. 다른 관점에서 살펴보자. 이변량 데이터는 산점도로 표시된다. 따라서 단순회귀분석이란 산점도에 있는 점들을 잘 대표할 수 있는 직선을 긋고 이 직선을 이용하여 변수 x값이 정해질 때 변수 y값을 예측하는 통계적 방법이라고 할 수 있다.

Q 산점도에 있는 점들을 잘 대표할 수 있는 직선을 어떻게 구하나?

A 직선을 긋기 위해서는 절편과 기울기를 알아야 하는데 최소제곱법을 이용하여 절편과 기울기를 추정한다.

Q 제2장에서 다룬 이변량 데이터와 단순회귀분석에서 다루는 이변량 데이터는 같은 형식인가?

A 데이터 형식은 같지만 의미는 약간 다르다. 제2장에서는 두 변수 x와 y가 동등한 자격을 갖고 있었다. 그러나 단순회귀분석에서는 두 변수 x와 y가 동등한 자격을 갖지 않는다. 두 변수 중 한 변수는 주연이고 다른 변수는 조연이 된다.

통계적 방법 중에서 회귀분석(Regression Analysis)이 가장 널리 쓰이는 통계적 방법이라는 것에 이의를 달 통계학자는 아마 없을 것이다. amazon.com에서 "regression"을 검색해 보면 이와 관련된 교재가 무려 68,000권이나 된다. 제11장에서는 회귀분석 중에서도 가장 기본적인 단순회귀분석에 대해 설명하고자 한다. 우선 11.1절에서는 회귀분석에 대한 역사적 배경을 설명한다. 11.2절에서는 회귀분석에 대한 이론적 배경으로서 단순선형회귀모형을 설명한다. 11.3절에서는 산점도에 있는 점들을 잘 대표할 수 있는 직선을 찾게 해주는 최소제곱법을 설명한다. 통계적 추론의 관점에서 11.3절이 점추정에 해당된다면, 11.4절은 신뢰구간과 가설검정에 해당된다고 볼 수 있다. 11.5절에서는 단순회귀분석에서 변동의 분해와 분산분석표를 설명한다. 11.5절을 일원분산분석에서 변동의 분해와 분산분석표를 설명한 10.2절과 비교해 보면 좋을 것이다.

11.1 회귀분석의 역사적 배경

연어는 죽기 전에 자기가 태어난 하천으로 돌아와서 알을 낳고 죽는다고 하며 이러한 현상을 회귀(回歸, Regression)라고 한다. 그런데 데이터 분석에서 회귀라는 용어를 맨 처음에 사용한 사람은 영국의 생물학자인 Sir Francis Galton(1822 –1911)이다. 그는 자식이 부모를 닮는데 닮는 정도가 얼마큼 강력한지에 대하여 연구하고 있었다. 이를 위하여 아버지와 아들 1078쌍에 대하여 키를 측정하였으며 그 결과는 〈그림 11.1〉 산점도에 나타나 있다. 아들의 키는 성인이 되었을 때 측정한 것이고 아들이 둘 이상인 경우는 장남의 키를 측정하였다.

〈그림 11.1〉에서 하나의 점은 한 쌍의 아버지와 아들의 키를 나타내고 있으며 각 점의 x좌표는 아버지의 키를, y좌표는 아들의 키를 나타내고 있다. 또한 1078쌍의 키에 대한 이변량 데이터를 산술적으로 요약하면 다음과 같다.

$$\bar{x} = 68'', \ s_x = 2.7'', \ \bar{y} = 69'', \ s_y = 2.7'', \ r = 0.5$$

산술적 요약에 의하면 아들의 키는 아버지에 비해 평균적으로 1″ 더 크다는 것을

을 알 수 있다. 즉, $\bar{y} = \bar{x} + 1$이다. 따라서 두 변수 x, y에 대해서도 이러한 관계 ($y = x + 1$)를 예상해 볼 수 있으며 이를 〈그림 11.1〉과 〈그림 11.2〉에 점선으로 표시 하였다. 또한 〈그림 11.2〉에 있는 17개 점은 아버지의 키를 1″ 단위로 분할하여 1″ 당 아들 키의 평균을 구한 것이다. 예컨대 아버지의 키가 64″인 아들들의 키의 평균은 〈그림 11.1〉에서 왼쪽에 있는 세로 줄에 속한 점의 y좌표의 평균으로서 약 67″이다. 마찬 가지로 아버지의 키가 72″인 아들들의 키의 평균은 〈그림 11.1〉에서 오른쪽에 있는 세 로 줄에 속한 점의 y좌표의 평균으로서 약 71″이다. 〈그림 11.1〉과 〈그림 11.2〉에 나타 난 직선은 우리가 앞으로 배울 회귀직선인데 〈그림 11.2〉에 의하면 이 회귀직선은 이러 한 17개 점을 잘 나타내고 있는 것으로 생각된다.

Galton은 〈그림 11.2〉에서 매우 중요한 발견을 하였다. 키가 64″인 아버지는 평균 보다 상당히 키가 작지만 그 아버지한테서 태어난 아들 키의 평균은 우리가 예상했던 65″보다 훨씬 큰 67″임을 알 수 있다. 반대로 키가 72″인 아버지는 평균보다 상당히 키 가 크지만 그 아버지한테서 태어난 아들 키의 평균은 우리가 예상했던 73″보다 훨씬 작 은 71″임을 알 수 있다. 즉, 키가 작은 아버지에게서 태어난 아들의 키는 평균보다 작기 는 하지만 아버지가 작았던 것만큼 작지 않았다. 반면에 키가 큰 아버지에게서 태어난

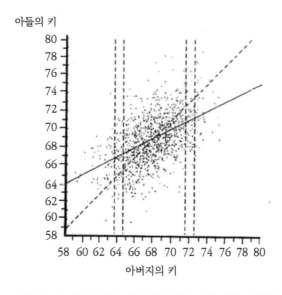

그림 11.1 1078쌍의 아버지와 아들 키에 대한 산점도

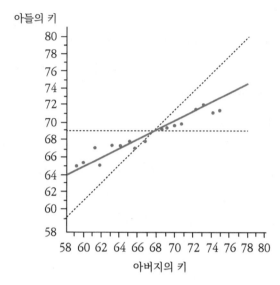

그림 11.2 아버지 키 1″당 아들 키의 평균과 회귀직선

아들의 키는 평균보다 크기는 하지만 아버지가 컸던 것만큼 크지 않다는 것이다.

1885년 Galton은 키라는 형질이 유전될 때 평균점으로 돌아가려는 성질이 있음을 발견하였고 이를 요약하여 "Regression Toward Mediocrity in Hereditary Stature"라는 제목의 획기적인 논문을 발표하면서 회귀(regression)라는 용어를 처음으로 사용하였다. 그러나 오랜 세월이 흐른 지금에는 여러 변수 간의 주종관계(主從關係)를 다루는 통계적 분석 방법을 총칭하여 회귀분석(regression analysis)이라고 부른다. 요즈음 회귀분석은 경영학이나 경제학뿐만 아니라 여러 학문 분야에서 널리 이용되고 있다. 회귀분석은 변수 간의 주종관계를 규명할 때면 빠짐없이 등장하는 매우 중요한 수단으로서 누가 무어라 해도 가장 널리 이용되는 통계적 방법이다.

다음 〈예제 11.1~11.5〉는 우리가 흔히 관심을 가질 수 있는 문제로서 왜 회귀분석이 널리 이용되는지 잘 보여주고 있다. 이 예제의 공통점은 한 변수의 값이 주어질 때 다른 변수의 값을 예측하고자 한다는 것이다. 또 다른 공통점은 두 변수 간의 관계(이변량 데이터)를 다루고 있다는 것이다.

이변량 데이터에 대해서는 제2장 데이터의 요약과 표현에서 이미 설명한 바 있다. 그러나 회귀분석에서 다루는 이변량 데이터는 다음과 같은 측면에서 차이가 난다. 즉, 제

2장에서 다루었던 이변량 데이터는 두 변수가 동등한 자격을 가졌다. 그러나 회귀분석에서 다루는 이변량 데이터는 두 변수가 동등한 자격을 갖는 것이 아니라 둘 중 한 변수는 주된 관심사이고 다른 한 변수는 들러리를 서는 역할을 한다.

이 때 주된 관심의 대상이 되는 변수를 반응변수(Response Variable) 또는 종속변수(Dependent Variable)라고 하며 보통 y로 표시한다. 한편 들러리를 서는 변수를 설명변수(Explanatory Variable) 또는 독립변수(Independent Variable)라고 하고 보통 x라고 표시한다. 전에는 주로 종속변수(Dependent Variable)와 독립변수(Independent Variable)라고 불렀다. 그런데 우리말은 물론이고 영어에서도 independent variable과 dependent variable의 의미가 실제 상황과 맞지 않기 때문에 용어를 바꿔야 한다는 주장이 오래전부터 제기되어 왔다. 새로운 대안은 설명변수(explanatory variable)와 반응변수(response variable)라고 부르는 것인데 이 책에서는 새로운 대안을 따르고자 한다.

현실적으로 반응변수가 하나의 설명변수에 의해 예측될 수 있는 경우는 극히 드물겠지만 이러한 경우를 단순회귀(Simple Regression)라고 하고 반응변수가 둘 이상의 설명변수에 의해 예측될 수 있는 경우를 다중회귀(Multiple Regression)라고 한다. 통계학의 기본 개념을 다루고자 하는 이 책에서는 단순회귀에 한하여 설명하고자 한다.

예제 11.1

N의약품 회사에서는 연구개발비와 매출이익(단위는 억원)의 관계를 알아보기 위하여 최근 6년간 자료를 조사하여 아래 표를 얻었다. 만약 연구개발비로 10억 원을 투자한다면 매출이익은 어느 정도일 것으로 예상하는가?

연구개발비(x):	2	3	5	4	11	5
매출이익(y):	20	25	34	30	40	31

예제
11.2

OPEC(the Organization of Petroleum Exporting Countries)의 가격 통제로 인하여 두 차례의 유가 급등(Oil Shocks)을 경험한 바 있으며 아래 표는 1975–1990 기간 동안 원유가($/bbl.)와 휘발유 소비자가격($/gal.)을 조사한 것이다. 만약 중동전쟁이 재발하여 원유가가 100$/bbl.로 상승한다면 휘발유 소비자 가격은 어느 정도일 것으로 예상하는가?

원유가(x): 10.38 10.89 11.96 12.46 17.72 28.07 35.24 31.87
소비자 가격(y): 0.57   0.59   0.62   0.63   0.86   1.19   1.31   1.22
원유가(x): 28.99 28.63 26.75 14.55 17.90 14.67 17.97 22.23
소비자 가격(y): 1.16   1.13   1.12   0.86   0.90   0.90   1.00   1.15

예제
11.3

아래 표는 어느 회사의 월간 광고비와 매출액(단위는 $10,000)을 지난 10개월 동안 조사한 것이다. 만약 광고비를 $9,000 지출한다면 매출액은 얼마일 것으로 예상하는가?

광고비(x): 1.2 0.8 1.0 1.3 0.7 0.8 1.0 0.6 0.9 1.1
매출액(y): 101 92 110 120 90 82 93 75 91 105

예제
11.4

Hooke(1653–1703)가 추의 무게(kg)와 용수철의 길이(cm)에 대하여 실험한 데이터가 다음과 같다. 추의 무게가 5kg이면 용수철의 길이(cm)는 얼마나 될까?

추의 무게(x):	0	2	4	6	8	10
용수철의 길이(y):	439.00	439.12	439.21	439.31	439.40	439.50

예제 11.5

아래 데이터는 Gilchrist, W.(1984) Statistical Modelling, John Wiley에서 발췌한 것으로 영국 Sheffield에서 임의로 두 지점을 선정하여 지도 위에서 직선거리와 실제거리를 측정한 것이다. 만약 두 지점의 직선거리가 8마일이면 실제거리는 얼마일 것으로 예상하는가?

직선거리(x):	9.5	5.0	11.4	11.8	12.1	12.1	9.8	14.6	8.3	4.8
실제거리(y):	10.7	6.5	18.4	19.7	16.6	14.2	11.7	16.3	9.5	6.5

11.2 회귀분석의 이론적 배경

비록 회귀분석이 여러 분야에서 널리 이용되고 있지만 회귀분석의 이론적 배경은 의외로 단순하며 이를 후크의 법칙(Hooke's law)을 통하여 설명하고자 한다. 우리가 고등학교에서 배운 후크의 법칙은 용수철의 길이(y)와 추의 무게(x)는 $y = \beta_0 + \beta_1 x$로 표시된다는 것이다. 이 직선의 식에서 절편 β_0는 추를 매달지 않았을 때, 즉 $x = 0$일 때, 용수철의 길이이고 기울기 β_1은 용수철 고유의 탄성계수로서 추의 무게가 1단위 증가할 때 y의 증가량을 의미한다.

직선의 식 $y = \beta_0 + \beta_1 x$는 매우 중요한 의미를 가지며 이를 모회귀직선(Population Regression Line)이라고 한다. 회귀분석에서 우리의 궁극적인 관심은 모회귀직선에 대하여 추론하고자 하는 것이다. 좀 더 구체적으로 말하면 모회귀직선은 절편 β_0와 기울기

β_1에 의해 표시되므로 이 두 값에 대하여 추론하고자 하는 것이다.

학생들 중에는 절편 β_0와 기울기 β_1은 추론할 필요조차 없이 참값을 알 수 있다고 생각하는 학생이 많이 있다. 왜냐하면 추의 무게(x)를 달리해서 두 번만 용수철의 길이 (y)를 측정하여 산점도 위에 두 점을 찍고 이 두 점을 연결하면 직선이 결정될 수 있기 때문이다. 물론 일리가 있는 이야기이다. 그러나 중요한 것은 같은 추를 매달아도 용수철의 길이는 온도와 습도와 진동 등과 같은 주어진 여건에 따라 변할 수 있으며 또한 관측자의 눈금 읽는 습관에 따라서도 달라질 수 있다는 점이다. 이는 마치 똑같은 볍씨를 함께 심어도 거기서 나온 낱알의 수는 결코 같을 수 없는 것과 마찬가지이다. 이와 같이 용수철의 길이를 측정할 때 x값을 고정시켜도 y값은 달라질 수 있다.

이러한 점을 반영하기 위하여 모회귀직선의 우변에 오차(Error)를 포함시키며 이를 단순회귀모형이라 하고 이는 식 (11.1)에 나타나 있다.

단순회귀모형: $Y = \beta_0 + \beta_1 x + \epsilon$

여기서 오차 ϵ의 분포는 $N(0, \sigma^2)$

11.1

식 (11.1)에서 x값이 주어졌다고 가정해 보자. 우변에 있는 $\beta_0 + \beta_1 x$는 변하지 않는 값이다. 그러나 오차 ϵ는 확률변수로서 그 분포는 $N(0, \sigma^2)$라고 가정했기 때문에 좌변에 있는 Y 역시 확률변수이며 그 분포는 선형변환에 의해 $N(\beta_0 + \beta_1 x, \sigma^2)$이 된다. 이 책에서는 반응변수가 확률변수라는 것을 강조하기 위해서 반응변수를 대문자 Y로 표시하였으며 반응변수가 실제로 관측된 경우에는 소문자 y로 표시하였다. 이는 〈표 6.1〉 부호표시에 관한 관례에서 설명한 바 있다.

11.3 최소제곱법에 의한 점추정

모회귀직선에 대한 추론을 하기 위하여 설명변수(x)를 변화시키면서 반응변수(y)를 n번 관측했다고 하고 이러한 이변량 데이터를 (x_1, y_1), (x_2, y_2), $\cdots$ (x_n, y_n)이라고 표시하자. 모회귀직선에 대한 추론은 절편 β_0와 기울기 β_1에 대한 점추정부터 시작하는 것이 순서일 것이다. 일단 절편 β_0와 기울기 β_1에 대한 점추정 값을 각각 $\widehat{\beta_0}$, $\widehat{\beta_1}$이라고 표시하고 모회귀직선에 대한 추정회귀직선을 $\widehat{y} = \widehat{\beta_0} + \widehat{\beta_1} x$라고 표시하자.

이 추정회귀직선에 의하면 x가 x_1일 때 y는 $\widehat{\beta_0} + \widehat{\beta_1} x_1$으로 추정되며 이를 $\widehat{y_1}$이라고 표시하자. 즉, $\widehat{y_1} = \widehat{\beta_0} + \widehat{\beta_1} x_1$이다. 다른 점에 대해서도 똑같이 추정할 수 있으므로 이를 일반화시키면 x가 $x_i (i = 1, 2, \cdots, n)$일 때 y는 $\widehat{y_i} = \widehat{\beta_0} + \widehat{\beta_1} x_i$라고 추정된다. 이제 y의 관측값 y_i와 추정값 $\widehat{y_i}$의 차이인 잔차(Residual)를 정의할 수 있다. 잔차는 오차에 대한 추정값으로 이해할 수 있으며 오차와 잔차의 관계는 식 (11.2)에 요약하였다.

오차(Error): $\epsilon_i = y_i - (\beta_0 + \beta_1 x_i)$, 식 (11.1) 참조

잔차(Residual): $e_i = y_i - (\widehat{\beta_0} + \widehat{\beta_1} x_i) = y_i - \widehat{y_i}$

11.2

이제 추정회귀직선 $\widehat{y} = \widehat{\beta_0} + \widehat{\beta_1} x$이 산점도에 있는 n개 점 (x_1, y_1), (x_2, y_2), $\cdots$ (x_n, y_n)을 얼마나 잘 대표하는지 측정해보자. 물론 여러 방법이 있지만 가장 대표적인 방법은 각 점에서 발생한 잔차의 제곱을 모든 점에 대하여 합한 값이 가장 작아지도록 추정회귀직선을 구하자는 것이다. 이러한 방법을 최소제곱법(the Least Square Method)이라고 하며 식 (11.3)에 요약되어 있다.

최소제곱법: $\displaystyle\sum_{i=1}^{n} e_i^2 = \text{min}!$

여기서 $e_i = y_i - \widehat{y_i}$이다.

11.3

식 (11.3)에서 잔차제곱합을 최소화시키는 것은 수학에서 말하는 최소값에 관한 문제로서 풀이 과정을 여기에 소개할 수도 있다. 그러나 이 책에서는 회귀분석의 기본개념을 소개하고자 하기 때문에 풀이 과정을 생략하고자 한다. 풀이 과정을 꼭 확인하고자 하는 독자는 연습문제 4.를 풀어 보고 그리고 다른 통계학 관련 서적을 참고하기 바란다. 수학적으로 잔차제곱합을 최소화시켜보면, 절편 $\widehat{\beta_0}$와 기울기 $\widehat{\beta_1}$가 식 (11.4)에 있는 연립방정식의 근(해)이 될 때 잔차제곱합은 최소값을 갖는다는 사실이 알려져 있다. 식 (11.4)를 정규방정식(Normal Equations)이라고 한다.

정규방정식:

$$\sum_{i=1}^{n} \{y_i - (\widehat{\beta}_0 + \widehat{\beta}_1 x_i)\} = 0$$

$$\sum_{i=1}^{n} x_i \{y_i - (\widehat{\beta}_0 + \widehat{\beta}_1 x_i)\} = 0$$

11.4

이제 중학교 과정에서 배운 대로 식 (11.4)에 있는 절편 $\widehat{\beta}_0$와 기울기 $\widehat{\beta}_1$에 관한 연립방정식의 근을 구하면 식 (11.5)와 같고 이를 최소제곱추정량이라고 한다. 따라서 최소제곱법에 의한 추정회귀직선은 식 (11.6)과 같다.

β_0와 β_1에 대한 최소제곱추정량:

$$\widehat{\beta}_0 = \overline{y} - \widehat{\beta}_1 \overline{x}$$

$$\widehat{\beta}_1 = \frac{\sum (x_i - \overline{x})(y_i - \overline{y})}{\sum (x_i - \overline{x})^2}$$

11.5

최소제곱법에 의한 추정회귀직선: $\widehat{y} = \widehat{\beta}_0 + \widehat{\beta}_1 x$

여기서 $\widehat{\beta}_0$과 $\widehat{\beta}_1$은 식 (11.5)에서 정의된 값이다.

11.6

식 (11.6)에 있는 추정회귀직선의 의미를 파악하여 보자. 우선, 식 (11.5)에 있는 기울기의 추정값 $\widehat{\beta}_1$은 식 (11.7)과 같이 표시될 수 있으며 상관계수와 표준편차 비율의 곱이다.

$$\widehat{\beta}_1 = \frac{\sum (x_i - \overline{x})(y_i - \overline{y})}{\sum (x_i - \overline{x})^2} = \frac{\sum (x_i - \overline{x})(y_i - \overline{y})}{\sqrt{\sum (x_i - \overline{x})^2} \sqrt{\sum (y_i - \overline{y})^2}} \frac{\sqrt{\sum (y_i - \overline{y})^2}}{\sqrt{\sum (x_i - \overline{x})^2}} = r \frac{s_y}{s_x}$$

11.7

이제 식 (11.5)에 있는 절편의 추정값 $\widehat{\beta}_0$와 식 (11.7)에 있는 기울기의 추정값 $\widehat{\beta}_1$을 식 (11.6)에 대입하여 정리하면 추정회귀직선은 식 (11.8)과 같이 표시된다.

> 최소제곱법에 의한 추정회귀직선: $\hat{y} - \bar{y} = r\dfrac{s_y}{s_x}(x - \bar{x})$
>
> **11.8**
> **11.6** 참조

식 (11.8)에 나타난 추정회귀직선은 매우 중요한 사실을 우리에게 알려주고 있다. 첫째는 추정회귀직선이 x의 평균과 y의 평균인 $(\bar{x},\ \bar{y})$를 지난다는 사실이다. 둘째는 기울기가 상관계수와 표준편차 비율의 곱으로 표시된다는 사실이다. 셋째는 이변량 데이터의 산술적 요약에서 배운 5가지 값이 각각 한 번씩 빠짐없이 나타난다는 사실이다. 이러한 관점에서 식 (11.8)에 나타난 최소제곱법에 의한 추정회귀직선의 결과는 매우 놀라운 결과라고 생각된다. 실제로 추정회귀직선을 구할 때는 식 (11.6)을 이용할 수도 있고 식 (11.8)을 이용할 수도 있는데 편리한 쪽으로 이용하면 될 것이다.

식 (11.6)에서 $x = 3$일 때 y는 $\hat{\beta_0} + \hat{\beta_1}3$라고 추정된다. 일반적으로 $x = x^*$일 때 y는 $\hat{\beta_0} + \hat{\beta_1}x^*$라고 추정된다. 회귀분석에서는 x값이 정해질 때 y값의 추정(Estimation)을 새로운 용어를 도입하여 예측(Prediction)이라고 하며 이를 식 (11.9)에 요약하였다.

> $x = x^*$일 때 y의 예측값(Prediction): $\hat{y} = \hat{\beta_0} + \hat{\beta_1}x^*$
>
> **11.9**

한편 식 (11.1)에 있는 단순회귀모형에서 우리에게 알려져 있지 않은 값은 절편 β_0와 기울기 β_1 및 오차 ϵ의 분산인 σ^2이며 이들을 모수(母數, Parameter)라고 한다. 여기서 β_0와 β_1은 식 (11.5)에 있는 최소제곱법으로 추정한다. σ^2에 대하여도 추정할 필요가 있는데 오차 자체는 관측될 수 없는 값이므로 오차의 추정값으로서 식 (11.2)에 있는 잔차 $e_i = y_i - \hat{y_i}$를 이용한다. 즉, 오차 ϵ의 분산인 σ^2은 잔차의 분산으로 추정하며 이를 $\hat{\sigma}^2$라고 표시한다. 여기서 주의할 점은 식 (11.4)에 있는 정규방정식의 첫 번째 식에 의해 잔차의 합은 언제나 0이므로 잔차의 평균도 0이라는 것이다. 또한 잔차이 분산을 구할 때 자유도 $n - 2$로 나누어 준다는 것이다. 오차의 분산인 σ^2의 추정값은 식 (11.10)에 요약되어 있다.

오차의 분산인 σ^2의 추정값:

$$\hat{\sigma}^2 = \frac{\sum\limits_{i=1}^{n} e_i^2}{n-2} = \frac{\sum\limits_{i=1}^{n} (y_i - \hat{y}_i)^2}{n-2}$$

11.10

식 (11.10)에서 잔차의 분산을 구할 때 왜 자유도 $n-2$로 나누는지에 대하여 의문을 갖는 학생이 많이 있다. 이는 제2장에서 표본분산을 구할 때 왜 자유도 $n-1$로 나누는지에 대하여 의문을 갖는 것과 똑같은 문제이다. 그 때 우리는 표본크기 n 대신에 자유도 $n-1$로 나눔으로써 모분산 σ^2에 대한 불편추정량(Unbiased Estimator)을 얻을 수 있었다. 마찬가지로 잔차의 분산에 대해서도 오차의 분산 σ^2에 대한 불편추정량을 얻을 수 있다. 저자의 생각으로는 σ^2에 대한 추정량을 얻을 때, n으로 나누는지 $n-1$로 나누는지 또는 $n-2$로 나누는지에 대하여 민감할 필요는 없다고 생각한다. n으로 나누건 $n-1$로 나누건 또는 $n-2$로 나누건 나름대로의 장단점이 있으며 표본크기가 증가함에 따라 그 차이는 아주 미미해지기 때문이다.

예제 11.5 (계속)

Gilchrist의 데이터에 대하여 아래 물음에 답하여라.
1) 산점도를 그리고 그 위에 추정회귀직선을 표시하여라.
2) 오차의 분산인 σ^2에 대한 추정값을 구하여라.
3) 두 지점의 직선거리가 8마일일 때 실제거리에 대한 예측값을 구하여라.

풀이

우선 다음과 같은 표를 계산하자. 여기서 $d_x = x - \bar{x}$, $d_y = y - \bar{y}$를 의미한다.

x	y	d_x	d_y	$d_x \cdot d_y$	$d_x{}^2$	$d_y{}^2$	$\hat{y}$	e	e^2
9.5	10.7	-0.44	-2.31	1.02	0.19	5.34	12.43	-1.73	3.00
5.0	6.5	-4.94	-6.51	32.16	24.40	42.38	6.53	-0.03	0.00
11.4	18.4	1.46	5.39	7.87	2.13	29.05	14.93	3.47	12.07
11.8	19.7	1.86	6.69	12.44	3.46	44.76	15.45	4.25	18.06
12.1	16.6	2.16	3.59	7.75	4.67	12.89	15.84	0.76	0.57
12.1	14.2	2.16	1.19	2.57	4.67	1.42	15.84	-1.64	2.70
9.8	11.7	-0.14	-1.31	0.18	0.02	1.72	12.83	-1.13	1.27
14.6	16.3	4.66	3.29	15.33	21.72	10.82	19.12	-2.82	7.97
8.3	9.5	-1.64	-3.51	5.76	2.69	12.32	10.86	-1.36	1.85
4.8	6.5	-5.14	-6.51	33.46	26.42	42.38	6.27	0.23	0.05
합 99.4	130.10	0.00	0.00	118.55	90.36	203.07	130.10	0.00	47.55

1) 식 (11.5)에 의하면 $\widehat{\beta_1} = 118.55/90.36 = 1.312$, $\widehat{\beta_0} = 13.01 - 1.312(9.94) = 0.01$이다. 따라서 추정회귀직선은 $\hat{y} = 0.01 + 1.31x$이며 아래 산점도에 나타내었다.

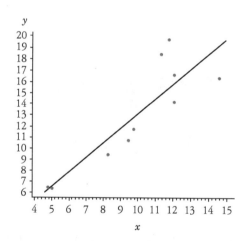

2) 식 (11.10)에 의하면 $\hat{\sigma}^2 = 47.55/8 = 5.94$이다.

3) 추정회귀직선에 $x = 8$을 대입하면, $\hat{y} = 0.01 + 1.31(8) = 10.49$이다.

11.4 단순회귀모형에서 신뢰구간

앞에서 모평균 μ에 대하여 $\overline{Y}$라고 점추정 했고 95% 신뢰구간도 구하였다. 마찬가지로 회귀분석에서도 절편 β_0와 기울기 β_1에 대하여 식 (11.5)에 있는 것과 같이 $\widehat{\beta_0}$과 $\widehat{\beta_1}$이라고 추정할 뿐만 아니라 절편 β_0와 기울기 β_1에 대한 신뢰구간에 대하여도 관심을 갖게 된다. 모평균 μ에 대한 95% 신뢰구간은 점추정량인 $\overline{Y}$의 분포를 중심극한정리에 의해 구하고 그 분포에서 1.96 표준편차구간을 설정함으로써 얻어졌다.

β_0와 β_1에 대한 95% 신뢰구간도 똑같은 방법으로 구할 수 있다. β_0와 β_1에 대한 95% 신뢰구간을 구하기 위해서는 우선 β_0와 β_1의 점추정량인 $\widehat{\beta_0}$과 $\widehat{\beta_1}$의 분포를 알아야 한다. 식 (11.1)에 있는 단순회귀모형을 가정할 경우 $\widehat{\beta_0}$과 $\widehat{\beta_1}$의 분포는 식 (11.11)과 같다는 것이 알려져 있다. 식 (11.11)에 대한 증명은 이 책의 범위를 벗어나기 때문에 다루지 않는다.

$\widehat{\beta_0}$과 $\widehat{\beta_1}$의 분포:

$$\widehat{\beta_0} \sim N\left(\beta_0, \left(\frac{1}{n} + \frac{\overline{x}^2}{\sum_{i=1}^{n}(x_i - \overline{x})^2}\right)\sigma^2\right)$$

$$\widehat{\beta_1} \sim N\left(\beta_1, \frac{1}{\sum_{i=1}^{n}(x_i - \overline{x})^2}\sigma^2\right)$$

11.11

8.1 참조

β_0와 β_1에 대한 95% 신뢰구간은 모평균 μ에 대한 신뢰구간을 구했던 것과 똑 같은 과정을 거쳐 구할 수 있으며 이를 식 (11.12)에 요약하였다. 여기서 t분포의 자유도는 오차의 분산을 추정할 때와 마찬가지로 $n-2$이다.

β_0와 β_1의 95% 신뢰구간:

$$\beta_0 = \widehat{\beta_0} \pm t(n-2;0.025)\sqrt{\left(\frac{1}{n} + \frac{\overline{x}^2}{\sum_{i=1}^{n}(x_i-\overline{x})^2}\right)\hat{\sigma}^2}$$

$$\beta_1 = \widehat{\beta_1} \pm t(n-2;0.025)\sqrt{\frac{1}{\sum_{i=1}^{n}(x_i-\overline{x})^2}\hat{\sigma}^2}$$

11.12

8.10 참조

식 (11.12)에서 β_0에 대한 신뢰구간과 β_1에 대한 신뢰구간을 소개하였다. 그런데 두 신뢰구간 중에서 β_0에 대한 신뢰구간에 비해 β_1에 대한 신뢰구간의 중요성이 강조되며 그 이유는 다음 문단에서 설명하고 있다. 따라서 β_1에 대한 신뢰구간의 폭을 줄일 수 있는 방안을 모색하게 되며 두 가지 방법으로 달성할 수 있다. 첫째는 t분포표에서 $t(n-2;0.025)$는 자유도 $n-2$가 증가함에 따라 그 값이 감소하므로 자유도를 증가시키는 것이다. 즉, 표본크기를 늘리면 $t(n-2;0.025)$는 줄어들게 된다. 둘째는 제곱근 안에 있는 분모의 값을 증가시키는 것이다. 이는 이변량 데이터를 수집할 때 설명변수 x의 분산을 크게 해줌으로써 해결할 수 있다.

이제 β_0나 β_1이 어떤 특정한 값인지 아닌지에 대하여 가설검정 해 보자. 이러한 문제는 β_0나 β_1에 대한 신뢰구간 안에 특정한 값이 포함되는지 여부를 살펴보면 된다. 특히 기울기 β_1이 0인지 아닌지에 대하여 큰 관심을 갖는다. 그 이유는 만약 $\beta_1 = 0$이라면 식 (11.1)에 있는 단순회귀모형은 $y = \beta_0 + \epsilon$이 되므로 y를 예측하는 데 있어서 x는 아무런 영향을 미치지 못하기 때문이다. 다시 말해서 가설 $H\,;\beta_1 = 0$이 사실이면 주어진 이변량 데이터에 대하여 단순회귀분석을 할 근거가 없어지는 것이다.

5% 유의수준에서 가설 $H\,;\beta_1 = 0$를 검정한다면 β_1에 대한 95% 신뢰구간을 구해서 그 구간에 0이 포함되는지 여부를 살펴보면 된다. 식 (11.12)에 있는 β_1에 대한 95% 신뢰구간이 0을 포함하지 않을 조건을 구하여 정리한 결과를 식 (11.13)에 나타내었다.

$$\frac{|\widehat{\beta_1}|}{\sqrt{\dfrac{1}{\sum_{i=1}^{n}(x_i-\overline{x})^2}\hat{\sigma}^2}} > t(n-2;0.025)\text{일 때,}$$

11.13

가설 $H \; ; \beta_1 = 0$을 5% 유의수준에서 기각한다.

회귀분석의 핵심은 설명변수 x값이 주어질 경우 그에 따른 반응변수 y값을 예측하고자 하는 것이며 이에 관하여 두 가지 경우가 있다. 하나는 설명변수 x값이 주어질 경우 그에 따른 반응변수 y값의 평균에 대해서 예측하는 것이다. 다른 하나는 설명변수 x값이 주어질 경우 그에 따른 반응변수 y값 자체에 대하여 예측하는 것이다. 이를 식 (11.14)에 요약하였다. 식 (11.14)에 있는 두 신뢰구간을 비교하면, y의 개별적인 값에 대한 신뢰구간은 평균에 대한 신뢰구간에 비해 제곱근 안에 있는 값이 $\hat{\sigma}^2$만큼 크다는 것을 알 수 있다.

$x = x^*$일 때 y의 평균에 대한 95% 예측구간:

$$(\widehat{\beta_0}+\widehat{\beta_1}x^*) \pm t(n-2;0.025)\sqrt{(\frac{1}{n}+\frac{(x^*-\overline{x})^2}{\sum_{i=1}^{n}(x_i-\overline{x})^2})\hat{\sigma}^2}$$

11.14

$x = x^*$일 때 y의 개별적인 값에 대한 95% 예측구간:

$$(\widehat{\beta_0}+\widehat{\beta_1}x^*) \pm t(n-2;0.025)\sqrt{(1+\frac{1}{n}+\frac{(x^*-\overline{x})^2}{\sum_{i=1}^{n}(x_i-\overline{x})^2})\hat{\sigma}^2}$$

식 (11.14)에 의하면 x가 주어질 경우 y의 평균이나 또는 개별적인 값에 대한 95% 예측구간을 구할 수 있다. 예측구간은 회귀분석의 하이라이트라고 해도 과언이 아니며 가능하면 예측구간의 폭을 줄일 필요가 있다. 예측구간의 폭을 줄이려면 다음 3가지 방안을 생각해 볼 수 있다.

첫째, 표본크기 n을 늘려서 t분포에서 찾는 값을 작게 한다.

둘째, 설명변수 x의 변동을 크게 해서 제곱근 안의 분모를 크게 한다.

셋째, 설명변수 x의 평균이 x^*와 가깝도록 해서 제곱근 안의 분자를 작게 한다.

예제
11.5 (계속)

Gilchrist의 데이터에 대하여 아래 물음에 답하여라.

1) 기울기 β_1에 대한 95% 신뢰구간을 구하여라.

2) 5% 유의수준에서 기울기를 0이라고 할 수 있는지 검정하여라.

3) 두 지점의 직선거리가 8마일일 때 실제거리에 대한 95% 예측구간을 구하여라.

풀이

1) 식 (11.12)의 두 번째 식에 의하면,

$$\beta_1 = \widehat{\beta_1} \pm t(n-2;0.025)\sqrt{\frac{1}{\sum(x_i-\overline{x})^2}\hat{\sigma}^2} = 1.31 \pm 2.306\sqrt{\frac{5.94}{90.36}} = 1.31 \pm 0.59$$

2) β_1에 대한 95% 신뢰구간에는 원점이 포함되지 않으므로 5% 유의수준에서 $\beta_1 \neq 0$이라고 할 수 있다.

3) 식 (11.14)의 두 번째 식에 의하면,

$$10.49 \pm 2.306\sqrt{(1+\frac{1}{10}+\frac{(8-9.94)^2}{90.36})\,5.94} = 10.49 \pm 6.00$$

11.5 변동의 분해와 분산분석표

분산분석에서 변동의 분해가 매우 중요한 역할을 했던 것과 마찬가지로 회귀분석에서도 변동의 분해가 중요한 역할을 하게 된다. 우선 회귀분석에서의 변동의 분해는 다음과 같다.

식 (11.15)의 우변은 좌변에다 $\hat{y_i}$를 더하고 나서 다시 $\hat{y_i}$를 빼준 것이므로 이 등식은 언제나 성립한다. 식 (11.16)은 식 (11.15)의 양변을 제곱하여 첨자 i에 대하여 합친 다음 정리한 것인데 우변을 제곱할 때 나오는 교차항(Cross Product Term)을 첨자 i에 대하여 합치면 0이 되기 때문에 생략하였다.

$$y_i - \bar{y} = (\hat{y_i} - \bar{y}) + (y_i - \hat{y_i})$$

11.15
10.1 참조

$$\sum_{i=1}^{n}(y_i - \bar{y})^2 = \sum_{i=1}^{n}(\hat{y_i} - \bar{y})^2 + \sum_{i=1}^{n}(y_i - \hat{y_i})^2$$

11.16
10.2 참조

식 (11.16)에 있는 3개 항 각각은 다음과 같은 매우 중요한 의미를 갖는다.

(1) 식 (11.16)에서 좌변은 n개 반응변수 y에 대해 변동이며 이를 총합의 변동(Sum of Square of Total: SST)이라고 한다. 즉, 총합의 변동(SST)을 자유도 $n-1$로 나누면 모든 관측값 y에 대한 분산이 된다.

(2) 식 (11.16)에서 우변의 첫 번째 항을 모형의 변동(Sum of Square of Model: SSM)이라고 한다.

(3) 식 (11.16)에서 우변의 두 번째 항은 식 (11.2)에서 설명한 잔차제곱합이며 이를 오차의 변동(Sum of Square of Error: SSE)이라고 한다. 즉, 오차의 변동(SSE)을 자유도 $n-2$로 나누면 오차의 분산인 σ^2에 대한 점추정량이다.

결국 변동의 분해라는 것은 총합의 변동(SST)이 모형의 변동(SSM)과 오차의 변동(SSE)으로 분해된다는 것이다.

분산분석표는 변동의 분해에서 나타나는 모형(Model), 오차(Error), 총합(Total) 각각에 대하여 변동(SS), 자유도($d.f.$), 평균변동(MS), F 비율을 정리한 표이다. 단순회귀분석에서 분산분석표의 일반적인 형태는 〈표 11.1〉에 나타나 있다.

표 11.1 단순회귀분석에서 분산분석표의 일반적인 형태

	변동 (SS)	자유도 ($d.f.$)	평균변동 (MS)	F 비율
모형(Model)	SSM	1	$MSM = SSM/1$	F 비율 $= MSM/MSE$
오차(Error)	SSE	$n-2$	$MSE = SSE/(n-2)$	
총합(Total)	SST	$n-1$		

단순회귀분석에서 분산분석표를 작성하는 요령은 제10장 일원분산분석에서 설명한 식 (10.3)과 같이 순서대로 작성하면 된다.

① 첫 번째 열, 변동(SS)의 칸 채우기

변동의 분해에서 설명한 바와 같이 총합의 변동(SST)은 모형의 변동(SSM)과 오차의 변동(SSE)으로 분해되는 것을 보여준다. 즉, $SST = SSM + SSE$.

② 두 번째 열, 자유도($d.f.$)의 칸 채우기

총합의 자유도는 $n-1$이고, 오차의 자유도는 $n-2$이다. 따라서 모형의 자유도는 1이다. 즉, 총합의 자유도는 $n-1$이고, 오차의 자유도는 $n-2$와 모형의 자유도는 1로 분해된다.

③ 세 번째 열, 평균변동(MS)의 칸 채우기

먼저 모형에 대하여 살펴보자. 모형의 평균변동(Mean Suares of Model; MSM)은 첫 번째 열에 있는 모형의 변동(SSM)을 두 번째 열에 있는 모형의 자유도 1로 나눈 값이다. 오차의 평균변동(Mean Suares of Error; MSE)은 첫 번째 열에 있는 오차의 변동(SSE)를 두 번째 열에 있는 오차의 자유도($n-2$)로 나눈 값이다. 즉, 오차의 평균변동(MSE)은 오차의 분산인 σ^2에 대한 점추정량이다.

④ 네 번째 열, F 비율의 칸 채우기

F 비율은 세 번째 열에 있는 모형의 평균변동(MSM)을 오차의 평균변동(MSE)으로 나눈 값이다.

단순회귀분석에서 분산분석표를 만들어서 무엇을 할 수 있을까?
① 유의수준 5%에서 가설 $H; \beta_1 = 0$에 대한 검정은 F 비율$> F(1, n-2; 0.05)$일

때 기각한다는 것이다. 이제 우리는 가설 $H; \beta_1 = 0$에 대한 검정을 3가지 방법으로 할 수 있으며 그 결과는 언제나 일치한다.

첫째, 식(11.12)에서 β_1에 대한 신뢰구간에 원점이 포함되지 않으면 가설 H를 기각한다.

둘째, 식(11.13)에서 좌변이 우변보다 크면 가설 H를 기각한다.

셋째, 분산분석표에서 F 비율 $> F(1, n-2; 0.05)$이면 가설 H를 기각한다.

② 오차의 분산 σ^2에 대한 추정값이 분산분석표에서 MSE로 표시된다는 것이다.

③ 분산분석표에서 SSM/SST을 결정계수(Coefficient of Determination)라고 하고 이를 r^2(영어로 r square)라고 표시한다. 즉, 결정계수 $r^2 = SSM/SST$라고 정의한다.

여기서 결정계수에 대하여 좀 더 자세히 살펴보기로 하자. 우선 결정계수를 표시하기 위해 새로운 기호를 도입하지 않고 기존의 상관계수를 나타냈던 r의 제곱으로 표시한 이유는 결정계수가 설명변수 x와 반응변수 y의 상관계수의 제곱으로 표시되기 때문이다. 이제 결정계수의 범위를 살펴보자. $-1 \leq r \leq 1$이므로 $0 \leq r^2 \leq 1$이다. 다른 관점에서 살펴보자. SSM과 SST는 제곱의 합이므로 음이 아니며 $SSM \leq SST$이므로 $0 \leq r^2 \leq 1$이다.

사실 단순회귀분석에서 결정계수는 상관계수의 제곱이기 때문에 결코 새로울 것이 없다. 그러나 결정계수를 $r^2 = SSM/SST$라고 정의하면 이야기는 달라진다. 왜냐하면 이렇게 정의된 결정계수는 제10장 일원분산분석에서 설명한 〈표 10.1〉의 분산분석표에도 똑같이 적용될 수 있기 때문이다. 더욱이 이 교재에서는 다루지 않지만 단순회귀분석을 넘어 더 복잡한 회귀분석에도 마찬가지로 적용될 수 있기 때문이다. 어느 경우에나 결정계수 $r^2 = SSM/SST$는 총합의 변동(SST) 중에서 모형의 변동(SSM)의 비율을 나타낸다.

결정계수는 분산분석과 회귀분석에서 매우 중요한 역할을 한다. 왜냐하면 결정계수는 주어진 데이터가 분산분석모형 또는 회귀분석모형에 얼마나 적합한지를 나타내는 지표(Indicator)이기 때문이다. 결정계수가 1에 가까울수록 주어진 데이터가 모형에 더 적합하다고 한다. 이 책에서 3가지 지표를 소개하였다. 그것은 제2장에서 상관계수, 제9장에서 p값, 그리고 11장에서 결정계수이다.

예제
11.5 (계속)

Gilchrist의 데이터에 대하여 아래 물음에 답하여라.

1) 분산분석표를 작성하여라.

2) 분산분석표를 이용하여 5% 유의수준에서 기울기를 0이라고 할 수 있는지 검정하여라.

3) 결정계수를 구하여라.

풀이

1) p. 299의 표에서 SST는 7번째 열의 합이므로 203.07이고 SSE는 마지막 열의 합이므로 47.55이다. 또한 $SSM = SST - SSE = 155.52$이다. 따라서 분산분석표는 다음과 같다.

	SS	$d.f.$	MS	F 비율
모형	155.52	1	155.52	26.18
오차	47.55	8	5.94	
총합	203.07	9		

2) F 비율 $= 26.18 > F(1,8;0.05) = 5.32$이므로 5% 유의수준에서 가설 $H; \beta_1 = 0$를 기각한다.

3) $r^2 = SSM/SST = 0.7657$이다.

K NOW
알고 넘어 갑시다

제11장의 제목은 단순회귀분석인데 영어로는 Simple regression analysis라고 합니다. 사전에서 regression을 찾아보면 회귀(回歸)라고 합니다. 어딘가로 돌아간다는 뜻입니다. 일상생활에서도 회귀라는 용어가 가끔 쓰입니다. 주로 강원도 남대천에 연어가 산란하러 올라오면 뉴스거리가 되지요. 연어를 회귀 어종이라고도 하고 연어가 남대천에 회귀한다고 합니다. 이 연어라는 놈은 민물에서 알을 낳고 죽습니다. 그 알이 부화해서 바다로 나가 오대양 육대주를 돌아다니다가 산란할 때가 되면 용케도 지가 태어난 민물을 찾아온답니다. 그것 참 신기하지요. 어떻게 지가 태어난 곳을 찾아오는지 추측은 무성하지만 아직 과학적으로 밝혀진 것은 없습니다. 아마 지 몸 어딘가에 GPS 장치를 갖고 있는지도 모르지요. 자, 여러분 통계학 공부하느라 고생하셨는데 강산에가 부른 "거꾸로 강을 거슬러 오르는 저 힘찬 연어들처럼" 들어 보시면 어떨까요?

01 아래 사항이 사실인지 거짓인지 구별하여라. 만약 사실이면 "True"라고 적어라. 만약 거짓이면 "False"라고 적고 그 이유를 간략히 설명하여라.

1) 잔차는 오차를 추정한 것이다.
2) 단순회귀에서 기울기에 대한 신뢰구간의 폭은 설명변수의 분산이 작을수록 줄어든다.
3) 단순회귀의 분산분석표에서 모형의 자유도는 언제나 1이다.
4) 단순회귀의 분산분석표에서 MSE는 오차의 분산에 대한 추정값이다.
5) 단순회귀에서 결정계수는 언제나 상관계수의 제곱과 같다.

02 최소제곱법에 의해 추정회귀직선을 구하면 아래와 같은데 이는 기술통계의 관점에서 매우 경외(敬畏)롭다고(awesome) 한다. 이러한 주장에 대하여 자신의 견해를 기술하여라.

$$y - \overline{y} = r \frac{s_y}{s_x}(x - \overline{x})$$

03 아래 결정계수에 대한 설명을 완성하여라.

1) 단순회귀에서 결정계수는 _____
_____
_____이다.

2) 일원분산분석에서 결정계수는 _____
_____
_____이다.

3) 1)과 2)를 종합하면 결정계수는 _____
_____
_____이다.

04 절편이 0인 회귀모형 $y_i = \beta x_i + \epsilon_i$, $i = 1, 2, ..., n$에서 최소제곱법에 의하여 기울기 β를 추정하여라.

05 아래 이변량 데이터에 대한 회귀분석을 하고자 한다.

$$x;\ 1\ 2\ 4\ 5\ 5\ 7$$
$$y;\ 4\ 3\ 4\ 3\ 3\ 1$$

1) 산점도를 그리고 그 위에 추정회귀직선을 표시하여라.
2) 분산분석표를 작성하여라.
3) $x = 5$일 때 y에 대한 95% 예측구간(prediction interval)을 구하여라.

06 아래 이변량 데이터에 대한 회귀분석을 하고자 한다.

$$x;\ 7\ 8\ 2\ 3\ 5\ 3\ 7$$
$$y;\ 2\ 0\ 5\ 6\ 4\ 9\ 2$$

1) 산점도를 그리고 그 위에 추정회귀직선을 표시하여라.
2) 분산분석표를 작성하여라.
3) $x = 5$일 때 y에 대한 95% 예측구간(prediction interval)을 구하여라.

07 〈예제 11.3〉에서

1) 광고비와 매출액에 대한 산점도를 그리고 그 위에 추정회귀직선을 표시하여라.
2) 광고비를 \$9,000 지출할 경우 매출액에 대한 예측값과 95% 예측구간을 구하여라.
3) 매출액을 예측하기 위하여 광고비를 고려할 필요가 있는지 알고자 한다. 3가지 방법으로 5% 유의수준에서 검정하여라.

08 자가용 100대를 대상으로 차의 무게(x)와 휘발유 1ℓ당 주행 거리(y)를 조사하여 아래 결과를 얻었다.

$$\bar{x} = 1500kg \quad s_x = 250kg$$
$$\bar{y} = 10km \quad s_y = 2.5km$$
$$r = -0.8$$

1) 분산분석표를 작성하여라.
2) 추정회귀직선을 구하여라.
3) 차의 무게가 1000kg인 경우 휘발유 1ℓ당 주행 거리에 대한 95% 예측 구간을 구하여라.

09 이변량 데이터에 대한 회귀분석을 하고자 아래와 같은 통계량을 구하고 나서 원래 데이터는 분실하였다.

$$n = 20, \ \bar{x} = 30, \ \sum (x_i - \bar{x})^2 = 64$$
$$\bar{y} = 40, \ \sum (y_i - \bar{y})^2 = 36, \ r = 0.8$$

1) 산점도를 그리고 그 위에 추정회귀직선을 표시하여라.

2) 분산분석표를 작성하여라.

3) $x = 30$일 때 95% 예측구간을 구하여라.

R데이터 분석
EAL DATA ANALYSIS

01 다음은 추의 무게(x)와 용수철의 길이(y)를 조사한 R. Hooks(1635-1703)의 실험결과이다.

x(kg)	0	2	4	6	8	10
y(cm)	439.00	439.12	439.21	439.31	439.40	439.50

1) 선형변환을 이용하여 $\bar{y} = 439.26$이고 $s_y = 0.184$임을 보여라.

2) 추정회귀직선을 구하여라.

3) 산점도에 추정회귀직선을 그리고 이 직선이 주어진 점들을 잘 적합하고 있는지 검토하여라.

4) 분산분석표를 작성하여라.

5) 유의수준 5%에서 회귀직선의 기울기가 0인지에 대한 가설검정을 수행하여라.

6) 추의 무게가 5kg일 때 용수철의 길이에 대한 95% 예측 구간을 구하여라.

부록: 통계표

1. 난수표

2671	4690	1550	2262	2597	8034	0785	2978	4409
9111	0250	3275	7519	9740	4577	2064	0286	3398
0391	6035	9230	4999	3332	0608	6113	0391	5789
2475	2144	1886	2079	3004	9626	5669	1367	9306
5336	5845	2095	6446	5694	3641	1085	8705	5416
6808	0423	0155	1652	7897	4335	3567	7109	9690
8525	0577	8940	9451	6726	0876	3818	7607	8854
0398	0741	8787	3043	5063	0617	1770	5048	7721
3623	9636	3638	1406	5731	3978	8068	7238	9715
0739	2644	4917	8866	3632	5399	5175	7422	2476
6713	3041	8133	8749	8835	6745	3597	3476	3816
7775	9315	0432	8327	0861	1515	2297	3375	3713
8599	2122	6842	9202	0810	2936	1514	2090	3067
7955	3759	5254	1126	5553	4713	9605	7909	1658
4766	0070	7260	6033	7997	0109	5993	7592	5436
5165	1670	2534	8811	8231	3721	7947	5719	2640
9111	0513	2751	8256	2931	7783	1281	6531	7259
1667	1084	7889	8963	7018	8617	6381	0723	4926
2145	4587	8585	2412	5431	4667	1942	7238	9613
2739	5528	1481	7528	9368	1823	6979	2547	7268
8769	5480	9160	5354	9700	1362	2774	7980	9157
6531	9435	3422	2474	1475	0159	3414	5224	8399
2937	4134	7120	2206	5084	9473	3958	7320	9878
1581	3285	3727	8924	6204	0797	0882	5945	9375
6268	1045	7076	1436	4165	0143	0293	4190	7171

2. 표준정규분포표

z	.00	.01	.02	.03	.04	.05	.06	.07	.08	.09
.0	0.5000	0.5040	0.5080	0.5120	0.5160	0.5199	0.5239	0.5279	0.5319	0.5359
.1	0.5398	0.5438	0.5478	0.5517	0.5557	0.5596	0.5636	0.5675	0.5714	0.5753
.2	0.5793	0.5832	0.5871	0.5910	0.5948	0.5987	0.6026	0.6064	0.6103	0.6141
.3	0.6179	0.6217	0.6255	0.6293	0.6331	0.6368	0.6406	0.6443	0.6480	0.6517
.4	0.6554	0.6591	0.6628	0.6664	0.6700	0.6736	0.6772	0.6808	0.6844	0.6879
.5	0.6915	0.6950	0.6985	0.7019	0.7054	0.7088	0.7123	0.7157	0.7190	0.7224
.6	0.7257	0.7291	0.7324	0.7357	0.7389	0.7422	0.7454	0.7486	0.7517	0.7549
.7	0.7580	0.7611	0.7642	0.7673	0.7704	0.7734	0.7764	0.7794	0.7823	0.7852
.8	0.7881	0.7910	0.7939	0.7967	0.7995	0.8023	0.8051	0.8078	0.8106	0.8133
.9	0.8159	0.8186	0.8212	0.8238	0.8264	0.8289	0.8315	0.8340	0.8365	0.8389
1.0	0.8413	0.8438	0.8461	0.8485	0.8508	0.8531	0.8554	0.8577	0.8599	0.8621
1.1	0.8643	0.8665	0.8686	0.8708	0.8729	0.8749	0.8770	0.8790	0.8810	0.8830
1.2	0.8849	0.8869	0.8888	0.8907	0.8925	0.8944	0.8962	0.8980	0.8997	0.9015
1.3	0.9032	0.9049	0.9066	0.9082	0.9099	0.9115	0.9131	0.9147	0.9162	0.9177
1.4	0.9192	0.9207	0.9222	0.9236	0.9251	0.9265	0.9279	0.9292	0.9306	0.9319
1.5	0.9332	0.9345	0.9357	0.9370	0.9382	0.9394	0.9406	0.9418	0.9429	0.9441
1.6	0.9452	0.9463	0.9474	0.9484	0.9495	0.9505	0.9515	0.9525	0.9535	0.9545
1.7	0.9554	0.9564	0.9573	0.9582	0.9591	0.9599	0.9608	0.9616	0.9625	0.9633
1.8	0.9641	0.9649	0.9656	0.9664	0.9671	0.9678	0.9686	0.9693	0.9699	0.9706
1.9	0.9713	0.9719	0.9726	0.9732	0.9738	0.9744	0.9750	0.9756	0.9761	0.9767
2.0	0.9772	0.9778	0.9783	0.9788	0.9793	0.9798	0.9803	0.9808	0.9812	0.9817
2.1	0.9821	0.9826	0.9830	0.9834	0.9838	0.9842	0.9846	0.9850	0.9854	0.9857
2.2	0.9861	0.9864	0.9868	0.9871	0.9875	0.9878	0.9881	0.9884	0.9887	0.9890
2.3	0.9893	0.9896	0.9898	0.9901	0.9904	0.9906	0.9909	0.9911	0.9913	0.9916
2.4	0.9918	0.9920	0.9922	0.9925	0.9927	0.9929	0.9931	0.9932	0.9934	0.9936
2.5	0.9938	0.9940	0.9941	0.9943	0.9945	0.9946	0.9948	0.9949	0.9951	0.9952
2.6	0.9953	0.9955	0.9956	0.9957	0.9959	0.9960	0.9961	0.9962	0.9963	0.9964
2.7	0.9965	0.9966	0.9967	0.9968	0.9969	0.9970	0.9971	0.9972	0.9973	0.9974
2.8	0.9974	0.9975	0.9976	0.9977	0.9977	0.9978	0.9979	0.9979	0.9980	0.9981
2.9	0.9981	0.9982	0.9982	0.9983	0.9984	0.9984	0.9985	0.9985	0.9986	0.9986
3.0	0.9987	0.9987	0.9987	0.9988	0.9988	0.9989	0.9989	0.9989	0.9990	0.9990
3.1	0.9990	0.9991	0.9991	0.9991	0.9992	0.9992	0.9992	0.9992	0.9993	0.9993
3.2	0.9993	0.9993	0.9994	0.9994	0.9994	0.9994	0.9994	0.9995	0.9995	0.9995
3.3	0.9995	0.9995	0.9995	0.9996	0.9996	0.9996	0.9996	0.9996	0.9996	0.9997
3.4	0.9997	0.9997	0.9997	0.9997	0.9997	0.9997	0.9997	0.9997	0.9997	0.9998
3.5	0.9998	0.9998	0.9998	0.9998	0.9998	0.9998	0.9998	0.9998	0.9998	0.9998

3. t분포표

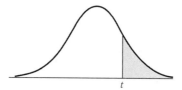

자유도	$t_{0.4}$	$t_{0.3}$	$t_{0.2}$	$t_{0.1}$	$t_{0.05}$	$t_{0.025}$	$t_{0.01}$	$t_{0.005}$
1	0.325	0.727	1.370	3.078	6.314	12.71	31.82	63.66
2	0.289	0.617	1.060	1.886	2.920	4.303	6.965	9.925
3	0.277	0.584	0.978	1.638	2.353	3.182	4.541	5.841
4	0.271	0.569	0.941	1.533	2.132	2.776	3.747	4.604
5	0.267	0.559	0.920	1.476	2.015	2.571	3.365	4.032
6	0.265	0.553	0.906	1.440	1.943	2.447	3.143	3.707
7	0.263	0.549	0.896	1.415	1.895	2.365	2.998	3.499
8	0.262	0.546	0.889	1.397	1.860	2.306	2.896	3.355
9	0.261	0.543	0.883	1.383	1.833	2.262	2.821	3.250
10	0.260	0.542	0.879	1.372	1.812	2.228	2.764	3.169
11	0.260	0.540	0.876	1.363	1.796	2.201	2.718	3.106
12	0.259	0.539	0.873	1.356	1.782	2.179	2.681	3.055
13	0.259	0.538	0.870	1.350	1.771	2.160	2.650	3.012
14	0.258	0.537	0.868	1.345	1.761	2.145	2.624	2.977
15	0.258	0.536	0.866	1.341	1.753	2.131	2.602	2.947
16	0.258	0.535	0.865	1.337	1.746	2.120	2.583	2.921
17	0.257	0.534	0.863	1.333	1.740	2.110	2.567	2.898
18	0.257	0.534	0.862	1.330	1.734	2.101	2.552	2.878
19	0.257	0.533	0.861	1.328	1.729	2.093	2.539	2.861
20	0.257	0.533	0.860	1.325	1.725	2.086	2.528	2.845
21	0.257	0.532	0.859	1.323	1.721	2.080	2.518	2.831
22	0.256	0.532	0.858	1.321	1.717	2.074	2.508	2.819
23	0.256	0.532	0.858	1.319	1.714	2.069	2.500	2.807
24	0.256	0.531	0.857	1.316	1.708	2.060	2.485	2.787
25	0.256	0.531	0.856	1.316	1.708	2.060	2.485	2.787
26	0.256	0.531	0.856	1.315	1.706	2.056	2.479	2.779
27	0.256	0.531	0.855	1.314	1.703	2.052	2.473	2.771
28	0.256	0.530	0.855	1.313	1.701	2.048	2.467	2.763
29	0.256	0.530	0.854	1.310	1.697	2.042	2.457	2.750
30	0.256	0.530	0.854	1.310	1.697	2.042	2.457	2.750
40	0.255	0.529	0.851	1.303	1.684	2.021	2.423	2.704
60	0.254	0.527	0.848	1.296	1.671	2.000	2.390	2.660
120	0.254	0.526	0.845	1.289	1.658	1.980	2.358	2.617
∞	0.253	0.524	0.842	1.282	1.645	1.960	2.326	2.576

4. F분포표

분모자유도	분자자유도	1	2	3	4	5	6	8	10	20	40	∞
1	$F_{0.25}$	5.83	7.50	8.20	8.58	8.82	8.98	9.19	9.32	9.58	9.71	9.85
	$F_{0.10}$	39.9	49.5	53.6	55.8	57.2	58.2	59.4	60.2	61.7	62.5	63.3
	$F_{0.05}$	161	200	216	225	230	234	239	242	248	251	254
2	$F_{0.25}$	2.57	3.00	3.15	3.23	3.28	3.31	3.35	3.38	3.43	3.45	3.48
	$F_{0.10}$	8.53	9.00	9.16	9.24	9.29	9.33	9.37	9.39	9.44	9.47	9.49
	$F_{0.05}$	18.5	19.0	19.2	19.2	19.3	19.3	19.4	19.4	19.4	19.5	19.5
	$F_{0.01}$	98.5	99.0	99.2	99.2	99.3	99.3	99.4	99.4	99.4	99.5	99.5
	$F_{0.001}$	993	999	999	999	999	999	999	999	999	999	999
3	$F_{0.25}$	2.02	2.28	2.36	2.39	2.41	2.42	2.44	2.44	2.46	2.47	2.47
	$F_{0.10}$	5.54	5.46	5.39	5.34	5.31	5.28	5.25	5.23	5.18	5.16	5.13
	$F_{0.05}$	10.1	9.55	9.28	9.12	9.10	8.94	8.85	8.79	8.66	8.59	8.53
	$F_{0.01}$	34.1	30.8	29.5	28.7	28.2	27.9	27.5	27.2	26.7	26.4	26.1
	$F_{0.001}$	167	149	141	137	135	133	131	129	126	125	124
4	$F_{0.25}$	1.81	2.00	2.05	2.06	2.07	2.08	2.08	2.08	2.08	2.08	2.08
	$F_{0.10}$	4.54	4.32	4.19	4.11	4.05	4.01	3.95	3.92	3.84	3.80	3.76
	$F_{0.05}$	7.71	6.94	6.59	6.39	6.26	6.16	6.04	5.96	5.80	5.72	5.63
	$F_{0.01}$	21.2	18.0	16.7	16.0	15.5	15.2	14.8	14.5	14.0	13.7	13.5
	$F_{0.001}$	74.1	61.3	56.2	53.4	51.7	50.5	49.0	48.1	46.1	45.1	44.1
5	$F_{0.25}$	1.69	1.85	1.88	1.89	1.89	1.89	1.89	1.89	1.88	1.88	1.87
	$F_{0.10}$	4.06	3.78	3.62	3.52	3.45	3.40	3.34	3.30	3.21	3.16	3.10
	$F_{0.05}$	6.61	5.79	5.41	5.19	5.05	4.95	4.82	4.74	4.56	4.46	4.36
	$F_{0.01}$	16.3	13.3	12.1	11.4	11.0	10.7	10.3	10.1	9.55	9.29	9.02
	$F_{0.001}$	47.2	37.1	33.2	31.1	29.8	28.8	27.6	26.9	25.4	24.6	23.8
6	$F_{0.25}$	1.62	1.76	1.78	1.79	1.79	1.78	1.77	1.77	1.76	1.75	1.74
	$F_{0.10}$	3.78	3.46	3.29	3.18	3.11	3.05	2.98	2.94	2.84	2.78	2.72
	$F_{0.05}$	5.99	5.14	4.76	4.53	4.39	4.28	4.15	4.06	3.87	3.77	3.67
	$F_{0.01}$	13.7	10.9	9.78	9.15	8.75	8.47	8.10	7.87	7.40	7.14	6.88
	$F_{0.001}$	35.5	27.0	23.7	21.9	20.8	20.0	19.0	18.4	17.1	16.4	15.8
7	$F_{0.25}$	1.57	1.70	1.72	1.72	1.71	1.71	1.70	1.39	1.67	1.66	1.65
	$F_{0.10}$	3.59	3.26	3.07	2.96	2.88	2.83	2.75	2.70	2.59	2.54	2.47
	$F_{0.05}$	5.59	4.74	4.35	4.12	3.97	3.87	3.73	3.64	3.44	3.34	3.23
	$F_{0.01}$	12.2	9.55	8.45	7.85	7.46	7.19	6.84	6.62	6.16	5.91	5.65
	$F_{0.001}$	29.3	21.7	18.8	17.2	16.2	15.5	14.6	14.1	12.9	12.3	11.7
8	$F_{0.25}$	1.54	1.66	1.67	1.66	1.66	1.65	1.64	1.63	1.61	1.59	1.58
	$F_{0.10}$	3.46	3.11	2.92	2.81	2.73	2.67	2.59	2.54	2.42	2.36	2.29
	$F_{0.05}$	5.32	4.46	4.07	3.84	3.69	3.58	3.44	3.35	3.15	3.04	2.93
	$F_{0.01}$	11.3	8.65	7359	7.01	6.63	6.37	6.03	5.81	5.36	5.12	4.86
	$F_{0.001}$	25.4	18.5	15.8	14.4	13.5	12.9	12.0	11.5	10.5	9.92	9.33
9	$F_{0.25}$	1.51	1.62	1.63	1.63	1.62	1.61	1.60	1.59	1.56	1.55	1.53
	$F_{0.10}$	3.36	3.01	2.81	2.69	2.61	2.55	2.47	2.42	2.30	2.23	2.16
	$F_{0.05}$	5.12	4.26	3.86	3.63	3.48	3.37	3.23	3.14	2.94	2.83	2.71
	$F_{0.01}$	10.6	8.02	6.99	6.42	6.06	5.80	5.47	5.26	4.81	4.57	4.31
	$F_{0.001}$	22.9	16.4	13.9	12.6	11.7	11.1	10.4	9.89	8.90	8.37	7.81

분모자유도	분자자유도	1	2	3	4	5	6	8	10	20	40	∞
10	$F_{0.25}$	1.49	1.60	1.60	1.59	1.59	1.58	1.56	1.55	1.52	1.51	1.48
	$F_{0.10}$	3.28	2.92	2.73	2.61	2.52	2.46	2.38	2.32	2.20	2.13	2.06
	$F_{0.05}$	4.96	4.10	3.71	3.48	3.33	3.22	3.07	2.98	2.77	2.66	2.54
	$F_{0.01}$	10.0	7.56	6.55	5.99	5.64	5.39	5.06	4.85	4.41	4.17	3.91
	$F_{0.001}$	21.0	14.9	12.6	11.3	10.5	9.92	9.20	8.75	7.80	7.30	6.76
12	$F_{0.25}$	1.56	1.56	1.56	1.55	1.54	1.53	1.51	1.50	1.47	1.45	1.42
	$F_{0.10}$	3.18	2.81	2.61	2.48	2.39	2.33	2.24	2.19	2.06	1.99	1.90
	$F_{0.05}$	4.75	3.89	3.49	3.26	3.11	3.00	2.85	2.75	2.54	2.43	2.30
	$F_{0.01}$	9.33	6.93	5.95	5.41	5.06	4.82	4.50	4.30	3.86	3.62	3.36
	$F_{0.001}$	18.6	13.0	10.8	9.63	8.89	8.38	7.71	7.29	6.40	5.93	5.42
14	$F_{0.25}$	1.44	1.53	1.53	1.52	1.51	1.50	1.48	1.46	1.43	1.41	1.38
	$F_{0.10}$	3.10	2.73	2.52	2.39	2.31	2.24	2.15	2.10	1.96	1.89	1.80
	$F_{0.05}$	4.60	3.74	3.34	3.11	2.96	2.85	2.70	2.60	2.39	2.27	2.13
	$F_{0.01}$	8.86	5.51	5.56	5.04	4.69	4.46	4.14	3.94	3.51	3.27	3.00
	$F_{0.001}$	17.1	11.8	9.73	8.62	7.92	7.43	6.80	6.40	5.56	5.10	4.60
16	$F_{0.25}$	1.42	1.51	1.51	1.50	1.48	1.48	1.46	1.45	1.40	1.37	1.34
	$F_{0.10}$	3.05	2.67	2.46	2.33	2.24	2.18	2.09	2.03	1.89	1.81	1.72
	$F_{0.05}$	4.49	3.63	3.24	3.01	2.85	2.74	2.59	2.49	2.28	2.15	2.01
	$F_{0.01}$	8.53	6.23	5.29	4.77	4.44	4.20	3.89	3.69	3.26	3.02	2.75
	$F_{0.001}$	16.1	11.0	9.00	7.94	7.27	6.81	6.19	5.81	4.99	4.54	4.06
20	$F_{0.25}$	1.40	1.49	1.48	1.46	1.45	1.44	1.42	1.40	1.36	1.33	1.29
	$F_{0.10}$	2.97	2.59	2.38	2.25	2.16	2.09	2.00	1.94	1.79	1.71	1.61
	$F_{0.05}$	4.35	3.49	3.10	2.87	2.71	2.60	2.45	2.35	2.12	1.99	1.84
	$F_{0.01}$	8.10	5.85	4.94	4.43	4.10	3.87	3.56	3.37	2.94	2.69	2.42
	$F_{0.001}$	14.8	9.95	8.10	7.10	6.46	6.02	5.44	5.08	4.29	3.86	3.38
30	$F_{0.25}$	1.38	1.45	1.44	1.42	1.41	1.39	1.37	1.35	1.30	1.27	1.23
	$F_{0.10}$	2.88	2.49	2.28	2.14	2.05	1.98	1.88	1.82	1.67	1.57	1.46
	$F_{0.05}$	4.17	3.32	2.92	2.69	2.53	2.42	2.27	2.16	1.93	1.79	1.62
	$F_{0.01}$	7.56	5.39	4.51	4.02	3.70	3.47	3.17	2.98	2.55	2.30	2.01
	$F_{0.001}$	13.3	8.77	7.05	6.12	5.53	5.12	4.58	4.24	3.49	3.07	2.59
40	$F_{0.25}$	1.36	1.44	1.42	1.40	1.39	1.37	1.35	1.33	1.28	1.24	1.19
	$F_{0.10}$	2.84	2.44	2.23	2.09	2.00	1.93	1.83	1.76	1.61	1.51	1.38
	$F_{0.05}$	4.08	3.23	2.84	2.61	2.45	2.34	2.18	2.08	1.84	1.69	1.51
	$F_{0.01}$	7.31	5.18	4.31	3.83	3.51	3.29	2.99	2.80	2.37	2.11	1.80
	$F_{0.001}$	12.6	8.25	6.60	5.70	5.13	4.73	4.21	3.87	3.15	2.73	2.23
60	$F_{0.25}$	1.35	1.42	1.41	1.38	1.37	1.35	1.32	1.30	1.25	1.21	1.15
	$F_{0.10}$	2.79	2.39	2.18	2.04	1.95	1.87	1.77	1.71	1.54	1.44	1.29
	$F_{0.05}$	4.00	3.15	2.76	2.53	2.37	2.25	2.10	1.99	1.75	1.59	1.39
	$F_{0.01}$	7.08	4.98	4.13	3.65	3.34	3.12	2.82	2.63	2.20	1.94	1.60
	$F_{0.001}$	12.0	7.76	6.17	5.31	4.76	4.37	3.87	3.54	2.83	2.41	1.89
120	$F_{0.25}$	1.34	1.40	1.39	1.37	1.35	1.33	1.30	1.28	1.22	1.18	1.10
	$F_{0.10}$	2.75	2.35	2.13	1.99	1.90	1.82	1.72	1.65	1.48	1.37	1.19
	$F_{0.05}$	3.92	3.07	2.68	2.45	2.29	2.17	2.02	1.91	1.66	1.50	1.25
	$F_{0.01}$	6.85	4.79	3.95	3.48	3.17	2.96	2.66	2.47	2.03	1.76	1.38
	$F_{0.001}$	11.4	7.32	5.79	4.95	4.42	4.04	3.55	3.24	2.53	2.11	1.54
∞	$F_{0.25}$	1.32	1.39	1.37	1.35	1.33	1.31	1.28	1.25	1.19	1.14	1.00
	$F_{0.10}$	2.71	2.30	2.08	1.94	1.85	1.77	1.67	1.60	1.42	1.30	1.00
	$F_{0.05}$	3.84	3.00	2.60	2.37	2.21	2.10	1.94	1.83	1.57	1.39	1.00
	$F_{0.01}$	6.63	4.61	3.78	3.32	3.02	2.80	2.51	2.32	1.88	1.59	1.00
	$F_{0.001}$	10.8	6.91	5.42	4.62	4.10	3.74	3.27	2.96	2.27	1.84	1.00

연습문제 풀이

제2장

01 1) True 4) True 7) True 10) True 12) True 13) True

2) False. 관측값의 수와 중위수를 안다고 해도 관측값의 합을 알 방법은 없다.

3) False. 절사되지 않는 관측값이 변동되면 절사평균 값이 달라진다.

5) False. 사분위간범위는 표준편차보다 특이값에 덜 영향을 받는다.

6) False. 히스토그램에서 기둥의 높이는 밀도를 나타낸다.

8) False. 평균과 중위수는 같지만 관측값이 대칭이 아닌 반례를 만들 수 있다.

9) False. 상자그림표에서 두 끈의 길이가 같지만 관측값이 중위수에 대해 대칭이 아닌 반례를 만들 수 있다.

11) False. 근사값은 구할 수 있지만 정확한 값을 구할 수 없다.

02 1) 25억

2) 축구, 농구

3) 평균, 중위수

4) 가운데 있는 50% 관측값 or 사분위간범위 안에 있는 관측값

5) 평균, 평균

6) 1, 1

7) 상대도수, 밀도

8) 최소값, 하사분위수, 중위수, 상사분위수, 최대값

9) x의 평균, x의 표준편차, y의 평균, y의 표준편차, x와 y의 상관계수

10) 3(참고: 식 (2.9), 식 (4.18), 식 (11.1))

11) 측정기준, 측정단위

12) -1, 1

06 평균은 n이 얼마이건 정확히 구할 수 있고 그 값은 15이다. 그러나 분산은 n에 따라 약간씩 차이가 나며 정확한 값은 구할 수 없다.

09 x: 포장된 딸기 무게

y: 포장된 딸기 가격

1) $\overline{x} = 38960/100 = 389.6$, $s^2 = 9184/99 = 92.77$, $s = \sqrt{92.77} = 9.63$.

2) $y = 2x$.

3) 식 (2.9)에 의해 $\overline{y} = 2 \cdot 389.6 = 779.2$, $s_y = 2 \cdot 9.63 = 19.26$.

제3장

01 2) True 3) True 4) True

1) False. $\Pr(A \mid B) < 1$.

02 1) 확률법칙, 확률나무

2) 상대도수, 극한값, 비율

3) 표본공간, 부분

03 벤다이어그램을 그려보면 $\Pr(A \cap B^c) = 1/12$, $\Pr(A^c \cap B) = 3/12$이므로
$\Pr(A \mid B) = \Pr(A \cap B)/\Pr(B) = (2/12)/(5/12) = 2/5$.

04 벤다이어그램을 그려보면 1), 2), 3) 모두 1/6.

05 1) 사건 A와 B가 통계적 독립사건이면 식 (3.18)에 의해
$\Pr(A \cap B) = \Pr(A) \cdot \Pr(B) = 0.6(0.2) = 0.12$.

2) $\Pr(A \mid B) = \Pr(A \cap B)/\Pr(B) = 0.12/0.2 = 0.6$.

3) $\Pr(A \cup B) = \Pr(A) + \Pr(B) - \Pr(A \cap B) = 0.6 + 0.2 - 0.12 = 0.68$.

06 벤다이어그램을 그려보면

1) 0.

2) 0.

3) 0.8.

07 1) $0.2 + 0.3 - 0.05 = 0.45$.

2) $0.2 + 0.3 - 0.05 = 0.45$.

3) $1 - 0.45 = 0.55$.

10 1) $40/100 = 0.4$.

2) $55/100 = 0.55$.

3) $23/100 = 0.23$.

11 한 경기에서 적어도 하나의 안타를 칠 확률은 식 (3.12)에 의해 $1-(1-\theta)^4$이다. 따라서 개막전 이후 23경기 연속 안타를 칠 확률은 $\{1-(1-\theta)^4\}^{23}$이다. 한국 프로야구에서 수위타자의 타율을 3할5푼이라고 가정하면, 즉 $\theta = 0.35$이면 $\{1-(1-\theta)^4\}^{23} = 0.0109$이므로 이종범 선수의 기록은 깨지기 어렵다.

12 확률나무를 그려보면 구하는 확률은 $(57 + 42 + 22 + 7 + 1)/(6 \cdot 64) = 0.34$.

13 〈예제 3.13〉을 참고하면,

2) $1/16$.

14 어느 한 팀이 내리 4연승할 확률을 p라고 하면 구하는 확률은 여사건의 확률인 식 (3.12)에 의해 $1-p$이다. 두 팀을 甲과 乙이라 칭하면 甲이 내리 4연승할 확률은 $7 \cdot 8 \cdot 9 \cdot 10/14^4 = 0.1312$. 乙이 내리 4연승할 확률도 마찬가지이므로 $p = 0.2624$.

따라서 구하는 확률은 $1 - 0.2624 = 0.7376$.

15 확률나무를 그려보면,

2) 카드 2장의 합이 7일 확률은 $(1 + 4 + 4 + 1)/6^2 = 5/18$.

3) 적어도 한 번 $\boxed{1}$이 추출될 확률은 $(1 + 2 + 2 + 1 + 2 + 2 + 1)/6^2 = 11/36$.

4) 조건부확률의 정의인 식 (3.15)에 의해 $(2/36)/(10/36) = 2/10$.

16 확률나무를 그려보면,

1) 카드 2장의 합이 21이 될 확률은 $8/156 = 0.05$.

2) 카드 2장 중 1장은 ⑪이라는 사실이 알려진 경우 합이 21이 될 조건부확률은 $8/24 = 0.33$.

17 확률나무를 그려보면,

1) $3/4$.

2) $30/(30+2) = 15/16$.

3) $270/(270+98) = 135/184$.

18 확률나무를 그려보면,

1) $1/5$.

2) $2/(2+6+15) = 2/23$.

3) $198/(198+294+485) = 198/977$.

제4장

01 2) True 3) True

1) False. 정규분포는 대칭이므로 평균과 중위수는 언제나 일치한다.

02 1) 확률, 평균, 분산(또는 표준편차)

2) 질량함수, 밀도함수

3) 이항, 정규

4) $B(50, 0.2)$

5) $N(-5, 7)$

05 SBS 인기 드라마 '올인'의 실제 대사는 다음과 같다.

"주사위를 던지는 게임을 6번 반복한다면 평균적으로 1이 한 번 나올 것이고 나머지 5번은 1이 나오지 않을 것이다. 주사위를 6번 던졌을 때 주사위 눈이 1이 나와서 $6를 벌고 1이 나오지 않아서 $1씩 5번 손해를 본다면 결국 $1 이득을 얻게 된다. 따라서 나는 이 게임을 하겠다."

06 3할 타자가 앞의 3타석에서 안타를 못 쳤다고 4번째 타석에서는 안타를 칠 확률이 그만큼 농축된다고 보기 어렵다. 앞 타석에서 안타를 쳤건 못 쳤건 매 타석에서 안타를 칠 확률은 3할, 즉 0.3이라고 하는 것이 더 타당하다. 이는 마치 난수표에서 1이 안 나왔다고 해서 다음에 1이 나올 확률이 커지는 것이 아니라 1이 나올 확률은 언제나 1/10인 것과 마찬가지이다. 그러니까 투수는 3할 타자가 앞의 3타석에서 안타를 못 쳤다는 것을 경계해야 하는 것이 아니라 이 타자가 3할 타자라는 점을 경계해야 한다.

07 식 (4.4)를 이용하면,
$$\mu = 0(0.03) + 1(0.09) + 2(0.37) + 3(0.51) = 2.36$$
$$\sigma^2 = (0 - 2.36)^2(0.03) + (1 - 2.36)^2(0.09) + (2 - 2.36)^2(0.37)$$
$$+ (3 - 2.36)^2(0.51) = 0.5904.$$
또는 식 (4.7)을 이용하면,
$$Var(X) = E[X^2] - [E(X)]^2 = 6.16 - 2.36^2 = 0.5904.$$

08 확률나무를 그려서 정리하면,
1)

X	4	5	6	7	8	9	10
$90 \cdot \Pr$	20	20	12	24	8	4	2

2) $\mu = 6$, $\sigma^2 = 112/45$.

09 확률나무를 그려서 정리하면,

1)

X	0	1	2	3	4	5
$36 \cdot \mathrm{Pr}$	6	10	8	6	4	2

2) $\mu = 35/18$, $\sigma^2 = 210/36 - (35/18)^2 = 2.0525$.

10 1) 식 (4.8)에 의해 $\mathrm{Pr}(X=x) = \binom{3}{x} 0.7^x \, 0.3^{3-x}$, $x = 0, 1, 2, 3$.

2) 식 (4.9)에 의해 $\mu = 3(0.7) = 2.1$, $\sigma^2 = 3(0.7)(0.3) = 0.63$.

3) $\mathrm{Pr}(X \leq 1) = \mathrm{Pr}(X=0) + \mathrm{Pr}(X=1) = 0.027 + 0.1890 = 0.2160$.

11 1) 식 (4.8)에 의해 $\mathrm{Pr}(X=x) = \binom{3}{x} 0.52^x \, 0.48^{3-x}$, $x = 0, 1, 2, 3$.

2) 마찬가지로 $\mathrm{Pr}(X=x) = \binom{3}{x} 0.48^x \, 0.52^{3-x}$, $x = 0, 1, 2, 3$.

12 1) 식 (4.8)에 의해 $\mathrm{Pr}(X=x) = \binom{5}{x} 0.1^x \, 0.9^{5-x}$, $x = 0, 1, 2, 3, 4, 5$.

2) $\mathrm{Pr}(X \geq 1) = 1 - \mathrm{Pr}(X=0) = 1 - 0.9^5 = 0.4095$.

13 $\mathrm{Pr}(X=x) = (1/2)^x$, $x = 1, 2, \cdots, \infty$.

14 식 (4.8)에 의해 $\mathrm{Pr}(X=x) = \binom{10}{x} 0.2^x \, 0.8^{10-x}$, $x = 0, 1, 2, \cdots, 10$.

15 X: 10명 중 아시아인의 수.

Y: 10명 중 흑인의 수.

1) 식 (4.8)에 의해 $\mathrm{Pr}(X=x) = \binom{10}{x} 0.6^x \, 0.4^{10-x}$, $x = 0, 1, 2, \cdots, 10$.

$\mathrm{Pr}(X > 5) = \mathrm{Pr}(X=6) + \mathrm{Pr}(X=7) + \mathrm{Pr}(X=8) + \mathrm{Pr}(X=9) + \mathrm{Pr}(X=10)$

$\qquad = 0.2508 + 0.2150 + 0.1209 + 0.0403 + 0.0060$

$\qquad = 0.6330$.

2) 식 (4.8)에 의해 $\mathrm{Pr}(Y=0) = \binom{10}{0} 0.1^0 0.9^{10} = 0.3487$.

3) 식 (4.9)에 의해 $\mu = 10(0.6) = 6$, $\sigma^2 = 10(0.6)(0.4) = 2.4$.

16 X: 갑돌이가 맞힌 정답의 개수.

Y: 갑돌이의 점수.

1) $X \sim B(10, 1/2)$, $E(X) = 5$, $Var(X) = 10(1/2)(1/2) = 5/2$.

2) $Y = 40 + 6X$ 이므로 식 (4.19)에 의해

$E(Y) = 40 + 6(5) = 70$, $Var(Y) = 36(5/2) = 90$.

17 X: 10개의 4지 선다형 문제 중 정답의 개수.

1) $X \sim B(10, 1/4)$이므로

$$\begin{aligned} \Pr(X \geq 5) &= \Pr(X=5) + \Pr(X=6) + \cdots + \Pr(X=10) \\ &= (61{,}236 + 17{,}010 + 3{,}240 + 405 + 30 + 1)/4^{10} \\ &= 81{,}922/4^{10} = 0.078. \end{aligned}$$

2) $X \sim B(10, 1/3)$이므로

$$\begin{aligned} \Pr(X \geq 5) &= \Pr(X=5) + \Pr(X=6) + \cdots + \Pr(X=10) \\ &= (8{,}064 + 3{,}360 + 960 + 180 + 20 + 1)/3^{10} \\ &= 12{,}585/3^{10} = 0.213. \end{aligned}$$

3) $X \sim B(10, 1/2)$이므로

$$\begin{aligned} \Pr(X \geq 5) &= \Pr(X=5) + \Pr(X=6) + \cdots + \Pr(X=10) \\ &= (252 + 210 + 120 + 45 + 10 + 1)/2^{10} \\ &= 638/2^{10} = 0.623. \end{aligned}$$

즉, 10개의 4지선다형 문제 중 5문제 이상 맞출 확률은

1) 공부를 전혀 안했을 때는 8%

2) 공부를 조금 해서 넷 중 하나를 배제할 수 있을 때는 21%

3) 공부를 조금 더 많이 해서 넷 중 2개를 배제할 수 있을 때는 62%이다.
그러니까 좋은 점수를 받으려면 운을 바라지 말고 공부를 해야 한다는 것을 알 수 있다.

18 U: 무작위로 답한 10개의 4지선다형 문제 중 정답의 개수.

X: 전체 20개 4지선다형 문제 중 갑돌이의 정답의 개수.

Y: 갑돌이의 점수.

1) $X = 10 + U$이고 $U \sim B(10, 1/4)$이므로

X	10	11	12	13	14	15	16	17	18	19	20
4^{10}Pr	59,049	196,830	295,245	262,440	153,090	61,236	17,010	3,240	405	30	1

2) $Y = 5X$이므로

Y	50	55	60	65	70	75	80	85	90	95	100
4^{10}Pr	59,049	196,830	295,245	262,440	153,090	61,236	17,010	3,240	405	30	1

3) 식 (4.4)에 의해 $\mu = 62.5$, $\sigma^2 = 46.875$.

4) 식 (4.9)에 의해 $E(U) = 10(1/4) = 2.5$, $Var(U) = 10(1/4)(3/4) = 15/8$ 이므로 선형변환에 의해 $E(X) = 10 + E(U) = 12.5$, $Var(X) = Var(U) = 15/8 = 1.875$. 또다시 선형변환에 의해 $E(Y) = 5E(X) = 62.5$, $Var(Y) = 25\,Var(X) = 46.875$.

19 U: 무작위로 답한 60개의 4지 선다형 문제 중 정답의 개수.

X: 전체 100개 4지 선다형 문제 중 갑돌이의 정답의 개수.

Y: 갑돌이의 점수.

1) $X = 40 + U$이고 $U \sim B(60, 1/4)$이므로 선형변환에 의해 $E(X) = 40 + E(U) = 55$.

$Y = 2X - (100 - X) = 3X - 100$이므로 선형변환에 의해

$E(Y) = 3E(X) - 100 = 3(55) - 100 = 65$.

24 X: 한국 성인 남자 키. $X \sim N(170, 100)$.

1) $\Pr(X \geq 190) = \Pr((X - 170)/10 \geq (190 - 170)/10) = \Pr(Z \geq 2) = 0.0228$.

2) $\Pr(X \leq 160) = \Pr((X - 170)/10 \leq (160 - 170)/10) = \Pr(Z \leq -1) = 0.1587$.

3) 마찬가지로 $\Pr(165 \leq X \leq 175) = 0.3830$.

25 2) $\Pr(X \leq x) = 0.1$를 만족하는 x를 구하면 된다.

이 확률을 표준화 시키면 $\Pr((X - 100)/5 \leq (x - 100)/5) = 0.1$.

표준정규분포표에서 1.28(또는 1.29)보다 작을 확률이 0.9이므로 대칭성에 의

해 -1.28보다 작을 확률이 0.1이다. 따라서 위 식에서 $(x-100)/5 = -1.28$.

이 식을 풀면 $x = 100 - 1.28(5) = 93.6$

3) $\Pr(X \leq x) = 0.95$를 만족하는 x를 구하면 된다.

이 확률을 표준화 시키면 $\Pr((X-100)/5 \leq (x-100)/5) = 0.95$.

표준정규분포표에서 1.64(또는 1.65)보다 작을 확률이 0.95이다.

따라서 위 식에서 $(x-100)/5 = 1.64$.

이 식을 풀면 $x = 100 + 1.64(5) = 108.2$

26 X: 브라운관의 수명. $X \sim N(10000, 3000^2)$.

$\Pr(a < X < b) = 0.5$가 되는 a와 b를 찾자. 그러면 $IQR = b - a$.

$\Pr(a < X < b) = \Pr((a-10000)/3000 < (X-10000)/3000 < (b-10000)/3000)$.

표준정규분포표에서 $(a-10000)/3000 = -0.675$, $(b-10000)/3000 = 0.675$.

따라서 $b - a = 0.675(3000)(2) = 4050$.

27 X: 수학능력시험 성적. $X \sim N(350, 400)$.

1) $\Pr(X \geq 370) = \Pr(Z \geq 1) = 0.1587$.

2) 0.1587^5.

3) 상위 10% 점수를 x라고 하면 $\Pr(X > x) = 0.1$.

따라서 $\Pr((X-350)/20 > (x-350)/20) = 0.1$.

표준정규분포표에서 $(x-350)/20 = 1.285$이므로 $x = 375.7$.

28 X: 배터리의 수명. $X \sim N(7, 4)$.

배터리 수명이 5년 미만이라서 새 것으로 교환해줘야 할 확률은

$\Pr(X < 5) = \Pr((X-7)/2 < (5-7)/2) = \Pr(Z < -1) = 0.16$.

1) $B(100, 0.16)$.

2) 식 (4.9)에 의해 $\mu = 16$.

3) $10{,}000$원$(84$개$) - 40{,}000$원$(16$개$) = 200{,}000$원.

4) Y: 배터리 1개를 팔아서 생기는 이익. Y의 분포는

Y	10,000	$-40,000$
Pr	0.84	0.16

따라서 $E(Y) = 8400 - 6400 = 2000$. 즉, 배터리 보장 기간을 5년으로 할 경우 배터리 1개를 팔아서 생기는 이익의 기댓값은 2,000원이다.

5) 3)에서 배터리 100개 팔아서 생긴 이익의 평균이 200,000원이라면 1개 팔아서 생긴 이익의 평균은 2,000원이다. 이 값은 4)와 같다.

6) 새로운 보장 기간을 x라 표시하자. 또한 배터리 수명이 새로운 보장기간을 초과하여 10,000원 이익이 생길 확률을 θ라 표시하자. 배터리 1개를 팔아서 생기는 이익의 기댓값이 1,000원이 되기 위해서는 θ에 관하여 다음 등식이 성립하여야 한다.

$$E(Y) = 10000\theta - 40000(1 - \theta) = 1000.$$

따라서 $\theta = 0.82$이어야 하고 보장 기간 x에 대하여 다음 등식이 성립한다.

$$\theta = \Pr(X > x) = 0.82.$$

이 등식에서 확률변수 X를 표준화하면 다음과 같다.

$$\Pr((X - 7)/2 > (x - 7)/2) = 0.82.$$

표준정규분포표에서 $(x - 7)/2 = -0.915$이므로 $x = 7 - 1.83 = 5.17$.

즉, 보장 기간을 약 5년 2개월로 하면 배터리 1개를 팔아서 생기는 이익의 기댓값이 1000원이 된다. 다시 말하면 보장 기간을 5년에서 2개월 더 늘림에 따라 기댓값이 반으로 줄어든다.

제5장

01 1) True 3) True 4) True 7) True

2) False. 두 확률변수 X와 Y가 통계적 독립인 경우만 결합분포를 결정할 수 있다.

5) False. 반례를 만들 수 있다.

6) False. 전혀 사실이 아니다.

8) False. 선형변환일 때만 상관계수는 1이다.

02 1) $\overline{x}$, s

2) μ, σ

3) $\overline{x}$, s_x, $\overline{y}$, s_y, r

4) μ_X, σ_X, μ_Y, σ_Y, ρ

03 1) 통계적 독립이 아닌 반례가 얼마든지 있다.

2) 2/3.

04 1) 통계적 독립이 아닌 반례가 얼마든지 있다.

2) $0.05 + 0.05 + 0.1 = 0.2$.

05 1) $0.1 + 0.25 = 0.35$.

2) 0.2.

3)

X	0	1	2	3
Pr	0.1	0.5	0.3	0.1

06 1)

X \ Y	1	2	3	4
0	1/16	0	0	0
1	0	2/16	2/16	0
2	0	2/16	2/16	2/16
3	0	2/16	2/16	0
4	1/16	0	0	0

2)

X	0	1	2	3	4
$16 \cdot$ Pr	1	4	6	4	1

3)

Y	1	2	3	4
$16 \cdot \mathrm{Pr}$	2	6	6	2

4) 결합분포에서 결합확률이 0인 경우를 택하면 식 (5.2)가 성립하지 않는 것을 보일 수 있기 때문에 X와 Y는 통계적 독립이 아니다.

07 X: A부분의 길이. $X \sim N(50, 0.04^2)$.

Y: B부분의 길이. $Y \sim N(60, 0.03^2)$.

T: 결합된 안테나의 길이. $T = X + Y - 5$.

X와 Y가 독립이라고 가정하면 $X + Y \sim N(110, 0.05^2)$.

$$\mathrm{Pr}(104.9 < T < 105.1) = \mathrm{Pr}(104.9 < X + Y - 5 < 105.1)$$
$$= \mathrm{Pr}((109.9 - 110)/0.05 < (X + Y - 110)/0.05 <$$
$$(110.1 - 110)/0.05) = \mathrm{Pr}(-2 < Z < 2) = 0.95.$$

제6장

01   1) False. 중심극한정리는 모집단의 분포와 무관하다.

2) True.

02   컴퓨터 소프트웨어를 이용할 수 있다.

03   첫째, 표본을 관측할 예정인 경우.

둘째, 반복해서 관측하는 경우.

04   첫째, 모집단의 분포.

둘째, 모집단에서 추출한 $n = 1$인 표본의 분포.

셋째, 모집단에서 추출한 $n = 1$인 표본평균의 분포.

05 1) 확률나무를 그려보면,

$\overline{Y}$	0	1/2	2/2	3/2	4/2	5/2	6/2
$49 \cdot \Pr$	1	4	6	10	13	6	9

3) 모집단의 기댓값은 13/7, 분산은 62/49이다. 표본크기 $n = 100$인 표본평균의 기댓값은 모집단의 기댓값인 13/7과 같고 분산은 모집단의 분산을 표본크기로 나눈 값이므로 62/4900.

08 2) $\mu = 1(0.2) + 2(0.3) = 0.8$,

$\sigma^2 = E(Y^2) - (E(Y))^2 = 1.4 - 0.64 = 0.76$

3) 확률나무를 그려보면,

$\overline{Y}$	0	1/2	1	3/2	2
$100 \cdot \Pr$	25	20	34	12	9

4) 표본크기 $n = 25$인 표본평균의 기댓값은 모집단의 기댓값인 0.8과 같고 분산은 모집단의 분산을 표본크기로 나눈 값이므로 0.76/20.

09 Y: 중간시험 성적. $Y \sim N(70, 64)$.

1) $\Pr(Y > 80) = \Pr((Y - 70)/8 > (80 - 70)/8) = \Pr(Z > 1.25)$
$= 1 - 0.8944 = 0.1056$.

2) $\overline{Y}$: 10명 중간시험 성적의 평균. 식 (6.2)에 의해 $\overline{Y} \sim N(70, 6.4)$.

$\Pr(\overline{Y} > 80) = \Pr((\overline{Y} - 70)/2.53 > (80 - 70)/2.53) = \Pr(Z > 3.95) = 0$.

3) 근삿값으로 해석한다.

11 1) $\mu = 2 + 15 + 12 + 5 = 34$,

$\sigma^2 = E(Y^2) - (E(Y))^2 = (40 + 450 + 480 + 250) - 34^2 = 64$.

2) Y_i: i번째 차를 수리하는데 걸린 시간, $i = 1, 2, \cdots, 50$.

중심극한정리에 의해 $\overline{Y} \sim N(34, 64/50)$.

50대의 엔진 오일을 교환하는데 4명의 정비사가 초과근무를 하지 않을 확률은

$$\Pr(Y_1 + Y_2 + \cdots + Y_{50} < 4 \cdot 8 \cdot 60) = \Pr(\overline{Y} < 38.4) = \Pr(Z < 3.89) = 1.$$

12 Y: 20개 표본에서 불량품의 개수. $Y \sim B(20, 0.05)$.

1) 표본불량률이 10% 이상일 확률은
$$\Pr(Y \geqq 2) = 1 - (\Pr(Y = 0) + \Pr(Y = 1)) = 1 - (0.3585 + 0.3774)$$
$$= 0.2641.$$

2) $\overline{Y}$: 20개 표본의 불량률. 중심극한정리에 의해 $\overline{Y} \sim N(0.05, 0.05 \cdot 0.95/20)$.
$$\Pr(\overline{Y} > 0.1) = \Pr(Z > 1.03) = 0.1515.$$

13 $\overline{Y}$: 2000명 표본의 지지율. 중심극한정리에 의해 $\overline{Y} \sim N(0.55, 0.55 \cdot 0.45/2000)$.
$$\Pr(\overline{Y} \leqq 0.5) = \Pr(Z < -4.49) = 0.$$

14 $\overline{Y}$: 예약한 500명의 no show rate. 중심극한정리에 의해 $\overline{Y} \sim N(0.2, 0.2 \cdot 0.8 /500)$.
$$\Pr(\overline{Y} \leqq 0.1) = \Pr(Z < -5.59) = 0.$$

제7장

01 1) 모집단, 표본, 통계량, 모수

2) 점추정, 구간추정, 가설검정

02 W의 편향$= E(W) - \mu = 10 - \mu$.

W의 분산은 0.

$MSE(W) = (10 - \mu)^2$.

이 문제는 '고장 난 시계 문제'라고 불리는 아주 유명한 문제이다. 고장 난 시계는 그 시점에서는 정확하지만 그 나머지 시점에서는 오차가 많다는 것을 알 수 있다.

03 $E(U) = 1/2$, $Var(U) = 1/36$이므로 $MSE(U) = (1/2 - \theta)^2 + 1/36$.

04

	편향	분산	오차제곱평균
U	0	600	600
V	12	256	400

제8장

01 1) True

2) False. 확률이 아니라 상대도수로 해석해야 한다.

3) False. t분포를 처음 발견한 Gosset이다.

4) False. $t(\nu;0.025) > t(\nu;0.05)$

5) False. 자유도가 ∞이면 t 분포는 표준정규분포에 수렴한다.

03 90% 신뢰구간과 95% 신뢰구간은 모두 표본평균에 대해 대칭이며 90% 신뢰구간은 95% 신뢰구간에 포함된다.

04 식 (8.3)에 의해 95% 신뢰구간은 $\mu = 93 \pm 1.96$.

05 식 (8.3)에 의해 95% 신뢰구간은 $\mu = 0.065 \pm 0.008$.

09 1) θ_1: 甲의 실제 득표율. 식 (8.7)에 의해 95% 신뢰구간은 $\theta_1 = 0.4 \pm 0.03$.

2) θ_2: 乙의 실제 득표율. 식 (8.7)에 의해 95% 신뢰구간은 $\theta_2 = 0.5 \pm 0.03$.

3) 신뢰구간에서 甲의 상한이 乙의 하한보다 작기 때문에 甲의 당선 가능성은 희박하다.

4) 이용할 수 없다.

제9장

01 1) False. 전혀 무관하다.

2) False. 제1종 오류가 제 2종 오류보다 심각한 것으로 간주한다.

3) False. p값이 작을수록 귀무가설의 타당성은 입증되지 않는다.

4) False. p값이 2%라면, 5%유의수준에서 귀무가설을 기각한다.

02 1) 표본평균, 차이

2) 10%보다 작으면

05 식 (8.3)에 의해 95% 신뢰구간은 $\mu = 22000 \pm 1568$. 귀무가설에서 표시된 값 $\mu = 20000$은 이 구간에 포함되지 않으므로 귀무가설을 기각한다.

06 식 (8.7)에 의해 95% 신뢰구간은 $\theta = 0.03 \pm 0.03$. 귀무가설에서 표시된 값 $\theta = 0.02$ 는 이 구간에 포함되므로 귀무가설을 기각하지 않는다.

제10장

01 1) True 2) True

02 1) 일반화(generalization), 확장(extension)

2) $F(4, 35 ; 0.05)$

03 μ_1은 전국에 있는 모든 P화장품 매장에서 전략1대로 팔았을 때 월 매출액의 평균이다.

04 1) μ_1은 모든 실험용 쥐를 대상으로 음식을 조절하여 먹인 경우 생존일수의 평균. μ_2는 모든 실험용 쥐를 대상으로 음식을 마음대로 먹도록 한 경우 생존일수의 평균.

2) 식 (8.12)에 의해 $s_p^2 = (300^2 + 150^2)/2 = 56250 = 237^2$.

식 (9.3)의 좌변은 $300/(237 \cdot \sqrt{1/100 + 1/100}) = 8.9507$.

식 (9.3)의 우변은 $t(198; 0.025) = 1.96$.

식 (9.3)에서 좌변이 우변보다 크기 때문에 5% 유의수준에서 가설 $H : \mu_1 = \mu_2$를 기각한다.

3) ① $SSM = 100(150^2 + 150^2) = 4,500,000$.

② $SSE = 99 \cdot 300^2 + 99 \cdot 150^2 = 11,137,500$.

③

	SS	$d.f.$	MS	F비율
모형	4,500,000	1	4,500,000	80
오차	11,137,500	198	56,250	
총합	15,637,500	199		

④ 식 (10.4)의 좌변은 80이고 우변 $F(1, 198; 0.05) = 3.84$ 이므로

식 (10.4)에서 좌변이 우변보다 크기 때문에 5% 유의수준에서 가설 $H : \mu_1 = \mu_2$를 기각한다.

참고로 분산분석표에서 $MSE = 56,250 = s_p^2$임을 확인할 수 있다. 또한 식 (9.3) 에서 좌변의 제곱인 8.9507^2은 식 (10.4) 좌변의 F비율 80과 같다는 것을 확인할수 있다.

05 3)

	SS	$d.f.$	MS	F비율
모형	5160	2	2580	7.95
오차	3892	12	324.3	
총합	9052	14		

식 (10.4)에 의해 F비율 $= 7.95 > F(2, 12; 0.05) = 3.89$이므로 5% 유의수준에서 모평균이 같다는 가설을 기각한다. Scheffe 동시신뢰구간을 구해보면

$\mu_1 - \mu_2 = 36 \pm 31.77, \;\; \mu_1 - \mu_3 = 42 \pm 31.77, \;\; \mu_2 - \mu_3 = 6 \pm 31.77.$

즉, 3가지 동시신뢰구간 중에서 $\mu_1 - \mu_2$의 신뢰구간은 원점을 포함하지 않기 때문에 μ_1과 μ_2는 차이가 난다고 할 수 있다. 마찬가지로 $\mu_1 - \mu_3$의 신뢰구간도 원점을 포함하지 않기 때문에 μ_1과 μ_3는 차이가 난다고 할 수 있다. 그러나 $\mu_2 - \mu_3$의 신뢰구간은 원점을 포함하기 때문에 μ_2와 μ_3는 차이가 난다고 할 수 없다. 이를 종합하면 μ_1은 μ_2나 μ_3에 비해 차이가 난다고 할 수 있지만 μ_2와 μ_3는 차이가 난다고 할 수 없다.

4) 1)의 결론은 주관적인 반면에 3)의 결론은 객관적이다.

제11장

01 1) True 3) True 4) True 5)True

2) False. 설명변수의 분산이 클수록 신뢰구간의 폭은 줄어든다.

02 단순회귀분석은 이변량 데이터에 대한 분석이며 이변량 데이터는 식 (2.12)와 같이 5가지 요약($\overline{x}$, s_x, $\overline{y}$, s_y, r)에 의해 요약된다. 그런데 최소제곱법에 의한 추정회귀직선 식에는 이 5가지 요약이 한 번씩 빠짐없이 나타나기 때문에 경외(敬畏)롭다고 한다.

04 오차제곱합 $f(\beta) = \sum (y_i - \beta x_i)^2 = \sum x_i^2 \beta^2 - 2(\sum x_i y_i)\beta + \sum y_i^2.$

즉, 오차제곱합 $f(\beta)$는 β에 관한 2차함수이며 위로 벌려진 포물선이다.

따라서 오차제곱합 $f(\beta)$는 포물선의 꼭지점에서 최소가 된다. 그런데 꼭지점의 가로좌표는 $\sum x_i y_i / \sum x_i^2$이므로 $\hat{\beta} = \sum x_i y_i / \sum x_i^2.$

05 1) 추정회귀직선 $\hat{y} = 4.5 - 0.375x$.

2)

	SS	d.f.	MS	F비율
모형	3.375	1	3.375	5.143
오차	2.625	4	0.656	
총합	6.000	5		

3) $x = 5$ 이면 $\hat{y} = 2.625$ 이고 식 (11.14)에 의해 95% 예측구간은 2.625 ± 2.47.

06 1) 추정회귀직선 $\hat{y} = 9.44 - 1.09x$.

2)

	SS	d.f.	MS	F비율
모형	40.36	1	40.36	14.68
오차	13.74	5	2.75	
총합	54.00	6		

3) $x = 5$ 이면 $\hat{y} = 4.001$ 이고 식 (11.14)에 의해 95% 예측구간은 4.001 ± 4.616.

07 1) 추정회귀직선 $\hat{y} = 46.49 + 52.57x$.

2) $x = 0.9$ 이면 $\hat{y} = 93.80$ 이고 식 (11.14)에 의해 95% 예측구간은 93.80 ± 16.56.

여기서 $t(8; 0.025) = 2.306$, $\bar{x} = 0.94$, $\sum(x_i - \bar{x})^2 = 0.444$, $\hat{\sigma}^2 = 46.75$.

3) ① 식 (11.12)에서 β_1의 95% 신뢰구간 $\beta_1 = 52.57 \pm 23.66$ 은 원점을 포함하지 않으므로 5% 유의수준에서 가설 $H ; \beta_1 = 0$를 기각한다.

② 식 (11.13)에서 좌변은 5.12이고 우변은 2.306이므로 5% 유의수준에서 가설 $H ; \beta_1 = 0$를 기각한다.

③ 분산분석표를 작성하여 F비율을 구하면 26.25이고 $F(1, 8; 0.05) = 5.32$ 이므로 5% 유의수준에서 가설 $H ; \beta_1 = 0$를 기각한다.

08 1) $SST = \sum(y_i - \bar{y})^2 = (n-1)s_y^2 = 618.75.$

또한 $r^2 = SSM/SST = 0.64$이므로 $SSM = 0.64 \cdot SST = 396.$

	SS	d.f.	MS	F비율
모형	396.00	1	396.00	174.44
오차	222.75	98	2.27	
총합	618.75	99		

2) $\hat{y} - 10 = -0.8(2.5/250)(x - 1500)$, 즉 $\hat{y} = 22 - 0.008x.$

3) $x = 1000$이면 $\hat{y} = 14$이고 식 (11.14)에 의해 95% 예측구간은 $14 \pm 3.05.$

09 1) $\hat{y} - 40 = 0.8\sqrt{36/19}\,/\sqrt{64/19}\,(x - 30)$, 즉 $\hat{y} = 22 + 0.6x.$

2) $SST = \sum(y_i - \bar{y})^2 = 36.$

또한 $r^2 = SST/SSM = 0.64$이므로 $SSM = 0.64 \cdot SST = 23.04.$

	SS	d.f.	MS	F비율
모형	23.04	1	23.04	32
오차	12.96	18	0.72	
총합	36.00	19		

3) $x = 30$이면 $\hat{y} = 40$이고 식 (11.14)에 의해 95% 예측구간은 $40 \pm 1.83.$

찾아보기

저자 약력

김 성 주

1976년	서울대학교 계산통계학과 졸업
1976년 ~ 1978년	IBM, Korea(System Engineer)
1979년	Carnegie−Mellon University 대학원 졸업(MS in Statistics)
1984년 ~ 1985년	U.C. Berkeley(Acting Instructor)
1985년	U.C. Berkeley 대학원 졸업(Ph.D. in Statistics)
1985년 ~ 1995년	성균관대학교 통계학과 교수
1993년 ~ 1994년	U.C. Berkeley Statistical Lab.(Research Associate)
1995년 ~	성균관대학교 경영대학 교수

통계학 탐구

초판발행	2016년 10월 17일
중판발행	2020년 9월 10일
지은이	김성주
펴낸이	안종만·안상준
편 집	배근하
기획/마케팅	강상희
표지디자인	권효진
제 작	우인도·고철민
펴낸곳	(주) 박영사
	서울특별시 종로구 새문안로3길 36, 1601
	등록 1959. 3. 11. 제300-1959-1호(倫)
전 화	02)733-6771
f a x	02)736-4818
e-mail	pys@pybook.co.kr
homepage	www.pybook.co.kr
ISBN	979-11-303-0024-5 93310

copyright©김성주, 2016, Printed in Korea

정 가   26,000원